KNAUR

Über Felix und Bolt:
Felix lebt seit 2011 als Bahnhofskatze in Huddersfield. 2016 wurde sie Senior Pest Controller. Neben ihrer Tätigkeit als Chef-Mäusejägerin interessiert sie sich für die Taubenjagd, Nickerchen während der Arbeitszeit und freut sich, wenn sie am Bauch gekrault wird.
Bolt kam 2018 ins Team. Seine Hauptbeschäftigung besteht derzeit darin, zu schlafen, gestreichelt zu werden und Felix und die anderen Mitarbeiter zu ärgern.

Über die Autorin:
Kate Moore ist Lektorin, Ghostwriterin und Bestsellerautorin aus England.

KATE MOORE

MIT VOLLDAMPF VORAUS

Felix!

Die Abenteuer
der berühmten
Bahnhofskatze und
ihres samtpfötigen
Lehrlings

Aus dem Englischen
von Jochen Schwarzer

KNAUR

Die englische Originalausgabe erschien 2019
unter dem Titel »Full Steam Ahead, Felix« bei Michael Joseph,
einem Imprint von Penguin Books Ltd, London

Besuchen Sie uns im Internet:
www.knaur.de

Aus Verantwortung für die Umwelt hat sich die Verlagsgruppe
Droemer Knaur zu einer nachhaltigen Buchproduktion verpflichtet.
Der bewusste Umgang mit unseren Ressourcen, der Schutz unseres Klimas
und der Natur gehören zu unseren obersten Unternehmenszielen.
Gemeinsam mit unseren Partnern und Lieferanten setzen wir uns für
eine klimaneutrale Buchproduktion ein, die den Erwerb von Klima-
zertifikaten zur Kompensation des CO_2-Ausstoßes einschließt.
Weitere Informationen finden Sie unter: www.klimaneutralerverlag.de

FSC www.fsc.org
MIX
Papier aus verantwortungsvollen Quellen
FSC® C083411

Deutsche Erstausgabe Juli 2020
Knaur Taschenbuch

Written by Kate Moore www.kate-moore.com
Ein Imprint der Verlagsgruppe
Droemer Knaur GmbH & Co. KG, München

Redakteurin: Ulrike Gallwitz
Covergestaltung: ZERO Werbeagentur, München
Coverabbildungen: © Rachel Oates;
© David Litschel / Alamy Stock Foto; © Shutterstock
Abbildungen im Textteil: Bahnhof: Aluna1/Shutterstock.com;
springende Katze: VectorArtFactory/Shutterstock.com;
sitzende Katze, Pfoten: Michaela Lichtblau
Layout und Satz: Michaela Lichtblau
Druck und Bindung: CPI books GmbH, Leck
ISBN 978-3-426-79078-6

2 4 5 3 1

Gewidmet der gesamten Belegschaft
des Bahnhofs Huddersfield

Inhalt

1. Frischauf zu neuen Taten 9
2. Auf Rosmarin gebettet 22
3. Die Schädlingsbekämpferin in Aktion 31
4. Die berühmte Felix 38
5. Die Meisterdiebin 51
6. Weihnachtswünsche 64
7. Kluge Katze 76
8. Alles ändert sich 89
9. Wie es im Buche steht 97
10. Ein Hauch von Magie 107
11. Spiel und Spaß 121
12. Sorgen um Felix 136
13. Glückliche Tage 147
14. Die magische Mieze 162
15. Erschütterungen und Trauer 172
16. Zeit, Abschied zu nehmen 184
17. Auch diesmal noch nicht 190
18. Perfekte Partner 197
19. Ein sehr frohes Weihnachtsfest 205
20. Neues Jahr, neue Felix 212
21. Die Bahnhofskatzenseniorin 221
22. Die malade Mieze 230
23. Felix, verwandelt 241
24. Ein unvergesslicher Tag 259
25. Ein Traum wird wahr 275
26. Ein unerwarteter Neuzugang 284
27. Willkommen in Huddersfield 290

28. Der neue Lehrling 304
29. Eine selbstbewusste Katze 310
30. Die Fetzen fliegen 316
31. Ausbildungsbeginn 329
32. Ein starkes Paar 336

Dank 348
Bildnachweis 351

Frischauf zu neuen Taten

Um fünf Uhr früh fielen die ersten Sonnenstrahlen auf den St George's Square. In Huddersfield in Yorkshire brach im Juli 2016 ein neuer Sommertag an.

Das sanfte Morgenlicht erhellte die Bronzestatue in der Mitte des Platzes und die Skulpturen auf den umliegenden Dächern: Lady Britannia, die ihren Dreizack schwang, und die lockenmähnige Großkatze, die über das Lion Building stolzierte. Das markante Gebäude stand unter Denkmalschutz, was in dieser historischen Stadt aber nichts Ungewöhnliches war: Über zweihundert denkmalgeschützte Bauten gab es in Huddersfield – die höchste Zahl in ganz Yorkshire –, und die aufgehende Sonne tauchte sie alle in ihr goldenes Licht.

Es war noch recht friedlich in der Stadt zu dieser frühen Stunde, und nur hier und da zeigten sich erste Lebenszeichen: der Fahrer eines Lieferwagens, der mit Warnblinker hielt und seine Fracht auslud, und ein Grüppchen angeschlagener junger Männer, deren wackeliger Zickzackgang verriet, dass sie eine durchzechte Nacht hinter sich hatten. Auf ihrem Sitz unter einem Wellblechdach regte sich gurrend eine Taube. Eine große schwarze Krähe schwang sich in die Luft. Und während eine wachsame Katze durch ihr Revier patrouillierte, schnippte ihr flauschiger schwarzer Schwanz mit weißer Spitze stetig hin und her.

Die kräftiger werdenden Strahlen der aufgehenden Sonne erfassten auch eine Handvoll einzelner Personen, die über den zur Fußgängerzone umgewidmeten Vorplatz des Bahnhofs eilten: ein Mann mittleren Alters im dunklen Anzug und mit Aktentasche, eine muntere junge Frau im pink-schwarzen Sport-Outfit und eine Schwangere im Sommerkleid mit einem großen Rollkoffer. Die unterschiedlichsten Leute zog es geradezu magnetisch hin zu dem wohl eindrucksvollsten denkmalgeschützten Gebäude von allen: dem Bahnhof Huddersfield. Er befand sich an der Stirnseite des St George's Square, direkt vis-à-vis dem steinernen Löwen, und schien dem heraufdämmernden Tag mit einer Verlässlichkeit entgegenzusehen, die aus jahrhundertelanger Dienstbarkeit herrührte.

Das prächtige, 1850 fertiggestellte Gebäude verfügte über einen spektakulären klassischen Portikus mit majestätischen korinthischen Säulen, die sich entlang der gesamten, 127 Meter messenden Fassade erstreckten. Seine Sandsteinmauern schimmerten im Sonnenlicht und wirkten dabei ebenso einladend wie die vor Kurzem erst geöffnete blaue Tür des Haupteingangs. Zuverlässig wie der Lauf der Sonne, öffnete der Bahnhof Huddersfield allmorgendlich um Punkt fünf Uhr seine Pforten, und auch an diesem Tag lief dort wieder alles wie am Schnürchen.

Und so eilten die Fahrgäste weiter, die Freitreppe hinauf und in das Bahnhofsgebäude hinein, verschlafen dreinblickend oder frisch wie der junge Frühling, und allesamt fest entschlossen, ihr Fahrtziel zu erreichen. Ein Mann gähnte herzhaft, als er das Gebäude betrat, und strich sich dann müde den schwarzen Vollbart glatt. In aller Herrgottsfrühe hier unterwegs zu sein hatte nicht allzu viele Vorteile … aber einen davon sollten diese Fahrgäste sehr bald entdecken.

Hätten sie sich umgeschaut, hätten sie durchaus einige Anzeichen dafür bemerken können. Ein buntes Tütchen Dreamies-Snacks, das dem Mitarbeiter der Bahngesellschaft TransPennine Express (TPE), der an diesem Morgen an den Zugangssperren postiert war, aus der Tasche ragte … Ein fischförmiges, gelb-rot gepunktetes Spielzeug auf dem Boden der Bahnhofshalle … Und was war das da in der Ecke? Das Ding mit der Schwarz-Weiß-Zeichnung drauf und den fünf violetten Buchstaben über der Öffnung darin? War das etwa … eine Katzenklappe? In einem *Bahnhof*?

Jene, die Bescheid wussten, hielten auf ihrem Weg zum Bahnsteig die Augen offen und passierten die Zugangssperren mit einer gewissen Enttäuschung darüber, dass sie noch nicht erblickt hatten, was sie zu sehen hofften. Frühmorgens war sie meist am Haupteingang zur Stelle, um die Fahrgäste in Empfang zu nehmen, an diesem Morgen aber nicht. Oft ließ sie sich auch an einem der fünf Fahrkartenschalter gleich links daneben nieder, doch die öffneten erst um 5.45 Uhr, und daher war sie dort noch nicht im Dienst. Die Fenster der Schalter waren mit weißen Jalousien verhangen, was ihre Abwesenheit noch zusätzlich betonte.

Man sah förmlich, wer in das schlecht gehütete Geheimnis eingeweiht war und wer nicht. All jene, die durch die Sperren strömten und dabei nur auf die Anzeigetafeln achteten, gehörten nicht zum Kreis der Eingeweihten. Jene aber, die sich langsamer fortbewegten und dabei hin und her schauten, wussten, wonach sie suchten. Diese Leute bogen nach dem Passieren der Sperren meist nach links ab und schritten dann den Laufsteg aus Beton entlang, der offiziell die Bezeichnung Bahnsteig 1 trug.

Dort erblickten sie, gleich nachdem sie das Coffee Xpress – einen kleinen Kaffeeausschank, der die Bahnhofsluft bereits mit dem verführerischen Aroma frisch gemahlener Kaffeebohnen erfüllte – passiert hatten, ein Schild, das bedeutsam aus der Sandsteinmauer hervorragte. »Kundeninformation und -betreuung« stand darauf. Durch eine offenstehende Tür gelangte die Kundschaft in einen kleinen, mit grauem Teppichboden ausgelegten Vorraum, in dem sich ein einzelner Auskunftsschalter befand. Wenn man vom Haupteingang des Bahnhofs kam, konnte man von außen nicht bis zu dem Schalter sehen. Erst von der Tür des Vorraums aus sah man, ob sie da war oder nicht.

Und an diesem Morgen war sie da. Mit stolz geschwellter Brust und majestätischer Miene saß sie dort auf dem Pult, bereit zu helfen, wo sie nur konnte. Ihre schneeweißen Vorderpfoten standen akkurat nebeneinander, als wäre sie der Auffassung, dass sie sich im Dienst um ein professionelles Erscheinungsbild zu bemühen habe – kein Herumlümmeln und keine abgespreizten Gliedmaßen, bitte schön. Ihr weißes Lätzchen strahlte im Morgenlicht und bildete einen starken Kontrast zu dem ebenholzfarbenen Fell, das ihren so ungemein flauschigen kleinen Körper andernorts bedeckte. In Amerika bezeichnet man diese Färbung mit dem Fachausdruck *tuxedo*, übersetzt »Smoking«, und es wirkte tatsächlich, als hätte sie, bevor sie zur Arbeit erschien, ihren teuersten Designer-Smoking angelegt. Für ihre Kundschaft nur das Beste.

Ihre langen weißen Schnurrhaare zuckten, während sie die Gerüche dieses Morgens erschnupperte. Und ihre wunderschönen Smaragdaugen blinzelten träge, als nun ein Fahrgast nach dem anderen herbeikam, um ihr Hallo zu sagen. Die Augen der Fahrgäste erstrahlten, wenn sie ihr begegneten – was aber keinesfalls ankam gegen das Funkeln ihres violetten Glitzerhalsbands oder den goldenen Schein der Namensplakette an ihrem Hals. Vorsichtig streichelten die Leute ihr das seidig weiche Fell und gurrten ihr ganz aufgeregt Grüße und alle nur erdenklichen guten Wünsche in die weiß getupften Ohren. Sie ergingen sich in Ahs und Ohs und seufzten voller Zufriedenheit, begeistert, dass ihre Schatzsuche diesmal von Erfolg gekrönt war. Anschließend gingen sie beglückt und beschwingten Schrittes in den Tag hinaus, der ihnen nun nichts mehr anhaben konnte.

Und wie sollte es auch anders sein? Denn sie zählten ja zu den wenigen Auserwählten. Ihnen war gerade eine Audienz gewährt worden bei niemand Geringerem als Felix, der Bahnhofskatze von Huddersfield.

Also, mal ehrlich: Was konnte es Schöneres im Leben geben?

Nach einer Weile beschloss Felix an diesem Morgen, dass es nun Zeit sei, sich anderen Dingen zuzuwenden. Sie war schließlich eine viel beschäftigte Katze, die auf dem gesamten Bahnhof gefragt war, und konnte nicht den ganzen Tag an einem Ort verharren. Ihren Dienstplan stellte sie tagtäglich selber zusammen und war nun offenkundig der Auffassung, dass sie ihren Pflichten am Auskunftsschalter fürs Erste ausreichend nachgekommen war. Bald würde der Ansager, mit dem sie sich diesen Schalter teilte, seine Schicht antreten, und daher konnte sie den Dienst am Kunden hier nun ihrem Kollegen überlassen. Mit einem einzigen sportlichen Satz sprang sie auf den Boden hinab und trottete dann auf den Bahnsteig hinaus.

Ihr Auftauchen dort wurde sogleich bemerkt. Ganz in der Nähe richtete eine ältere Dame, die einen waldgrünen Anorak und braune Gesundheitsschuhe trug, ihr Handy, mit dem sie eben noch mühsam, Buchstabe für Buchstabe, eine Textnachricht getippt hatte, etwas ungelenk auf die Bahnhofskatze und knipste verstohlen ein Bild von ihr. Felix zuckte mit keiner Wimper. Seit Juli 2015 hatte sie eine eigene Facebook-Seite, die im Laufe des vergangenen Jahres auf phänomenale achtzigtausend Follower angewachsen war. Ihre Popularität hatte enormen Auftrieb erhalten, als sie im Januar 2016 von ihrem Arbeitgeber TransPennine Express zur Leitenden Schädlingsbekämpferin befördert worden war und Abertausende Fans aus aller Welt ihr dazu gratuliert hatten. Ihr Status als Social-Media-Star hatte nicht wenige dieser Fans auch dazu bewegt, dem Bahnhof einen Besuch abzustatten, weshalb Felix längst an das Klicken und die Kamerablitze gewöhnt war, die ihre Anwesenheit hervorzurufen schien.

Unbeirrt senkte sie den Kopf und beschnupperte den Bahnsteigboden. Keinerlei Krümel. Schade. Sie hob den Kopf wieder und spähte zu den Tauben hinauf, die unter dem Wellblechdach über den Bahnsteigen hausten. Die hatten wahrscheinlich längst sämtliche Speisereste aufgepickt; das kannte man ja von diesen lästigen Viechern. Leicht verstimmt schüttelte sich Felix, woraufhin sich etliche lose Haare aus ihrem flauschigen Fell lösten; sie tanzten durch die Luft wie Konfetti um eine Braut und reizten ihr Samtnäschen zu einem energischen Niesen. Dann trottete Felix weiter und streckte dabei die Zehenspitzen, um die kleinen schwarzen Ballen darunter herzuzeigen, als wäre sie eine Ballerina auf der Bühne des Royal Opera House und wüsste, dass alle Blicke auf ihre Füße gerichtet waren.

Felix näherte sich der Bahnsteigkante. Obwohl sie schon lange in der Lage war, die Gleise sicher zu überqueren (und einen eigenen *Personal Track Safety*-Ausweis besaß, der ihr die Befugnis dazu verlieh), verharrte sie diesmal ganz vernünftig an der gelben Linie, die den Bahnsteigrand markierte, und ließ sich dort nieder. Mit großen Augen sog sie den Anblick des allmählich erwachenden Bahnhofs ein. Sie blickte nach Norden, zum Bahnsteig 2 und der dunkel klaffenden Einfahrt der Eisenbahntunnel. Auch das »Head of Steam« befand sich in dieser Richtung, doch zu dieser frühen Stunde hatte der Pub geschlossen, und es wurden dort auch nicht, wie es manchmal geschah, Bierfässer mit lustigem Geschepper verladen. Dann blickte sie in die entgegengesetzte Richtung, wo sich ein Bahnviadukt auf fünfundvierzig Bogen in so weite Ferne erstreckte, dass selbst Felix' enorm sehstarke Katzenaugen nicht dessen Ende zu erspähen vermochten. In dieser Richtung war deutlich mehr los, denn nun trafen die ersten Berufspendler ein und strömten gleich einer Meereswoge durch die Sperren, um ihre gewohnten Züge zu erwischen. Das alles war Felix an diesem Morgen ein bisschen zu geschäftig, weshalb sie den eintreffenden Fahrgästen den Rücken zukehrte und stattdessen nachdenklich über die Gleise hinweg zum Bahnsteig 4 hinüberschaute, als wägte sie ihre Möglichkeiten ab.

Eine davon bestand darin, den Bahnhofsgarten zu besuchen, der gleich gegenüber auf Bahnsteig 4 blühte und gedieh.

Dieser Garten war das Werk und das Vermächtnis eines allseits beliebten und schmerzlich vermissten Kollegen: Billy Bolt, der 2015 verstorben war. Felix und er waren dick befreundet gewesen, und sie versteckte sich gern in dem hohen Gras dort oder wälzte sich in der Katzenminze - aber nein, heute nicht, beschloss sie. Stattdessen erhob sie sich geschmeidig, kehrte dem Garten den Rücken zu und zog sich an den Ort zurück, der ihr vielleicht der allerliebste war: die silbrigen Fahrradständer gleich neben dem Auskunftsschalter. Diesen Ort hatte sie schon als kleines Kätzchen geliebt.

Felix lebte auf dem Bahnhof Huddersfield, seit sie acht Wochen alt war. Sie war dort aufgewachsen und hatte sich ganz allmählich an das Dröhnen der Loks und das ewige Kommen und Gehen der Fahrgäste gewöhnt. Sie war dem Bahnhof nicht etwa als Streunerin zugelaufen und kam auch aus keinem Tierheim, sondern war, nachdem die Firmenzentrale grünes Licht für ihren Arbeitsplatz gegeben hatte, bereits als Katzenkind per Headhunting für diesen Job ausgewählt worden. Doch obwohl sie ein offizielles Namensschild trug, auf dem auch ihre Funktion vermerkt war – »Felix, Leitende Schädlingsbekämpferin« stand dort neben dem schicken, blau-violetten Firmenlogo der Bahngesellschaft TPE –, war sie nicht minder auch ein Haus- und Schmusetier. Nach inzwischen fünf absolvierten Dienstjahren war sie ein heiß geliebtes Mitglied des Teams. Ja, sie war jedermanns Liebling.

Ihr Name bedurfte immer mal wieder einer kurzen Erläuterung. Als Felix damals in Huddersfield anfing, hielten ihre neuen Kollegen sie zunächst für einen Jungen. Sämtliche Eisenbahner und auch die ganze TPE-Belegschaft wurden aufgefordert, Namensvorschläge für den kleinen Kater einzureichen, unter denen dann ausgelost wurde. Dabei fiel die Wahl auf den Namen Felix – und erst hinterher stellte sich heraus, dass sie weiblichen Geschlechts war. Da aber hatte sich der Name schon durchgesetzt. Und glücklicherweise passte er sehr gut zu ihr.

An diesem Sommermorgen schlängelte sich Felix zwischen den Metallstreben der Fahrradständer hindurch und ließ sich dann mit einem Seufzer dazwischen nieder, den schwarzen Rücken an die gelbe Ziegelmauer gelehnt. Um diese Uhrzeit waren die Fahrradständer so gut wie leer, und nur hier und da hatte sich jemand mit einem Bügelschloss ein Plätzchen reserviert – wie Urlauber es bei den Sonnenliegen am Pool mit einem Handtuch tun. Bald jedoch, das war Felix klar, würden sich diese Ständer füllen, wenn Pendler, die zum Bahnhof radelten, ihre Räder dort ließen, bevor sie ihre Züge nahmen. So gefiel es ihr dann am besten, denn dieses Versteck zwischen den Fahrrädern bot ihr einen idealen Aussichtspunkt, um das Kommen und Gehen auf dem Bahnhof – ihrem Zuhause – zu beobachten.

Nun sah sie zu, wie die Kolleginnen und Kollegen der Frühschicht zum Dienst erschienen. Angesichts ihres verborgenen Standortes – sie hatte sich hinter dem einzigen Fahrrad dort versteckt – wirkte es eher, als würde sie stichprobenartig kontrollieren, ob alle pünktlich zur Arbeit kamen, wobei sie jede Verspätung sorgfältig vermerkte. Ihren smaragdgrünen Augen, die manchmal aufleuchteten, wenn sich das Licht der aufgehenden Sonne darin fing, entging nichts. Da kam ein Lokführer mit fröstelnder Glatze, der sich an seinen Sandwiches fürs Lunch festhielt. Trotz Felix' Bemühungen, sich unsichtbar zu machen, bemerkte er sie sofort und rief ihr, während er vorüberging, ein fröhliches »Hallo, mein Mädchen!« zu. Ein anderer Kollege, der einen orangefarbenen Signaloverall trug, grüßte sie lediglich mit einem flüchtigen Blick, den sie ebenso wortlos erwiderte. Und während sie das morgendliche Treiben beobachtete, wandte Felix immer wieder den Kopf hin und her, als würde sie ein Tennismatch verfolgen. Und sie lauschte auch sehr aufmerksam. Sie hörte das Klirren der Schlüssel in den Taschen der Leute und das Brummen der Loks, mit dem eben noch schlafende Züge zum Leben erwachten, und den Takt der Schritte der Passanten auf dem Bahnsteig.

Auf einen bestimmten Klang musste sie aber noch ein wenig warten.

Stimmen waren im Bahnhof weithin zu hören. Felix hörte Schaffner aus den Zügen heraus dem Bahnsteigpersonal etwas zurufen und umgekehrt, und hin und wieder hörte sie auch das Gelächter gemeinsam reisender Freunde. Ihre zuckenden Ohren registrierten jeden einzelnen Laut. Und daher war Felix, als sie plötzlich eine ganz bestimmte Frauenstimme hörte, die ihr in vergnügtem Ton »Guten Morgen, du Schöne!« zurief, augenblicklich bereit und reckte wie auf ein Stichwort munter den Kopf zwischen den Fahrrädern hervor. Dann sprang sie aus ihrem Versteck, wie eine Sprinterin aus den Startlöchern, und eilte herbei, um einen ihrer absoluten Lieblingsmenschen zu begrüßen: die Gruppenleiterin Angie Hunte.

Angie hatte eine entscheidende Rolle dabei gespielt, dass Felix auf diesem Bahnhof gelandet war, und umsorgte und bemutterte sie seitdem. Und obwohl die Katzendame inzwischen fünf Jahre alt und längst ausgewachsen war, nannte Angie sie immer noch »mein kleines Mädchen«. Angie, eine warm- und offenherzige, aus Barbados stammende Frau, war seit über zwei Jahrzehnten auf dem Bahnhof Huddersfield tätig und dort längst die unangefochten regierende Matriarchin (an zweiter Stelle nach Queen Felix natürlich, neben der jeder die zweite Geige spielte). Dass Felix ihr einen ganz besonderen Empfang bereitete, versüßte Angie jeden Morgen den Tag. Die flauschige schwarz-weiße Katze strich ihr liebevoll um die Beine und forderte beharrlich Angies ungeteilte Aufmerksamkeit ein.

»Na, dann komm mal her«, sagte Angie fröhlich, als sie nachgab und die Katze kräftig hinter den Ohren kraulte, woraufhin Felix' Schwanz dankbar hin und her schnippte. »Kommst du mit?«, fragte sie.

Das musste sie Felix nicht zweimal fragen. Als Angie zum Auskunftsschalter ging und dann durch eine Tür in dem kleinen Vorraum den Bürobereich betrat, folgte die Katze ihr auf dem Fuße. Angie hielt ihr die Tür auf, und Felix flitzte hindurch und blickte sich dann besorgt um, ob Angie ihr auch folgte. Gemeinsam betraten die beiden Freundinnen das Büro, das sich die sechs Gruppenleiter, die während ihrer Schicht jeweils die Verantwortung für den Betrieb des Bahnhofs innehatten, turnusmäßig teilten.

Angie machte sich sofort ans Werk, druckte Fahrgastlisten aus und bereitete sich auf die Übergabe mit dem Gruppenleiter der vorigen Schicht vor. Eher untypisch für sie, verfolgte Felix das alles ganz geduldig vom Fußboden aus, wobei sie jede Bewegung und jedes Wort von Angie mitbekam, die bei der Arbeit ein wenig mit ihr plauderte. Und dann wurde Felix' Geduld endlich belohnt.

»Komm her«, sagte Angie schließlich zu der Katze. »In einer Minute muss ich raus, die Sicherheitskontrollen erledigen. Jetzt ist deine Chance.«

Mehr musste sie Felix nicht sagen. Augenblicklich sprang sie auf den Schreibtisch, wollte die Gelegenheit zum Kuscheln nicht verpassen, ehe ihre Mutti wieder auf die Bahnsteige hinausging.

»Komm knuddeln«, sagte Angie liebevoll mit einem neckischen Lächeln. Sie saß an ihrem Schreibtisch und reckte das Kinn vor. Felix, die dieses Spielchen schon lange kannte, schritt über den Tisch auf Angie zu, wobei ihre schneeweißen Pfoten selbstbewusst auftraten. Die Katze kam Angies Gesicht sehr, sehr nahe, bis ihre großen grünen Augen nur noch Millimeter von Angies braunen Augen entfernt waren. Dann beugten sich beide nach vorn, sodass ihre Stirnen sich sanft berührten. Felix rieb liebevoll ihren Kopf an Angies. Ein lautes Schnurren erfüllte ihren ganzen Körper. Wie ein Herzschlag schien es tief aus Felix hervorzudringen, glücklich, wohlig und zufrieden.

Doch leider musste sich Angie nur allzu bald wieder von Felix lösen. Sie hatte ja schließlich auch noch andere Pflichten, ungeachtet dessen, was Felix vielleicht dachte. Sie war nicht dazu angestellt, dieser Katze den ganzen Tag lang zur Verfügung zu stehen. Angie zog sich ihre schicke marineblaue Dienstjacke und ihre gelbe Signalweste an und wandte sich dann noch einmal zu der Katze um. Oft schloss Felix sich ihr morgens bei diesem Gang an, doch an diesem Tag hatte sich die Katze quer auf dem Schreibtisch ausgestreckt, wie eine Königin auf einem Thron, der den gesamten Raum ausfüllte. Nur gut, dass Angie ihren Rechner gerade nicht benutzen musste …

»Da sieht aber jemand entspannt aus«, scherzte die Gruppenleiterin. Sie beugte sich über Felix und sah ihr ein wenig neidisch in die Augen. »Wollen wir tauschen?«

Doch die Bahnhofskatze hatte fürs Erste genug von der Arbeit. Der Bahnhof Huddersfield ist rund um die Uhr besetzt, und Felix hatte gerade, wie es ihre Gewohnheit war, die Nachtschicht abgeleistet. Obwohl Angie nun zu den Sicherheitskontrollen aufbrach, verriet Felix' Dienstplan ihr, dass es Zeit für ein Nickerchen war. Und während draußen die Sonne aufging, fielen Felix drinnen im Büro die Augen zu. Angie streichelte sie noch ein letztes Mal, verabschiedete sich dann liebevoll und schloss leise die Tür hinter sich.

Nun allein im Büro, zuckten hin und wieder Felix' Ohren, während sie schläfrig den fernen Geräuschen lauschte, wenn die Kolleginnen und Kollegen zum Dienst erschienen oder draußen am Taxistand Motoren ansprangen. Hin und wieder erklang, mit der Genauigkeit eines Uhrwerks, eine Bahnhofsansage, die von der Ein- oder Abfahrt eines Zugs kündete. Der Bahnhofsbetrieb ging weiter, so unaufhaltsam wie der Lauf der Sonne, doch einstweilen musste der Bahnhof ohne seine Katze auskommen. Sie hatte viel wichtigere Dinge zu tun. Die regelmäßigen Ansagen lullten sie ein wie ein Wiegenlied, und während sie dem lauschte, sank Felix in tiefen Schlaf.

Genau so, wie sie es gerne hatte.

Auf Rosmarin gebettet

Felix' Kopf ruckte nach rechts. Etwas hatte ihre Aufmerksamkeit erregt – etwas sehr, sehr Interessantes. Sie saß draußen auf dem Bahnsteig und reckte nun den Hals, um besser sehen zu können, rückte dann noch etwas weiter vor und spähte in die Richtung des »King's Head« am südlichen Ende von Bahnsteig 1. Dann war sie plötzlich auf den Beinen und brach zu einer Erkundungstour auf.

Rumpel, rumpel, rumpel! Da war es wieder, was sie hatte aufhorchen lassen. *Rumpel, rumpel, rumpel!* Als sie sich der Quelle des Lärms näherte, stellte sie zu ihrer Begeisterung fest, dass er von einigen Leuten verursacht wurde, die gelbe Signalwesten trugen – das Outfit, das ihre heiß geliebten TPE-Kollegen stets bei der Arbeit draußen auf den Bahnsteigen anlegten. Sie eilte zu ihnen und hob den Blick himmelwärts in der Erwartung, einen ihrer Lieblinge zu erblicken. Als sie jedoch stattdessen einen rotblonden jungen Mann vor sich sah, blieb sie enttäuscht stehen. *Oh,* schien ihr plötzlicher Stopp zu besagen, *kleine Verwechslung, sorry.*

Der junge Mann hieß Adam Taylor und war, wie die kluge Felix sofort erkannt hatte, kein TPE-Kollege. Adam war vielmehr ehrenamtlicher Mitarbeiter und gehörte den *Friends of Huddersfield Station* an, einer Initiative, die in der Bahnhofshalle einen Informationsstand zu lokalen Themen betrieb und sich auch um die vielen Pflanzen kümmerte, die in blauen Kübeln auf den Bahnsteigen standen. Wenn sie dort gärtnerten, mussten sie die gelben Signalwesten tragen – daher nun der sehr verwirrte Blick auf dem Gesicht der Katze.

Trotz ihrer Enttäuschung interessierte sich Felix weiterhin für das, was Adam da trieb. Als er sich von ihr abwandte und weiterging, ertönte wieder dieses faszinierende *Rumpel, rumpel, rumpel!* Felix schlich ihm neugierig nach, den Kopf zur Seite gewandt, um sich einen Überblick zu verschaffen.

Aha! Jetzt hatte sie's. Adam und seine ehrenamtlichen Kollegen zogen eine große, blau-weiße Wassertonne mit sich herum, die achtzig Liter fasste und deren schwarze Räder auf dem Betonboden der Bahnsteige für dieses Gepolter sorgten. Und hin und wieder bückte sich Adam und füllte an einem kleinen Hahn unten an der Tonne seine leuchtend rote Gießkanne nach.

Adam war noch recht neu bei der Gartenarbeit auf dem Bahnhof, hatte sich erst im Mai 2016 dafür freiwillig gemeldet, nachdem er schon seit dem vorigen März bei den *Friends* dabei war. Die waren wirklich ein Rettungsanker für ihn gewesen. Gut acht Jahre zuvor, im Alter von neunzehn Jahren, war bei ihm Multiple Sklerose (MS) diagnostiziert worden, was ihn in eine lähmende Depression stürzte. Von Zukunftsangst gepackt und von den körperlichen Beeinträchtigungen, die seine Hoffnungen sehr einschränkten, schwer gebeutelt, zog er sich bald von der Welt zurück und saß tagelang nur noch bei zugezogenen Vorhängen und ohne Licht in seiner Wohnung herum. Er war in diesem Zustand nicht mehr arbeitsfähig, schien aber auch mit niemandem mehr kommunizieren zu können. Er kapselte sich ab, sprach kaum noch mit jemandem, allenfalls noch online am Computer. Dabei stellte er jedoch fest, dass ihn das ewige Herumhocken in der Wohnung nur noch depressiver machte – was einige Male bis hin zu Selbstmordgedanken ging. Dank Pathways, einer in Mirfield ansässigen psychotherapeutischen Tagesklinik, bekam er sein Leben schließlich nach und nach einigermaßen wieder in den Griff.

Man wies ihm einen sehr fürsorglichen Herrn als Berater zu, der Adam behutsam die Vorstellung nahebrachte, dass er seine Wohnung auch mal wieder für etwas anderes als nur das Allernötigste verlassen könnte, und ihm half, wieder Selbstvertrauen zu fassen. Nachdem sie fast ein Jahr lang miteinander daran gearbeitet hatten, begab sich Adam auf Jobsuche, auch wenn ihm klar war, dass seine Möglichkeiten beschränkt waren, da er nicht mehr Vollzeit arbeiten und keine körperlich anstrengenden Tätigkeiten mehr ausführen konnte. Als das Arbeitsamt erfuhr, dass er ein Faible für das Transportwesen hatte, vermittelte man ihn an die *Friends,* die stets auf der Suche nach ehrenamtlichen Helfern waren, die Lust hatten, sich um den Bahnhof zu kümmern. Adam war sofort Mitglied geworden, und einfach nur jeden Freitagmorgen auf dem Bahnhof zur Arbeit zu erscheinen, anderen zu helfen und Teil eines größeren Ganzen zu sein, hatte ihm sehr geholfen und das Gefühl gegeben, dass er draußen in der Welt doch noch zu etwas nütze war.

Dann hatte kürzlich eine langjährige ehrenamtliche Mitarbeiterin angekündigt, dass sie sich gerne von der Gartenarbeit zurückziehen würde, da ihre Knie das allmählich nicht mehr mitmachten. Adam hatte lange mit sich gehadert, ob er an ihre Stelle treten sollte. Die Multiple Sklerose brachte es mit sich, dass er weite Strecken nur unter großen Schmerzen gehen konnte, und die Bahnsteige in Huddersfield sind, wenn man sie vom einen Ende bis zum anderen abschreitet, tatsächlich erstaunlich lang. Die MS wirkte sich auch auf seinen Tastsinn aus; fast jeden Morgen musste er aufs Neue herausfinden, wie viel Druck er bei der Verwendung seiner Hände und Füße ausüben musste. Würde die Gartenarbeit ihm helfen – oder sich als zusätzliche Belastung erweisen?

Adam hatte seine ehrenamtliche Tätigkeit auf dem Bahnhof bisher sehr genossen und wollte sich dort gern stärker engagieren. Bei seinen Pflanzen zu Hause hatte er durchaus so etwas wie einen grünen Daumen bewiesen; vielleicht ließe sich das ja in einem größeren Rahmen auch auf die Pflanzen auf den Bahnsteigen übertragen? Seine Ärzte hatten ihm gesagt, er müsse sehr darauf achten, dass seine Muskeln nicht verkümmerten, und Adam hoffte, dass die Gartenarbeit sie kräftigen würde. Leicht nervös meldete er sich freiwillig und schloss sich dem kleinen Team an, das sich um die Pflanzen des Bahnhofs kümmerte.

Die erste Zeit war hart. Die Pflanzen wurden einmal wöchentlich gegossen. Anfangs hatte Adam dabei sehr zu kämpfen, aber mit der Zeit fiel es ihm leichter, und wenn er vor der Arbeit ein bestimmtes Medikament einnahm, konnte er das alles ohne allzu große Schmerzen bewältigen. Und dass er es gelegentlich in der Gesellschaft einer schwarz-weißen Katze tat, ließ die Stunden natürlich wie im Flug vergehen.

Adam hatte Felix im Jahr zuvor kennengelernt, als sie einmal durch die Bahnhofshalle schlenderte, während er gerade am Informationsstand tätig war. Sie war geradewegs zu ihm gekommen, und er hatte sie ein wenig gestreichelt.

Das blieb keine einmalige Angelegenheit. Als Adam seine ehrenamtliche Tätigkeit aufnahm, hatten ihn seine psychischen Probleme noch ziemlich im Griff; zwar genoss er seine Zeit auf dem Bahnhof, aber Selbstzweifel und Ängste nagten an ihm. Wenn ihm allzu viele unwillkommene Gedanken durch den Kopf kreisten, entschuldigte er sich manchmal und ließ sich irgendwo abseits auf einer Bahnhofsbank nieder.

Oft kam Felix dann zu ihm und schmiegte sich an ihn. Das war keineswegs eine Forderung nach Aufmerksamkeit, wie sie es divenhaft immer bei Angie Hunte machte. Nein, sie war einfach nur für Adam da, und wenn er ihr dann über den schwarzen Rücken strich, merkte er mit einem Mal, dass es ihm wieder besser ging. Katzen hatten immer schon diese Wirkung auf ihn gehabt. Seine Großmutter – mit der er viele Jahre zusammengelebt hatte – hatte zwei gehabt, Jet und Mitty, eine schwarz, die andere schildpattfarben. Verspielt und voller Leben, wie sie waren, hatten sie ihn unweigerlich aufgeheitert, und nun schien Felix entschlossen, das Gleiche zu tun.

Je mehr Zeit Adam auf dem Bahnhof verbrachte, desto klarer wurde ihm, dass Felix nicht nur ihm half. Während er sie dort ihren Dienstgeschäften nachgehen sah, fiel ihm auf, dass sich Felix oft neben Personen auf dem Bahnsteig niederließ, die aussahen, als könnten sie eine kleine Aufmunterung gebrauchen. Eines Morgens beobachtete er sie mit einem Mann mittleren Alters. Der Herr wirkte sehr niedergeschlagen und starrte unverwandt zu Boden, so in seine düsteren Gedanken vertieft, dass er die flauschige schwarz-weiße Katze, die ihn beäugte, gar nicht bemerkte. Felix hatte ihn aber definitiv bemerkt. Langsam ging sie zu ihm und strich ihm um die Knie, ehe sie schließlich neben ihn auf die Metallbank sprang und sich dort zum Kuscheln niederließ. Damit munterte sie den Mann augenblicklich auf.

In Briefen an die Bahnhofsbelegschaft schilderten Fahrgäste, wie Felix ihnen auf schwierigen Reisen beigestanden hatte – zum Beispiel, wenn sie Abschied von einem todkranken Angehörigen nahmen oder wenn sie am Morgen nach dessen Tod ihren Arbeitsweg antreten mussten. »Es fiel mir an diesem Morgen sehr schwer, zur Arbeit zu fahren«, berichtete John Rooney in einem solchen Brief. »Mein Großvater war in den frühen Morgenstunden verstorben. Ich stand auf dem Bahnsteig und wartete auf meinen Zug, und mit einem Mal kam Felix zu mir, schmiegte sich an mein Knie und ließ sich von mir streicheln. Dadurch ging es mir gleich viel besser, und es war, als hätte sie meine Trauer gespürt. Bitte geben Sie ihr ein paar Dreamies von mir.«

Da Felix also eine ganz besondere Katze mit ganz besonderen Fähigkeiten war, schätzte sich Adam an diesem Sommertag 2016 durchaus glücklich, dass sie beschlossen hatte, ihn bei seinen Bewässerungspflichten zu begleiten. Gemeinsam schritten sie den Bahnsteig ab, und Adam kümmerte sich gewissenhaft um jede einzelne Pflanze. Aufgrund ihrer Freundschaft mit Billy Bolt und den vielen Stunden, die sie an seiner Seite verbracht hatte, während er den Bahnhofsgarten anlegte, hielt sich die Katze womöglich auch selbst für eine erfahrene Gärtnerin. Zumindest war sie sich in ihrer arttypischen Arroganz sicher, schlechthin alles besser zu wissen – und erwartete daher wahrscheinlich eher nicht, bei diesem kleinen Ausflug mit Adam noch etwas dazuzulernen.

Da aber hatte sie sich getäuscht.

Wenn Felix bei der Bewässerung »half«, sah das meist so aus, dass sie neben den Pflanzkübeln stehen blieb, als wäre sie eine unabhängige Kontrolleurin. Dann blickte sie zwischen den Pflanzen und den ehrenamtlichen Mitarbeitern in ihren violetten Hemden hin und her, und wenn sie gelegentlich fand, dass deren Arbeit zu wünschen übrig ließ, setzte sie eine finstere Miene auf. Als zuständige Bahnhofskatze schien sie die Bahnsteigpflanzen als ihre Schutzbefohlenen anzusehen. »Das sind meine! Wehe, ihr krümmt denen auch nur ein Blatt!«, schien ihr drohender Blick zu besagen.

Bei den größeren Pflanzkübeln jedoch hüpfte Felix auch gerne mal auf den Rand hinauf. Da balancierte sie dann behände, schaute sich genauer an, was dort vor sich ging, und schnupperte manchmal auch begeistert in den Begonien herum.

An diesem Tag sprang Felix jedoch mitten hinein in einen Kübel. Ob es ein Versehen war oder sie vielmehr die weiche Landung auf der Blumenerde genießen wollte – Adam wusste es nicht, und Felix verriet es nicht, und so rekelte sie sich schließlich in einem kleinen Rosmarinbeet, dessen Pflanzen, von der Katze in Bewegung versetzt, ihr unverwechselbares Aroma verströmten.

Zumindest war es für Adam, der genau wusste, worum es sich handelte, unverwechselbar. Felix hingegen schien nicht so ganz zu begreifen, wo sie da gelandet war. Sie riss die grünen Augen auf, als wäre sie schockiert von diesem neuen Geruch. Dann blinzelte sie verwirrt, schien keine Ahnung zu haben, woher er kam. Neugierig geworden, nestelte sie weiter an den Nadelsträuchern herum, woraufhin die noch mehr von ihrem Aroma verströmten. Nun guckte sich Felix recht grimmig um, als hätte der Geruch ihr Zartgefühl verletzt, und steckte den Kopf noch einmal zwischen die Zweige, wobei ihre Nase wütend zuckte.

Da sie Adam bei diesem Kübel zuvorgekommen war und er die Pflanzen noch nicht hatte zurückschneiden können, baumelten etliche Zweige umher, was Felix nur noch mehr in Rage brachte. Immer eindringlicher schlug sie auf diese Zweige ein, wie eine Polizistin, die im Unterholz nach Spuren suchte. Das Aroma war nun wirklich stark – selbst Adam mit seinen über eins achtzig konnte riechen, wie es in den Bahnhof hinausströmte!

Felix schien geradezu besessen davon zu sein und verzog das Gesicht zu einigen unglaublich verwirrten Grimassen, die wirklich lustig anzusehen waren. Was war das für ein Geruch, der sie schier in den Wahnsinn trieb? Irgendwann fand sie schließlich heraus, woher er kam – aber erst, nachdem sie die Rosmarinpflanzen verhört hatte, wie nur sie es konnte: indem sie abwechselnd auf sie einprügelte und sich darin wälzte, so innig sie nur konnte, ohne aus dem Kübel zu fallen. Einige Male war es knapp, aber der Ringkampf mit dem Rosmarin schien ihr wichtiger als schickliches Betragen.

Nachdem sie aber die Quelle des Geruchs ermittelt hatte, wurde schnell klar, dass sie ihn absolut nicht mochte. Und so bezahlte Felix ihre Katzenneugier zwar nicht mit dem Leben, aber sicherlich mit einem sehr unangenehmen Kribbeln in der Nase. Nach einem letzten stolzen Schütteln ihres königlichen Haupts sprang sie schnellstens aus dem Pflanzkübel und stolzierte auf dem Bahnsteig von dannen, ohne sich auch nur ein einziges Mal nach Adam oder der Pflanze umzusehen, die ihr so zugesetzt hatte.

Trotz Felix' Ablehnung verblieb der Rosmarin auf dem Bahnhof. Hin und wieder kam sie auf einem Patrouillengang daran vorbei, doch Adam sah sie nie wieder auf oder in diesen Pflanzkübel springen. Anscheinend fand sie, dass dieses Abenteuer nicht wert war, wiederholt zu werden.

Kopf hoch, Felix! Und lass dir nicht die Petersilie verhageln!

Die Schädlingsbekämpferin in Aktion

Mit einem unbekümmerten Gurren pickte der Täuberich den Bahnsteig entlang und berichtete damit seinen Gefährten von all den Köstlichkeiten, die er dort fand. Felix beobachtete den Vogel mit zusammengekniffenen Augen aus der Ferne.

Felix befand sich mit den Tauben im Kriegszustand. Zwar war in diesem Krieg noch kein Blut geflossen, aber es deutete bei dieser langjährigen Feindschaft auch nichts auf einen baldigen Waffenstillstand hin.

Die Tauben waren schon lange in Huddersfield ansässig gewesen, als die Schädlingsbekämpferin ihren ersten Dienst antrat. Und egal, was Felix gegen ihre Invasionen auf das, was sie als ihr eigenes Territorium ansah, zu unternehmen versuchte, gaben sie der Bahnhofskatze doch nicht im Mindesten nach.

Nicht dass Felix nicht ihr Bestes gegeben hätte, um sie zur Strecke zu bringen oder zu verscheuchen. Wann immer sie eine Taube auf dem Bahnsteig erblickte, erhob sie sich vorsichtig und senkte den Bauch auf den Boden hinab, als wäre sie eine übers Schlachtfeld robbende Kommandosoldatin. Ehe sie auch nur einen einzigen Schritt tat, wackelte sie erst mal mit dem Hintern – womit sie zugleich Schwung holte, ihre Hüften, Beine und Pfoten lockerte und sich bereitmachte zuzuschlagen. Den TPE-Kollegen, die das mit ansahen, kam es vor, als führe sie dabei ein aufmunterndes Selbstgespräch. »Diesmal kriege ich dich. Du gehörst mir …« Doch bei jedem Angriff, den sie startete, war es für die betreffende Taube ein Leichtes, die Katze als verschwommene schwarz-weiße Erscheinung herannahen zu sehen und mit ein paar Schlägen ihrer grauen Flügel beiläufig zu entschweben, sodass Felix der Jagderfolg abermals verwehrt blieb.

Das war ausgesprochen frustrierend – nicht zuletzt deshalb, weil Felix die Beförderung zur Leitenden Schädlingsbekämpferin mehr als verdient hatte. Nachdem sie es als Berufsanfängerin eher langsam hatte angehen lassen – es hatte ein Weilchen gedauert, bis die kleine Katze auf dem Bahnhof Fuß gefasst hatte –, war sie inzwischen eine Meisterin des Mäusefangs und hinterließ regelmäßig kleine »Geschenke« für Angie Hunte. (»Sehr schön, Felix«, sagte Angie dann in aufgesetztem Ton – nur um wenig später um Hilfe zu rufen. Sie liebte Felix sehr, aber nicht ihre schaurigen Geschenke.)

Andere brachten Felix' beruflichen Leistungen mehr Respekt entgegen. So hatte sie beispielsweise Dale Woodward während einer gemeinsamen Nachtschicht draußen auf dem Bahnsteig schwer beeindruckt. Dale war ein Mann von Mitte fünfzig mit schütterem Haar und markanten Gesichtszügen, der schon seit über einem Jahrzehnt am Bahnhof tätig war. In jener Nacht waren die beiden auf dem Bahnsteig 1 unterwegs gewesen, als Dale plötzlich sah, wie Felix ihre Jagdhaltung einnahm – die Hinterbeine angespannt und eng beieinander und den Blick starr auf das übernächste Gleis gerichtet, das Gleis vor Bahnsteig 4. Dale schaute ebenfalls dorthin. *Was soll denn da sein? Ich seh nix,* dachte er verwirrt. Doch nur Sekunden später flitzte Felix von ihrer Position los, sprang auf das Gleisbett hinab, lief zu Gleis 4 hinüber und kehrte schließlich, nachdem sie ihre Mission mit geradezu chirurgischer Präzision ausgeführt hatte, mit einer toten Maus im Maul zurück. Quietschvergnügt trabte sie sodann den Bahnsteig entlang zum Auskunftsschalter, wo sie mit kaum verhohlenem Stolz ihr Opfer niederlegte. Das war immer die Stelle, an der sie ihre Gaben darbrachte; manchmal fanden die Kollegen der Frühschicht, wenn sie zum Dienst erschienen, zwei oder drei tote Mäuse dort auf der Fußmatte vor – was zu dieser frühen Stunde garantiert dafür sorgte, dass sich ihnen der Magen umdrehte.

Felix jagte überall auf dem Bahnhof nach Mäusen. Auf den Bahnsteigen. Auf den Gleisen. Ihr liebstes Jagdrevier aber war wahrscheinlich Billys Garten. Der war nicht mehr ganz so gut gepflegt wie zu Billys Lebzeiten – auch wenn Adam und seine ehrenamtlichen Kollegen sich gelegentlich darum kümmerten, waren sie doch in erster Linie für die Pflanzkübel zuständig, was sich oft als so zeitraubende Tätigkeit erwies, dass es ihnen schwerfiel, auch noch den Garten in Schuss zu halten. Felix störte sich aber sicherlich nicht an der mangelnden Pflege; ja, ihr gefielen die wuchernden Pflanzen und hohen Gräser sogar – boten sie doch eine ideale Deckung für ihre Jagdausflüge. Wenn das TPE-Team nach ihr suchte und sich fragte, wo um alles in der Welt sie jetzt wieder stecken mochte, kam es durchaus öfter vor, dass sie plötzlich einen flauschigen schwarz-weißen Kopf erblickten, der aus einem Versteck inmitten hoher Gräser hervorlugte, wenn die Katze drauf und dran war, sich auf ein weiteres ahnungsloses Opfer zu stürzen.

Doch trotz ihrer Tüchtigkeit als Mäusejägerin blieb Felix ein vergleichbarer Erfolg bei den Tauben weiterhin verwehrt. Das war für die Leitende Schädlingsbekämpferin eine überaus peinliche Enttäuschung, denn ihr Versagen lag ja schließlich klar auf der Hand. Während ihre Kollegen voller Stolz verkündeten, dass sie dank Felix' harter Arbeit lange schon keine lebende Maus mehr auf dem Bahnhof gesehen hätten, stolzierten die Tauben weiterhin dreist über die Bahnsteige, als würde ihnen der ganze Laden gehören.

Sie waren auch nicht die einzigen Vögel, mit denen Felix sich herumschlagen musste. Der Bahnhof Huddersfield war außerdem die Heimstatt eines Grüppchens großer schwarzer Krähen, die sich mit Vorliebe neben den Tauben auf dem Gewirr aus Eisenträgern niederließen, das sich unter dem Wellblechdach des Bahnhofs befand. Sie hatten Felix terrorisiert, als sie ein kleines Kätzchen war, doch inzwischen hatte Felix einen Waffenstillstand mit ihnen geschlossen. Zwar versuchten sie immer noch ab und zu, Felix zu verhöhnen, indem sie zu zweit oder dritt von ihren Sitzstangen herabgesegelt kamen, aber Felix ließ sich nicht mehr ködern. Wenn sich diese Krähenschar wieder mal in ihrer Nähe niederließ und höhnisch zu ihr herüberkrächzte, sah sie einfach nur mit ihren großen grünen Augen gleichmütig zu ihnen hinüber in dem Wissen, dass die Krähen trotz aller Großtuerei nicht wagen würden, sie anzugreifen. Die Krähen hatten keine Macht mehr über sie, denn schließlich hatten sie ja offenkundig den Schutz der Überzahl nötig, wohingegen Felix sich ganz allein als Regentin behauptete.

Doch ihre Fehlschläge bei der Taubenjagd *wurmten* Felix. Ein ums andere Mal versuchte sie, sich erfolgreich anzupirschen, und ein ums andere Mal scheiterte sie dabei. Allmählich hatte sie wahrscheinlich das Gefühl, dass sie ihr Ziel niemals erreichen würde.

Im Sommer war auf dem Bahnhof Huddersfield immer viel los. Die Kinder hatten Schulferien, Familien fuhren in den Urlaub, und an manchen Tagen waren die Bahnsteige so voller Reisender mit sperrigen Koffern, dass kaum noch ein Durchkommen war. An eben so einem Tag war Felix gerade schwer damit beschäftigt, auf Bahnsteig 1 Fahrgäste zu begrüßen. Gekonnt und souverän schlängelte sie sich zwischen all den neuen Hindernissen hindurch, als wäre das Gepäck ausschließlich zu ihrer Belustigung dort abgestellt worden, als sie auf eine sehr entspannte Familie stieß, die auf ihren Zug zum Flughafen wartete. Sie waren bereits so in Urlaubsstimmung und hatten nur noch Sonne, Sand und Sangria im Sinn, dass sie die schwarz-weiße Katze, die zwischen ihren Gepäckstücken umherschlich, überhaupt nicht bemerkten.

Jemand anderes bemerkte sie auch nicht: ein gewisser Percy Pigeon, der vor ebenjenen Gepäckstücken auf und ab stolzierte und dabei unbekümmert irgendwelche Krümel aufpickte …

Felix sah den Täuberich und erstarrte. Und während sie hinübersah, schlang Percy einen weiteren Leckerbissen hinunter und gab dann ein zufriedenes Gurren von sich. Felix kniff die grünen Augen zusammen, und ihre Gliedmaßen spannten sich.

Hinter ihr befand sich das Coffee Xpress. Das Feld ihrer Pirschjagd war damit klar umgrenzt, als befände sie sich in einem Schützenloch – direkt dem Feind gegenüber.

Einem Feind, der sie nicht sehen konnte.

Das Gepäck bildete eine perfekte Deckung. Während die Familie angeregt über ihren bevorstehenden Urlaub plauderte, machte Felix einen einzigen, langsamen Schritt nach vorn und achtete dabei sehr darauf, in der Deckung der Gepäckstücke zu bleiben. Die hatte die Familie unbeabsichtigterweise genauso abgestellt, dass Felix ihren Angriff planen und vorantreiben konnte und zugleich den Täuberich im Blick behielt.

»Gurr, gurr!«, machte Percy frohgemut.

Und hinter dem Gepäck tat Felix einen weiteren Schritt nach vorn.

»Gurr, gurr!«, tönte es wieder. Der Täuberich hatte nicht die leiseste Ahnung, dass er in Lebensgefahr schwebte.

Wie die Ruhe vor dem Sturm hielt Felix einen bedeutungsschwangeren Moment lang inne und kalkulierte Reichweite, Geschwindigkeit und Entfernung. Ihr Hirn arbeitete auf Hochtouren, und binnen Sekunden hatte sie die komplexen Berechnungen vollzogen, die ihr, wie sie hoffte, zum Erfolg verhelfen würden. Nie zuvor hatte sie so eine Gelegenheit gehabt. Und sie wusste nur zu gut, dass sie womöglich auch nie wieder so eine Gelegenheit haben würde.

Direkt voraus klaffte zwischen den Koffern eine kleine Lücke. Felix beäugte sie aufmerksam und angespannt. Ihr war klar, dass sie nur eine einzige Chance hatte, dass es auf Anhieb klappen musste; sie musste durch diese Lücke huschen, vor welcher der Täuberich auf und ab stolzierte, und ihn genau im richtigen Moment mit einem Pfotenhieb festnageln.

»Gurr, gurr!«, rief Percy, wie um sie zu ermuntern. Versuch's doch! Und Felix war bereit dazu.

Sie spannte ihre Beine an, bis ihre Muskeln zitterten. Sie befand sich nun direkt hinter der entscheidenden Lücke, sodass fast schon ihr schwarzes Samtnäschen aus dem Versteck hervorlugte, und gab sich größte Mühe, ihre Schnurrhaare stillzuhalten, damit sie ihre Position nicht verrieten. Wenn Percy in diesem Moment in ihre Richtung geblickt hätte, hätte er Felix gesehen. Und dann: Game over.

Doch Percy war viel zu sehr damit beschäftigt, die Krümel vom Bahnsteig aufzupicken. Er blickte sich nicht um.

Im Geiste ließ Felix, obwohl ihr Zahlen fremd waren, sicherlich einen Countdown ablaufen, während sie den richtigen Moment zum Zuschlagen wählte. Was sie jedoch nicht wusste: Ihr lief die Zeit davon. Denn auf der Anzeigetafel über ihrem Kopf änderten sich die orangefarbenen Ziffern. Der Zug nach Manchester Airport traf bald ein. Wer würde zuerst in Aktion treten – die Lokomotive oder die löwenartige Katze, die Jagd auf ihre Huddersfielder »Gazelle« machte?

Drei, zwei, eins …

Ein Schrei durchriss den Bahnhof.

Die berühmte Felix

Felix stürzte sich auf den Täuberich. *Und sie hatte Erfolg.* Sie krallte sich in den Rücken des Vogels, und es gab ein Federgestöber, als wäre auf dem Bahnsteig ein Daunenkissen geplatzt. Die Urlauberfamilie, die von Felix' Pirsch nichts mitbekommen hatte, schrie erschrocken auf. Auf den ersten Blick war nicht zu erkennen, woher die Federn kamen und was um alles in der Welt dieses seltsame Phänomen ausgelöst hatte. Die Familie wich ängstlich zurück und ließ ihr Gepäck unbeaufsichtigt, und aller Augen richteten sich auf den Tumult.

Dann, als würde er auf die erschrockenen Schreie antworten, stieß der Täuberich ein heldenhaftes Kreischen aus. Percy war inmitten der umherfliegenden Federn noch am Leben und flatterte, flatterte, flatterte in dem Versuch, sich loszureißen. Mit viel Geschrei und letzter Kraft gelang es ihm irgendwie, sich aus Felix' Klauen zu befreien, so fest und sicher sie auch zugeschlagen hatten. Er ließ dabei womöglich die Hälfte seines Gefieders, schaffte es aber irgendwie – zur großen Frustration der Bahnhofskatze –, sich noch einmal in die Luft zu schwingen. Dann rettete er sich auf die Eisenstreben unterm Dach, um seine Wunden zu lecken, während Felix inmitten von ausgerissenen Federn und zurückgelassenen Gepäckstücken fassungslos zu ihm hochstarrte.

Während die Federn langsam zu Boden trudelten, kehrte die Familie zu ihrem Gepäck zurück. Sie hatten sich von dem Schreck erholt und inzwischen verstanden, was geschehen war, und während sie die abstruse Szenerie betrachteten, kicherten sie vor sich hin. Die arme Felix! Wieder ein Schlag ins Wasser!

»Mach dir keine Sorgen, mein Mädchen«, sagte Angie Hunte später zu ihr, als sie sich nach einem Hinweis eines Kollegen, der vor Ort gewesen war, die ganze Episode auf dem Schwarz-Weiß-Monitor der Überwachungsanlage ansah. »Ich liebe dich so, wie du bist.«

Und damit war Angie Hunte nicht allein. Im Laufe des Sommers 2016 stiegen Felix' Beliebtheitswerte immer weiter, während ihre Facebook-Freunde online ihre Abenteuer verfolgten. Sie liebten es, Tag für Tag mitzubekommen, was die Bahnhofskatze wieder angestellt hatte. Da nur eine Handvoll ihrer Fans es schafften, leibhaftig den Bahnhof zu besuchen, hatte der Mann hinter Felix' Facebook-Seite alle Hände voll zu tun, ihre Follower zufriedenzustellen. Der Appetit auf neue Beiträge, neue Bilder und neue Videos war kaum zu stillen. Aber er kam dem sehr gerne nach.

Sein Name war Mark Allan, und er war ein freundlicher Herr von Mitte fünfzig, der fünf Tage die Woche in Manchester arbeitete. Er pendelte vom Bahnhof Huddersfield aus dorthin und nahm werktags immer den Zug um 6.40 Uhr. Felix und er hatten sich im Frühjahr 2015 angefreundet, und bald darauf hatte er ihr eine Facebook-Seite eingerichtet – hauptsächlich als eine Art Ventil für seine Kreativität, da seine Tätigkeit im Finanzsektor eine sehr ernste Angelegenheit war. Der sich daraus ergebende Online-Erfolg war eine wunderbare Überraschung gewesen. Bei mittlerweile 87 000 Facebook-Fans angelangt (Tendenz weiter steigend), die jeden einzelnen Beitrag der Bahnhofskatze gespannt verfolgten, genoss er die Herausforderung, sich immer wieder etwas Neues einfallen zu lassen. Er überlegte ständig, was Felix und er als Nächstes tun könnten, und ließ sich auch dann Ideen durch den Kopf gehen, wenn er gar nicht auf dem Bahnhof war – wie beispielsweise an einem Augusttag 2016, während er in seiner Wohnung in Huddersfield einen Kleiderschrank ausräumte.

»Was ist das denn?«, murmelte er, als er aus den Tiefen des Schranks ein jämmerlich aussehendes buntes Plastikding hervorzog. »Ach ja, ich erinnere mich …«

Es war ein aufblasbarer Globus. Mark hatte ihn viele Jahre zuvor für seine Kinder gekauft, um ihnen die Lage der einzelnen Länder auf dem Erdball zu zeigen. Er schloss den Mund um das Ventil und blies den Globus mit ein paar energischen Atemstößen auf. *Oh ja,* dachte er, *damit könnten wir etwas Spaßiges anstellen …* Da Felix Fans in aller Welt hatte, buchstäblich von Amerika bis Hongkong, schien der Globus ein besonders passendes Requisit zu sein, mit dem dieser globale Superstar spielen konnte.

Am nächsten Morgen, dem 22. August 2016, traf Mark gegen 6.30 Uhr auf dem Bahnhof ein. Wie üblich standen trotz der frühen Stunde schon allerhand Pendler auf dem Bahnsteig, die in ihre Zeitungslektüre vertieft waren und Kaffee aus Pappbechern nippten. Es war ziemlich windig an diesem Morgen, und die Leute guckten manchmal gereizt zu den Bahntunneln hinüber, aus denen der Wind die Bahnsteige hinab in Richtung »King's Head« pfiff. Obwohl angeblich Hochsommer war, erinnerte dieser unangenehme Wind daran, dass in Yorkshire der Winter nie fern ist.

Das Wetter nicht weiter beachtend, ging Mark in Richtung Auskunftsschalter, gespannt, wie Felix auf den aufblasbaren Globus reagieren würde. Sie schien ebenfalls gespannt zu sein: Wie an den meisten Werktagen wartete sie bereits auf »ihrer« Bank in der Nähe des »Head of Steam« auf ihn, begierig zu sehen, welche Leckerli er ihr diesmal mitgebracht hatte. Die Leute vom Pub waren an diesem Morgen auch schon aktiv gewesen und hatten auf dem Bahnsteig ihren Werbeaufsteller platziert, der für den übernächsten Abend zu einem Jazzkonzert einlud.

»Guten Morgen, Felix!«, sagte Mark zu seiner kleinen Freundin und beugte sich über sie, um sie zu streicheln, während sie den Kopf seiner längst vertrauten Hand entgegenreckte. Dann holte er ohne weitere Umstände den Globus hervor und blies ihn auf, wofür er von seinen Mitpendlern einige verwirrte Blicke erntete. Als der Globus prall und rund war, legte er ihn auf dem Bahnsteig ab und dann einen Dreamie daneben, um Felix zu ermuntern, sich das mal genauer anzuschauen. Leise kichernd arrangierte Mark die Szene, die er fotografieren wollte. Er sah es schon genau vor sich: Felix, wie sie ihre Weltherrschaft überblickte und nachschaute, wo ihre vielen Fans lebten. Er hatte sich auch schon eine Bildunterschrift überlegt: »Mein globaler Appeal nimmt ständig zu.« Das würde, hoffte er, sehr gut ankommen.

Doch Felix war an diesem Morgen anscheinend nicht zu solchen Spielchen aufgelegt. Ohne tratschen zu wollen, darf man wohl sagen, dass sie im Ruf steht, eine ziemlich verfressene Katze zu sein – aber an diesem Morgen ließ sie sich nicht mal mit einem Leckerli zu der Weltkugel hinlocken. Sie sah sich das alles argwöhnisch an und wusste anscheinend nicht so recht, was sie von dem neuen Requisit halten sollte, das Mark zu ihrem allmorgendlichen Treffen mitgebracht hatte. In der Geschäftswelt gilt ja die Regel »keine Idee ist eine schlechte Idee«, aber diese Ansicht schien Felix nicht zu teilen.

Mark trat ein Stück zurück, das knipsbereite Handy in der Hand, und versuchte Felix zu sich zu locken. Normalerweise »gehorchte« sie, begierig auf Leckerli und Fotoshootings, in solchen Fällen sofort (soweit überhaupt davon die Rede sein kann, dass eine Katze einem Menschen »gehorcht«). An diesem Tag aber kniff sie lediglich die Augen zusammen und beäugte den Globus misstrauisch. Von nichts gehalten, wackelte die strandballartige Weltkugel im Wind, und diese selbstständigen Bewegungen waren Felix offenkundig nicht geheuer. Was war das für ein buntes Wesen, bei dem es sich ja offensichtlich weder um eine Maus noch um eine Taube oder eine Krähe handelte? Was sollte sie damit anfangen?

Mark erkannte schnell, dass Felix nicht zu dem Globus kommen würde, und daher änderte er flugs seine Pläne. Statt Felix neben dem Globus zu knipsen, würde er versuchen, diesen im Vorder- und Felix im Hintergrund aufzunehmen (wo sie sich von dem unbekannten Feind fernhielt). Er ging ein paar Schritte zurück, um die Perspektive gut hinzubekommen.

Husch! In diesem Moment fuhr ein heftiger Windstoß über den Bahnsteig – und riss den aufblasbaren Globus mit sich fort!

Also, Felix mochte ja ihre Angst vor Krähen überwunden haben, aber sich mit diesem seltsamen neuen Vogel herumzuschlagen, dazu war sie noch nicht bereit. Sie machte sich schleunigst aus dem Staub und ließ Mark mit dem davontrudelnden Globus auf dem Bahnsteig allein.

Er griff danach, doch die Weltkugel tanzte außer Reichweite. Er streckte die andere Hand danach aus, doch der Globus rollte ein kleines, aber entscheidendes Stückchen weiter. Dann kam wieder eine Böe, und er flog noch weiter den Bahnsteig hinab in Richtung »King's Head«.

Mark geriet ins Schwitzen. Vor seinem geistigen Auge sah er schon, wie die Weltkugel schließlich auf die Gleise geweht wurde, was dann womöglich stundenlange kostspielige Verspätungen nach sich zog (sehr zum Missfallen von Felix' Arbeitgeber – von den Fahrgästen ganz zu schweigen). Daher warf Mark alle Bedenken über Bord und rannte dem Globus, so schnell er konnte, hinterher, die Augen nur auf dieses Ziel gerichtet.

Rums! Bei dieser Verfolgungsjagd prallte er frontal mit dem Werbeaufsteller des »Head of Steam« zusammen. Mit mächtigem Scheppern fiel das Metallding zu Boden, und alle Pendler rissen den Kopf herum und starrten zu Mark hinüber. Schwankend schaffte er es gerade noch, wenn auch nicht seine Würde, so doch wenigstens das Gleichgewicht zu wahren, und überspielte die Sache irgendwie. Doch vor allem gelang es ihm noch im letzten Moment, den Globus einzufangen. Ganz normaler Arbeitsalltag für Felix' Facebook-Manager!

Mark erschien es besonders bemerkenswert, wie viel Felix ihren Fans bedeutete, obwohl sie erst vor relativ kurzer Zeit zu Berühmtheit gelangt war. Im Frühsommer hatte es einen dramatischen Zwischenfall auf dem Bahnhof gegeben, bei dem ein bewaffneter Mann zu Fuß in die Bahntunnel geflohen war. Während die Polizei die gefährliche Situation klärte, war der Bahnhof Huddersfield abgeriegelt worden. Felix hatte sich vernünftigerweise während der ganzen Sache nicht blicken lassen und hatte damit überhaupt nichts zu tun – was ihre Abertausende Fans jedoch nicht wussten. Sobald die Meldung über den Zwischenfall und den Polizeieinsatz auf der Website des *Huddersfield Examiner* auftauchte, verlangten ihre Fans auf Facebook zu wissen, ob mit Felix alles in Ordnung sei. Mark – der von der ganzen Sache gar nichts mitbekommen hatte, bis sein Account plötzlich mit Nachrichten überschüttet wurde – war sehr froh, ihnen mitteilen zu können, dass dies der Fall war.

Vielleicht führte dieser Zwischenfall dazu, dass mehr Leute auf den Bahnhof kamen, um sich zu vergewissern, dass es ihr gut ging – um mit eigenen Augen zu sehen, dass die Bahnhofskatze noch die gleiche Diva war wie ehedem. Als Felix damals befördert worden war, hatte es auch einen Besucheransturm gegeben, der sich aber in den folgenden Monaten wieder legte. Gleichwohl hatte der Bahnhof Huddersfield in jenem Sommer Felix-Fans begrüßen dürfen aus der Schweiz, Neuseeland, Kasachstan und Kanada. Es kam sogar jemand von der Isle of Wight! Das Team erinnerte sich auch an eine junge Braut, die aus Australien angereist war, um in England zu heiraten, und die anschließend die ersten Tage ihres Ehelebens dazu nutzte, nach Huddersfield zu fahren, um Felix zu treffen. Die Begegnung mit der Bahnhofskatze war sozusagen das Sahnehäubchen auf ihrer Hochzeitstorte.

Felix war nicht immer geneigt, sich dem Volk zu zeigen. Sie konnte grummelig sein, wenn man sie aus einem Nickerchen weckte, und wenn sie in gereizter Stimmung war, kam es durchaus mal vor, dass sie um sich schlug. Bei anderen Gelegenheiten fehlte sie einfach unentschuldigt oder war auf einem Patrouillengang unterwegs, und ihre Kollegen hatten keine Ahnung, wo sie gerade steckte. Manchmal war allerdings weder ihre Stimmung noch ihre Abwesenheit das Problem. So erinnerte sich beispielsweise der Fahrgast Stuart Gelder, dass er eines Tages, als er die Zugangssperren passierte, Felix erblickte … die gerade begeistert einen Müllsack ableckte (eines ihrer nicht allzu geheimen Laster). Es war nicht gerade ihr glamourösester Moment. Dennoch bemerkte Stuart liebevoll: »Auch wenn sie in diesem Augenblick nicht sonderlich majestätisch wirkte, war ich doch sehr froh, dass ich sie endlich mal zu Gesicht bekommen habe.«

Viele Besucher wollten Felix in ihrer berühmten gelben Warnweste sehen. Ja, sie hatte tatsächlich eine – wie alle anderen TPE-Mitarbeiterinnen und -Mitarbeiter auch. Sie hatte diese Weste bei ihrer Beförderung getragen, und die bezaubernden Bilder von ihr in ihrer »Dienstkleidung« hatten sich im Netz wie ein Lauffeuer verbreitet. Bald darauf hatte Felix jedoch, als sie die Weste anlegen sollte, einen divenhaften Wutanfall bekommen, vielleicht weil sie – nicht ganz zu Unrecht – der Ansicht war, ihr flauschiger schwarzer Pelz sei bereits perfekt und es sei daher schlicht Unfug, ihr noch etwas anziehen zu wollen. Im Gegensatz zu den einfachen Sterblichen, also den menschlichen Angestellten der Bahngesellschaft, fand sie, dass diese Dienstkleidung unter ihrer Würde sei. Sie hatte sich den richtigen Moment dafür ausgesucht, und als sie dann eines Tages die Weste trug, zog sie sich geschickterweise in eines ihrer Lieblingsverstecke zurück: den außer Dienst gestellten Personenwagen an Bahnsteig 2. Dort gelangte sie durch eine Lücke im Zaun unter den Waggon, wo sie es irgendwie schaffte, die Weste loszuwerden. Und seither bestand sie darauf, dass ihr Pelz die einzige Zierde war, die sie brauchte, wenn sie sich ihrem Volk zeigte.

Oft fiel der im Fundbüro des Bahnhofs tätigen Angela Dunn die Aufgabe zu, Besucher mit ihrem Idol zusammenzubringen. Angela war eine sehr liebenswürdige Dame mit kurzem grauem Haar und einer Brille mit Drahtgestell. Sie war von Anfang an eine enge Freundin von Felix gewesen. Als Felix noch ganz neu auf dem Bahnhof war, hatte Angela ihr aus den Spielsachen des Fundbüros einen kleinen braunen Schmusebären herausgesucht, einen Freund, der dem Kätzchen in seinem neuen Zuhause Gesellschaft leisten sollte. Felix und der Bär waren jahrelang unzertrennlich gewesen, doch irgendwann war der Bär verschwunden. Anscheinend wusste niemand, wo er abgeblieben war, aber Felix schien diesen Verlust nicht zu betrauern – vielleicht ein weiteres Zeichen dafür, dass die Katze inzwischen erwachsen geworden war. Angelas Freundlichkeit aber vergaß Felix nie und besuchte sie oft in ihrem Büro.

Allerdings war sich Angela ehrlich gesagt nie so ganz sicher, ob diese Besuche wirklich ihr galten – oder nicht vielleicht doch eher der Sammlung kuscheliger Mäntel und Pullover, die sich perfekt für ein Katzennickerchen eigneten.

Eines Tages erhielt Angela eine Nachricht von Mark Allan: Die Mutter eines autistischen Jungen hatte bei ihm angefragt, ob die beiden Felix besuchen könnten. Das Team legte immer großen Wert darauf zu betonen, dass niemand mit letzter Gewissheit sagen könne, wann Felix zu Hause war. Angesichts all der Mäuse, die es zu fangen, all der Orte, die es zu erkunden, und all der schönen langen Nickerchen, die es zu halten galt, konnte Felix einfach nicht rund um die Uhr zur Verfügung stehen. Es wäre nicht fair gewesen, das von ihr zu erwarten. Dennoch versprach Angela, alles in ihrer Macht Stehende zu tun, damit dieser Besuch reibungslos verlief.

Als der Tag dann kam, stellte sie fest, dass Felix tatsächlich verfügbar und auch bereit war, sich ihrem Volk zu zeigen. Vielleicht hatte sie sich von der Bronzestatue Harold Wilsons inspirieren lassen, die auf dem St George's Square vor dem Bahnhof stand und an der sie jeden Tag vorbeikam. Auf der Statue war ein Zitat von Wilson eingraviert: »Der Parteivorsitzende und erst recht der Premierminister hat die Pflicht, mit dem Volk zusammenzukommen.« Vielleicht hatte sich Felix diese Worte zu Herzen genommen.

Angela wusste, mit welchem Zug Mutter und Sohn eintreffen würden, und wollte ihnen mit Queen Felix einen königlichen Empfang bereiten. Daher schnappte sie sich die Katze – und Felix ließ sich ausnahmsweise sogar mal tragen – und ging mit ihr kurz vor Einfahrt des Zugs auf den Bahnsteig hinaus.

Obwohl Angela die beiden nie zuvor gesehen hatte, erkannte sie sie sofort – sogar noch bevor sie aus dem Zug stiegen. Das strahlende Lächeln auf dem Gesicht der Mutter verriet ihr alles, was sie wissen musste. Vom Bahnsteig aus sah sie zu, wie die Mutter ihren etwa vierzehnjährigen Sohn aus dem Zug geleitete. Er trug ein hellblaues T-Shirt und eine Jogginghose und schien die Welt um sich herum gar nicht wahrzunehmen und nur darauf zu achten, was aus seinen klobigen Kopfhörern drang. Als die beiden jedoch den Bahnsteig betraten, berührte ihn seine Mutter am Arm und zeigte auf die Katze, die geduldig auf ihn wartete.

Der Junge wandte langsam den Kopf herum. Und als er Felix erblickte, erhellte ein strahlendes Lächeln sein Gesicht. Er ging zu ihr und hockte sich neben sie auf den Boden. Und nachdem er seine ganze Welt auf sie ausgerichtet hatte, nahm er nichts anderes mehr wahr. Er saß dort einfach nur glücklich bei ihr, streichelte sie oder kraulte sie hinter ihren großen Ohren. Felix schien irgendwie zu merken, dass sie hier ein wenig länger gebraucht wurde, und legte sich daher zu ihm auf den Bahnsteig, streckte sich auf der Seite aus und entspannte ihre schneeweißen Pfoten. Eine Viertelstunde lang war sie ganz für ihn da. Angela Dunn, die genau zusah, merkte, dass dieses Erlebnis für den Jungen die reine Freude war.

Der Junge schwieg die ganze Zeit, seine Mutter aber verspürte anscheinend das Bedürfnis, etwas zu sagen. »Er liebt Felix einfach«, gestand sie Angela. »Er hat alles Mögliche über sie gelesen und hat sie im Fernsehen gesehen, und ich wusste, es würde ihn glücklich machen, wenn er sie besuchen darf. Und jetzt schau'n Sie doch nur …«, flüsterte sie, und ihr stockte die Stimme, während sie ihren Sohn mit der von ihm verehrten Katze beobachtete. »Schau'n Sie doch nur …«

Ehrlich gesagt war die Mutter in diesem Moment nicht die Einzige, die Freudentränen in den Augen hatte.

Gut eine Woche später kam Angela zufällig vorbei, als eine andere Familie mit einem autistischen Kind darum bat, Felix sehen zu dürfen. Sie hatten einen Mitarbeiter angesprochen, der mit Felix' Gewohnheiten nicht so vertraut war wie die Dame vom Fundbüro. Höflich antwortete er: »Tut mir leid, sie ist gerade nicht auffindbar« – ohne aber tatsächlich in Felix' Lieblingsverstecken nachgesehen zu haben.

Der kleine Junge war daraufhin am Boden zerstört. Es gab Tränen und Wutausbrüche und eine klagende Stimme, die einem durch und durch ging: »Aber ich wollte Felix *unbedingt* sehen!«

Angela blieb stehen und überlegte. Die Familie ging bereits mit hängenden Schultern zum Ausgang. Nach kurzem Zögern lief Angela ihnen hinterher.

»Verzeihung!«, rief sie.

Die drei schauten sich um. Der Junge schluchzte immer noch.

»Ich hab gehört, Sie würden gern Madame sehen?«, sagte Angela munter, ihren persönlichen Spitznamen für Queen Felix gebrauchend. Die Familie nickte, und während sie die freundliche Dame ansahen, kehrte die Hoffnung in ihre Gesichter zurück. »Ich kann nichts versprechen«, sagte Angela, »aber ich schaue gerne mal nach, ob sie gerade abkömmlich ist.«

Sie fand ihre flauschige Kollegin schlummernd hinten im Büro, und bei dieser Gelegenheit hatte Felix nichts dagegen, geweckt zu werden. Und so begab es sich, dass der Herzenswunsch des kleinen Jungen Wirklichkeit wurde und er die Bahnhofskatze traf.

Für Angela Dunn stellte dieses Erlebnis einen Wendepunkt dar. Sie hatte Felix' Wohlergehen bisher stets Vorrang eingeräumt und tat das auch weiterhin, fand aber zugleich, dass man, wenn Felix auf so einfache Art und Weise jemandem einen Wunschtraum erfüllen konnte, versuchen sollte, das auch zu ermöglichen. Sie wurde daraufhin Hauptansprechpartnerin für Besucher des Bahnhofs, die eigens wegen Felix gekommen waren (wobei sie, wenn sie nicht im Dienst war, von den Damen an den Fahrkartenschaltern vertreten wurde). Das geschah damals nicht allzu oft, aber bald schon half Angela ziemlich regelmäßig Leuten, die eine Audienz bei Ihrer Majestät bekommen wollten. Sie begleitete sie zu dem Treffen mit der Monarchin und erläuterte ihnen die Etikette im Umgang mit der sehr lebhaften und leicht reizbaren Katze.

Angela war in diesem Sommer dreiundfünfzig Jahre alt. Sie hätte nie gedacht, dass sie in diesem Alter noch mal den Beruf wechseln würde. Doch anscheinend war es nie zu spät, um Hofdame zu werden – zumindest nicht, wenn es um Queen Felix ging.

Die Meisterdiebin

Im Herbst 2016 stellte Angela fest, dass ihre Dienste zwar gefragt waren – aber gar nicht immer benötigt wurden. Mit etwas Glück mussten die Leute manchmal nicht weiter nach Felix suchen als bis zu dem Schalter, an dem sie ihre Fahrkarten kauften.

Felix hielt sich gern an und hinter den Fahrkartenschaltern auf. Wenn sie geöffnet waren, waren sie auch immer besetzt und daher der ideale Ort für die Katze, wenn sie beim Entspannen ein wenig Gesellschaft haben wollte. Manchmal saß Felix auch während der Schicht stolz auf einem der Schalterpulte. Dabei kam es durchaus mal vor, dass sie die Ermäßigungskarten der Kunden auf ihre Gültigkeit überprüfte, wobei ihren scharfen Augen keine Einzelheit entging.

Ein weiterer Lieblingssitzplatz war die Oberseite des Druckers, der die Fahrscheine ausspuckte. Dort war ihr flauschiger Schwanz der Produktion der creme-orangefarbenen Tickets öfter mal im Weg – was aber komischerweise nie jemanden zu stören schien.

In dem Büro hinter den Fahrkartenschaltern gab es viel zu entdecken. Manchmal streifte Felix dort einfach nur umher und beschnupperte alles, was neu war. In jenem Jahr zählte zu diesen Neuheiten – vielleicht überraschend – auch ein lebensgroßes Modell der Bahnhofskatze. Felix hatte einige Monate zuvor (mit einem GPS-Tracker am Halsband) einen Fünf-Kilometer-Benefizlauf für die karitative Einrichtung *Fairy Bricks* absolviert, die es sich zum Ziel gesetzt hatte, kranken Kindern ein paar schöne Stunden zu bescheren, und die dazu Kinderkrankenhäuser mit Legosteinen ausstattete; und zum Dank für die 5200 Pfund, die sie damit gesammelt hatte, ließ *Fairy Bricks* eine lebensgroße Nachbildung von Felix aus Legosteinen bauen und schenkte sie dem Bahnhof. Dort erhielt das Modell einen Ehrenplatz im Büro hinter den Fahrkartenschaltern und bildete bald, während Felix' Popularität in jenem Herbst immer noch zunahm, den Mittelpunkt einer regelrechten »Felix-Galerie«, die neben dem großen Lego-Modell auch getöpferte Katzen und Kinderzeichnungen von Felix umfasste.

Weiß der Himmel, was Felix von alldem hielt, während sie jeden Neuzugang mit ihrem Samtnäschen beschnupperte. Was sah sie, wenn sie ihrem lebensgroßen Ebenbild in die Plastikaugen schaute? Was hielt sie von all diesen »anderen« Katzen – die im Grunde ja nur Darstellungen ihrer eigenen spektakulären Schönheit waren? Felix reagierte auf für sie nicht gänzlich untypische Weise: Nach einer ausführlichen Begutachtung kehrte sie dem meist den Rücken zu, rollte sich irgendwo zusammen und schlief ein.

Das Büro hinter den Fahrkartenschaltern war auch einer ihrer Lieblingsorte für ein Nickerchen. Hier schlief sie gern auf den Formularen, mit denen Bahnkunden bei Verspätungen eine Entschädigung oder Erstattung beantragen konnten, oder zwischen den Aktenordnern auf den Metallregalen oder sogar auf der schwarzen Plastik-Oberseite des Fotokopierers, die nach dessen Gebrauch schön mollig warm sein konnte. Eine super Stelle war auch das Regal direkt über dem elektrischen Heizkörper. Dort kuschelte sie sich glücklich und behaglich zusammen, gleich neben dem Spaßschild mit der Aufschrift »Hier wohnt eine sehr verwöhnte Katze mit ihrem Personal«.

Wohl kaum jemand verwöhnte Felix noch mehr als Dave Chin, seines Zeichens Wartungstechniker bei TPE. Zumindest nicht, wenn es um Streicheleinheiten ging. Dave, ein wettergegerbter Kerl, der oft ein Lächeln auf den Lippen und große, grobe Hände hatte, war nicht permanent in Huddersfield, sondern auf dem ganzen Streckennetz tätig, je nachdem, wo seine Dienste gerade benötigt wurden. Wenn Not am Mann war, genügte ein Anruf, und Dave eilte in seinem orangefarbenen Signaloverall herbei und kümmerte sich drum. Früher, als er noch seinen ganzen offiziellen Schreibkram in dem Bahnhofsbuffet auf Bahnsteig 4 zu erledigen pflegte, hatte er viel Zeit in Huddersfield verbracht, doch seit das größtenteils digital abgewickelt wurde, kam er längst nicht mehr so oft dorthin.

Damals, als Felix noch ein kleines Kätzchen war, hatte er sie jedoch sehr gut kennengelernt. Die beiden waren so dicke miteinander, dass Dave der »Felix-Flüsterer« genannt wurde. Felix war für ihre Wutanfälle berühmt – und viele aus der Belegschaft konnten Narben vorzeigen, die das bewiesen. Die größte Wahrscheinlichkeit für einen solchen Wutanfall bestand stets, wenn sie in ihre Transportbox verfrachtet und irgendwohin befördert werden sollte. (Wobei die Ironie, dass sie als Bahnhofskatze das Reisen hasste, niemandem verborgen blieb.) Sie sträubte sich jedes Mal mit aller Kraft dagegen. Aufgrund ihrer engen Verbundenheit war Dave lange Zeit der einzige Mensch, der sie in ihre Transportbox hineinbekommen konnte. Der Wartungstechniker hatte irgendetwas an sich, das Felix zu Wachs in seinen Händen werden ließ. Noch im vorgerückten Alter von fünfeinhalb Jahren gestattete Felix ihm, sie wie ein Katzenbaby zu halten: rücklings auf seinen Armen liegend, mit dem Bauch nach oben und einem dümmlich-glücklichen Ausdruck auf dem süßen Flauschgesicht. Wenn Dave gewollt hätte, hätte sie sich den ganzen Tag lang so von ihm herumtragen lassen.

Daher kann man sich vorstellen, wie erfreut sie in jenem Herbst war, als ihr alter Weggefährte sie eines Nachmittags besuchen kam. Dave fand sie im Büro hinter den Fahrkartenschaltern, und es dauerte nicht lange, und Felix lag glücklich kuschelnd in seinen Armen. Während Dave ihr die Zehen kitzelte und den Bauch kraulte, legte sie in einer Geste der Ekstase den Kopf in den Nacken. Jean Randall, eine dunkelhaarige Dame, die schon seit vielen Jahren am Fahrkartenschalter arbeitete, verdrehte nachsichtig die Augen, als sie Felix' hemmungslose Hingabe mit ansah.

Wie es sich so traf, kam an diesem Tag Felix' Facebook-Manager Mark Allan an den Fahrkartenschalter. Er wusste über Dave und seine Fähigkeiten als Katzenflüsterer natürlich bestens Bescheid, da er sie ja für Felix' Follower dokumentiert hatte. Die Treue der Katze zu dem Wartungstechniker war nicht nur auf dem Streckennetz der Bahn, sondern auch im sozialen Netz legendär.

Ich frage mich …, dachte Mark an diesem Nachmittag spitzbübisch, *… wie weit ihre Loyalität wohl* wirklich *geht.*

Zwar standen Felix und er sich nahe, aber Mark war sich klar darüber, dass er, was Felix' Zuneigung anging, Dave nicht das Wasser reichen konnte. Aber Dave gegen Dreamies? Das war doch mal eine Herausforderung.

Mark hatte ein Päckchen Katzenleckerli dabei; das hatte er sich inzwischen angewöhnt. Wie ein Pfadfinder war er, was Felix anging, »allzeit bereit«. Man wusste ja schließlich nie, wann sie wieder etwas Urkomisches anstellen würde, und deshalb hatte Mark für alle Fälle immer sein Handwerkszeug dabei. Als er Felix nun in dem Büro hinter den Fahrkartenschaltern sah, wie sie anscheinend gänzlich selbstvergessen in Daves Armen lag, hielt er es für einen günstigen Zeitpunkt, Gebrauch von den mitgebrachten Leckerli zu machen.

Ganz, ganz langsam und den Blick weiterhin auf Felix gerichtet, griff Mark in seine Manteltasche, wo der kleine Plastikbeutel steckte. Dann spielte er mit den Fingern ein wenig an der Packung herum, was ein kaum hörbares Rascheln verursachte.

Kaum hörbar für ihn – ganz anders dagegen für Felix.

Wie wird sie wohl reagieren?, fragte er sich, und dann bemerkte er, dass sie sofort die Ohren spitzte.

Nun, ihm blieb kaum Zeit, diesen Gedanken auch nur zu Ende zu denken, da löste sich Felix bereits mit unziemlicher Eile aus Daves Armen. Mit atemberaubender Geschwindigkeit sprang sie von hinten auf den Fahrkartenschalter und drängte sich dreist an Jean vorbei, die gerade damit beschäftigt war, Mark zu bedienen. Dann verharrte sie am vorderen Pultrand, dem verlockenden Geräusch so nah, wie es nur ging. Solcherart in Position, starrte sie Mark eindringlich an und verlangte damit, dass er herausrücken solle, was er, wie sie genau wusste, dabeihatte.

Als die drei Menschen sahen, wie Felix Dave für die weitaus größere Versuchung eines Leckerli schnöde im Stich ließ, lachten sie lauthals los. Mark kam dem stummen Befehl der Katze nach, zog das Päckchen aus der Tasche und legte ein Leckerli auf das Pult. Felix behielt dabei seine Hände ganz genau im Blick, offensichtlich keinen Gedanken mehr an Dave verschwendend. Dann schlang sie den kleinen Leckerbissen zufrieden schmatzend herunter und leckte mit ihrer kleinen rosa Zunge auch noch den allerletzten winzigen Krümel auf.

Jean schüttelte lächelnd den Kopf. Diese Katze ... Für ein bisschen Futter tat sie wirklich alles!

Das war in der Tat eine allgemein anerkannte Wahrheit. Und Felix' Verfressenheit war so offensichtlich, dass sie bald zu den ersten Dingen gehörte, die neue Kollegen über sie erfuhren.

In jenem Herbst bekam Felix zwei neue Kollegen. Zunächst fing im Oktober 2016 eine neue Gruppenleiterin namens Jacqui auf dem Bahnhof an. Die zierliche Frau mit lockigem braunem Haar war zuvor Ansagerin auf dem Bahnhof Manchester Piccadilly gewesen. Angie Hunte und sie freundeten sich im Laufe der Zeit sehr gut an, was nicht zuletzt auch an ihrem gemeinsamen Faible für Katzen und Kreuzfahrten lag. Wie schon bei vielen zuvor fungierte Angie auch bei Jacqui als Mentorin und weihte sie mit ruhiger Hand und enormer Fachkenntnis in die Arbeit auf dem Bahnhof ein. Jacqui gewöhnte sich bald an, sie »Mrs H« zu nennen, ein Spitzname, der für Angie einen bittersüßen Beigeschmack hatte, denn so hatte auch Billy Bolt sie immer genannt. Letztlich stellte Angie aber fest, dass sie es schön fand, so genannt zu werden, weckte es doch, während sie ihrer Arbeit nachging, jedes Mal Erinnerungen an Billy.

Da die Gruppenleiter für das Füttern der Bahnhofskatze zuständig waren, wurde Jacqui bald auch zu einer wichtigen Person in Felix' Leben. Schnell lernte sie das enorme heuchlerische Können der durchtriebenen Katze kennen. Jacqui fütterte sie stets pünktlich und wusste daher anschließend mit Sicherheit, dass Felix ihr Futter bereits bekommen hatte, doch keine fünf Minuten später kam die Katze wieder bettelnd an und tat, als hätte sie schon wochenlang nichts mehr zu fressen bekommen. Sie verdrehte flehentlich blickend die grünen Augen und maunzte klagend, und ihre Rufe klangen so tragisch, als wäre das alles eine Oper, in der alle im Sterben lagen.

Jacqui aber ließ sich davon überhaupt nicht beeindrucken. Sie hatte selbst drei Katzen – Deanie, Smudgie und Pickle – und kannte daher sämtliche derartige Tricks in- und auswendig. »Du hast dein Futter schon gekriegt«, sagte sie in resolutem Ton zu Felix. »Ich bin nicht vergesslich, weißt du …«

Der zweite neue Kollege in diesem Herbst hieß Karl. Er war als Sicherheitsfachkraft auf den Bahnsteigen tätig und ein wirklich reizender Kerl: der Typ Mann, der, wenn man ihn bittet, zwei Dinge für einen zu erledigen, einem vor lauter Hilfsbereitschaft gleich auch noch eine dritte Sache abnimmt. Karl konnte sein Glück kaum fassen, dass er nun tatsächlich einen Job bei der Eisenbahn hatte, denn das war schon als kleiner Junge sein großer Traum gewesen. Viele seiner neuen Kolleginnen und Kollegen auf dem Bahnhof Huddersfield kannte er bereits von früher, als er noch beim Schienenersatzverkehr tätig gewesen war. Dabei hatte er abends immer mal ein bisschen mit Dale und den anderen geplauscht, und daher fügte er sich, als er nun richtig auf dem Bahnhof anfing, gleich bestens ein und wurde schnell zu einem allseits beliebten Mitarbeiter. Karl war jedermanns Freund.

Er war eher klein und stämmig, 28 Jahre alt, hatte kurzes blondes Haar, leuchtende braune Augen und ein sehr freundliches Naturell. Er und Sara, eine attraktive, blonde junge Frau, die am Fahrkartenschalter arbeitete, wurden schnell allerbeste Freunde. Karl war jemand, mit dem man gleich auf Anhieb reden konnte, als würde man sich schon jahrelang kennen. Bald verband Sara und ihn eine Beziehung wie zwischen einem großen Bruder und seiner kleinen Schwester: Sie waren Freunde fürs Leben, die miteinander lachen und weinen und arbeiten und feiern konnten und immer füreinander da sein würden – ob es regnete, stürmte oder schneite. (Und das war bei dem Wetter, das in jenem Winter in Huddersfield herrschte, auch gut so …)

Karl war ebenfalls ein Fan der schwarz-weißen Katze, und Felix akzeptierte ihn gern. Bald zählte auch er zu den »Lakaien« des Bahnhofs, die auf jede ihrer Launen eingingen. Wie die meisten Katzen erwartete Queen Felix, dass ihre menschlichen Kollegen sich bedingungslos ihrem Willen beugten. Wenn ihr eine Tür aufgehalten werden musste, bekam Karl schnell mit, dass er das nun zu erledigen hatte, auch wenn sie es sich gleich anschließend wieder anders überlegte. Lag sie im Flur ausgestreckt, sodass sie dessen halbe Breite einnahm und jedem, der dort durchmusste, im Wege war, so musste auch er über sie hinwegschreiten, selbst wenn er sich bei einem so weiten Schritt fast die Hose aufriss. »Die hat uns alle in der Hand, diese Katze«, bemerkte seine neue Kollegin Liz einmal an der Zugangssperre, und das nicht ohne Bewunderung.

Felix musste allerdings feststellen, dass ihre Lakaien nicht mehr ganz so gut spurten wie in früheren Zeiten …

Wie angesichts ihrer Verfressenheit wahrscheinlich kaum anders zu erwarten, hatte der Tierarzt Felix in jüngster Zeit verschiedentlich ermahnt, mehr auf ihr Gewicht zu achten. Man hatte sogar via Facebook offiziell die Aufforderung verbreitet, dass Besucher ihr keine Leckerli mehr geben sollten – und zugleich die Warnung herausgegeben, dass Felix ohne Leckerli womöglich keine ganz so große Lust mehr haben würde, Besuch zu empfangen. Es war zwar nicht gerade so, dass ihr der Ruhm zu Kopf gestiegen wäre, aber Felix bestand in letzter Zeit zunehmend auf einem »kleinen Extra«: Sie ließ sich nur dann hinter dem sprichwörtlichen Ofen hervorlocken, wenn sie wusste, dass ihr anschließend eine Belohnung winkte. Doch da die Mahnungen des Tierarztes der Bahnhofsbelegschaft in den Ohren klangen, mussten sie all dem ein Ende setzen – zumindest fürs Erste.

Zu Felix' Frustration wurde nun also der Nachschub an kleinen Köstlichkeiten unterbunden. Und für so was gab es nicht mal ein Beschwerdeformular, mit dem sie eine Entschädigung hätte beantragen können! Aber Felix war ja schließlich ein kluges Kätzchen und wusste dank fünfjähriger Bahnhofserfahrung ganz genau, was sie tun musste, um dieses »Unrecht« wieder aus der Welt zu schaffen. Es gab da draußen ja Futter in Hülle und Fülle – man musste nur wissen, wo.

Eines frühen Abends sah Dale Woodward der Bahnhofskatze dabei zu, wie sie auf Bahnsteig 1 herumschlenderte. Dann tauchte ein junger Mann auf, der einen braunen Papierbeutel in der Hand trug. Er setzte sich auf eine Bank und wartete auf seinen Zug. Wie der Zufall wollte, befand sich Felix ganz in der Nähe.

Ja, Felix hatte ihn sofort bemerkt, als er den Bahnsteig betreten hatte. Und nachdem er sich nun einen Sitzplatz gesucht hatte, schlich sie zu ihm hinüber. Sie war inzwischen erfahren genug, um zu wissen, was der braune Papierbeutel enthielt: Irgendwas von McDonald's. Felix war ein Fan von McDonald's. Und deshalb beobachtete sie den jungen Mann mit unverwandtem Blick. Sie leckte sich die Lippen und rückte immer näher an ihn heran.

Dann öffnete der junge Mann, ganz auf sein Essen und seinen knurrenden Magen konzentriert, den kleinen Karton, den er aus dem Beutel hervorgezogen hatte. Darin befand sich ein Burger, aus dem geschmolzener Käse hervorquoll. Oh, es roch köstlich. Und es sah auch sehr lecker aus. Der junge Mann biss hinein und kaute genüsslich. Währenddessen tippte er mit der freien Hand auf seinem Smartphone herum. Bald fesselte dort irgendwas seine Aufmerksamkeit, und der Burger hing indessen, nur lose gehalten, in seiner anderen Hand.

Als wäre dieser Burger eine Taube, die sie ins Visier genommen hatte, duckte sich Felix auf den Boden und schlich sich wie eine Kommandosoldatin an. Nachdem sie auf diese Weise bis zu der Bank gelangt war, wagte sie den Sprung hinauf und landete dort lautlos auf ihren bestens gepolsterten Pfoten. Der junge Mann war derart in sein Handy vertieft, dass er sie gar nicht bemerkte. Für eine so überaus charismatische Katze konnte Felix, wenn sie nur wollte, erstaunlich unscheinbar sein.

Der lecker duftende Burger befand sich nun direkt in ihrer Reichweite. Ohne zu zögern, verpasste sie ihm einen Pfotenhieb und schlug ihn damit dem Mann einfach so aus der Hand.

»Was zum Teufel …?«, rief der entgeistert, als sein Burger auf den Boden klatschte. Sein Gesichtsausdruck war unbezahlbar. Felix hockte indessen längst vor der modernen Skulptur aus gebratenem Hackfleisch, Salatblättern und Burgerbrötchen, in die sich das Abendessen des jungen Mannes beim Aufprall auf den Beton verwandelt hatte, und gab sich alle Mühe, schnell sämtliche Beweise für diesen Mundraub zu beseitigen.

Und da dies nicht das einzige einschlägige Delikt der Katze blieb, erwarb sich Felix einen ziemlichen Ruf. Als Angela Dunn eines Abends aus der Toilettenkabine in der Damenumkleide kam, in der sie sich nach dem Dienst umgezogen hatte, ertappte sie Felix dabei, wie sie Angelas Spind durchsuchte, den diese – ohne sich etwas dabei zu denken – offen gelassen hatte, während sie kurz auf der Toilette verschwand, um ein wenig Privatsphäre zu haben. Sie war nur vier oder fünf Minuten weg gewesen, doch in dieser Zeit war Felix in den Spind gesprungen, hatte eine noch verschlossene Packung Dreamies daraus hervorgeholt und komplett zerfetzt, um an die darin enthaltenen Leckerli zu gelangen. Nachdem sie mit ihren superscharfen Krallen die ganze Oberseite aufgerissen hatte, war es ihr gelungen, die Packung zu öffnen und sich zu bedienen. Als Angela wieder hereinkam, fischte sich Felix gerade gänzlich ungeniert einen weiteren Dreamie heraus.

»Felix!«, schimpfte Angela. »Böse Miezekatze!«

Doch Felix' einzige Reaktion darauf bestand darin, noch ein wenig lauter zu schnurren – obwohl sie eigentlich längst bei ihrer Höchstlautstärke angelangt war. Diese hemmungslose Völlerei kurbelte ihren seelischen Lautstärkeknopf auf »11«, und ein tiefes, kehliges, sehr zufriedenes Schnurren erfüllte den ganzen Raum.

Als Angela ihr die Packung wegnahm, besaß Felix immer noch die Dreistigkeit, sie ganz unschuldig anzugucken. Sie setzte sich hin und sah erwartungsvoll zu ihrer Kollegin hoch. »Na gut«, schien der muntere Blick ihrer grünen Augen zu besagen, »jetzt willst du mich damit füttern. Gute Idee! Das ist ohnehin viel besser, als wenn ich mir die Dinger selber rausfischen muss.«

Angela berichtete auf Felix' Facebook-Seite über diesen Zwischenfall und lud auch ein kurzes Video der auf frischer Tat ertappten Katze hoch. »Akzeptier es einfach, Angela«, schrieb sie dazu. »Das kommt dabei raus, wenn du deinen Spind nicht abschließt!« Oh, sie war schon ein freches Biest!

Die Belegschaft verstärkte daraufhin ihre Bemühungen, Felix' Nahrungsaufnahme zu kontrollieren – musste aber erleben, dass die Katze sie ein ums andere Mal austrickste. Der Bahnhof war schließlich ein belebter Ort, und irgendwo gab es dort immer was zu futtern. Die Leute ließen achtlos irgendwas fallen und gingen einfach weiter. Eines Abends stieß Dale auf einen ziemlichen Haufen Pommes, den jemand am Haupteingang des Bahnhofs hinterlassen hatte. Da das eine Stolperfalle darstellte, eilte er los und sagte dem Reinigungstrupp Bescheid.

»Es ist da drüben«, sagte er zu dem Kollegen, den er zu der Stelle führte.

Der sah ihn nur fragend an. Mit Kehrschaufel und Besen bewaffnet, war er bereit, die Pommes aufzufegen, doch statt sich an die Arbeit zu machen, guckte er zu Dale hinüber, als wäre er um dessen geistige Gesundheit besorgt. Als Dale dann selbst auf den Bahnhofsboden blickte, sah er, warum: Da war nichts mehr aufzufegen. Felix hatte alles bereits verputzt. Sie saß quietschvergnügt da und leckte sich die Lippen. »Was denn?«, schien sie zu sagen, als Dale sie kopfschüttelnd mit strenger Miene ansah. »Ich hab euch doch bloß geholfen!«

Ärgerlicherweise war dies nicht die einzige Gelegenheit, bei der die Fahrgäste Felix' Verfressenheit auch noch Vorschub leisteten. Bei einer Sicherheitskontrolle stieß Angie Hunte eines Morgens auf eine Thunfischkonserve, die jemand auf dem Boden neben der Eingangstreppe des Bahnhofs zurückgelassen hatte. Sie war eindeutig nicht einfach nur aus einer Einkaufstasche gefallen, denn der Deckel fehlte. Für eine zufällig vorbeikommende Bahnhofskatze eine fast unwiderstehliche Versuchung … Dieses »Geschenk« fing Angie gerade noch rechtzeitig ab, in anderen Fällen aber kam sie zu spät. Einmal wurde Felix dabei gesehen, wie sie neben einer leeren Sandwich-Verpackung saß und sich die Lippen leckte, was stark darauf hindeutete, dass sie den Inhalt soeben hinuntergeschlungen hatte.

Ein andermal ertappte das Bahnhofsteam eine Frau dabei, wie sie Felix mit Käseflips fütterte! Eine Katze! Mit Käseflips! Sie konnten es nicht fassen.

Für Felix war das alles ein großes Spiel, die Belegschaft aber machte sich Sorgen. Zwar war die Katze noch nicht allzu übergewichtig – und bekam dank ihrer täglichen Patrouillengänge auf den Bahnsteigen ausreichend Bewegung –, aber wenn es so weiterging, fürchteten sie um ihre Gesundheit. Wer wusste schließlich, was sie als Nächstes fressen würde? Und außerdem ist ja bekannt, dass viele für Menschen bestimmte Lebensmittel für Katzen nicht geeignet sind. Wenn eine Katze beispielsweise auch nur 25 Gramm Käse frisst, ist das, als würde ein Mensch dreieinhalb Hamburger verdrücken. Ein einziger Käseflip entspricht einem halben Schokoriegel. Erneut appellierte das Bahnhofsteam an die Kundschaft, vernünftig zu sein und Felix bitte nicht mehr zu füttern.

Sie konnten nur hoffen, dass sie diesmal Gehör finden würden.

Weihnachtswünsche

Tis the season to be jolly! Fa-la-la-la-la, la-la-la-la!«
Die Wohlklänge des TPE-Chors schollen bis unter die hohe Decke der Huddersfielder Bahnhofshalle. Wie jeden Advent hatten sich ein gutes Dutzend TPE-Mitarbeiterinnen und -Mitarbeiter aus dem ganzen Streckennetz zusammengetan, um in ihrer marineblau-violetten Dienstuniform auf den Bahnhöfen gemeinsam Weihnachtslieder vorzutragen. An dieser Eisenbahnertradition merkte das Huddersfielder Team alljährlich, dass Weihnachten nun wirklich vor der Tür stand.

Für Felix, die Bahnhofskatze, war es ein unglaubliches Jahr gewesen. Den Jahresanfang 2016 hatte sie noch als zwar hart arbeitende, aber relativ unbekannte Bahnmieze erlebt. Jetzt, zwölf Monate später, hatte sie nicht nur die Beförderung bekommen, von der sie immer geträumt hatte, sondern war auch ein globales Facebook-Phänomen. Wer auch immer ihre Beurteilung zum Jahresende verfasste, musste ihr einfach Bestnoten ausstellen!

Felix' Leistungen blieben also keineswegs unbemerkt – und das nicht nur bei TPE. Gegen Jahresende gab es sogar einige Versuche, die Bahnhofskatze abzuwerben.

»Neuzugang beginnt Ausbildung bei der Bahnpolizei«, lautete die Bildunterschrift zu einem Facebook-Foto, das Felix ganz freundlich neben einem uniformierten Bahnpolizisten zeigte. »Inspektor Felix, stets zu Diensten!« Angesichts ihrer Vorgeschichte als Königin des Mundraubs wäre das jedoch vielleicht nicht unbedingt der allerklügste Karriereschritt gewesen …

Ein andermal versuchte Stephen Hack aus Reading, der in Basingstoke bei der Bahn tätig war, Felix abzuwerben, um das dortige Taubenproblem in den Griff zu kriegen. (Er ahnte freilich nichts von Felix' »Taubenkomplex«; aber immerhin gelang es ihr glänzend, die Vögel von den Bahnsteigen zu verscheuchen.) Der Bahnhof Basingstoke war Heimstatt so vieler Tauben, dass sich einmal über dreißig von ihnen dort auf einem Brückengeländer aufgereiht hatten, als würden sie für ein Klassenfoto posieren. Stephens Versuche, die Bahnhofskatze mit der Aussicht auf lebenslange Dreamies-Versorgung zu ködern, waren jedoch zum Scheitern verurteilt, denn Felix wollte keinesfalls ihre wunderbare Huddersfielder Familie verlassen. Und diese Familie wandte sich nun einer der schönsten Tätigkeiten des ganzen Jahres zu: dem Aufstellen und Schmücken des Weihnachtsbaums in der Bahnhofshalle.

Von Katzenkindesbeinen an war dies einer von Felix' Lieblingstagen des ganzen Jahres gewesen. Sobald sie Dave Chin erblickte, wie er den Weihnachtsbaum herbeischaffte, oder sah, wie Chrissie vom Fahrkartenschalter ihre Kiste mit dem Baumschmuck hervorholte, machte sich Vorfreude in ihr breit. TPE spendierte einen herrlich hohen Baum, der für Felix ein erstklassiges Klettergerüst darstellte.

Jahrelang war es Felix' Gewohnheit gewesen, ganz bis in die Baumspitze hinaufzuklettern. Dort klammerte sie sich dann an den höchsten Zweig und hielt, wie auf dem Ausguck eines Piratenschiffs, Ausschau nach Scherereien oder Schätzen. Vermeintlich stellte ja der Engel aus Goldkarton, der die Baumspitze mit ihr teilte, die krönende Zierde von Chrissies farbenfrohem Baumschmuck dar, aber Felix wusste, wie es wirklich aussah: *Sie* war die schönste und zudem auch noch flauschigste Weihnachtskugel weit und breit.

Höchst aufgeregt kam Felix in die Bahnhofshalle geschlittert und ließ den Blick über das Spielfeld schweifen. Chrissie hatte den Baum schon fertig dekoriert, sodass sich Felix sofort den Spaß machen konnte, den glitzernden Baumkugeln, die sich zitternd an duftenden Tannenzweigen drehten, ein paar ordentliche Pfotenhiebe zu verpassen. Bald darauf machte sie sich an den großen Aufstieg.

Sie legte den Kopf in den Nacken und schaute zur Baumspitze hinauf. Diesmal schien es ein extrem hoher Baum zu sein. War sie die letzten Jahre wirklich immer ganz bis nach oben geklettert? Felix schnaubte und ließ sich mit einem Seufzer auf ihrem stetig an Umfang gewinnenden Hinterteil nieder. Das sah diesmal schrecklich weit aus … Dennoch fuhr sie unbeirrt ihre geschärften Krallen aus und klomm behände den Baumstamm hinauf.

Erstaunlicherweise hielt sie jedoch in diesem Jahr auf halber Strecke plötzlich inne. Dann balancierte sie, wie eine vom Dach eines New Yorker Wolkenkratzers aufbrechende Hochseilartistin, ein Stück auf einem stabilen Zweig entlang. Nachdem sie den Eindruck gewonnen hatte, dass er stark genug war, um sie zu tragen, ließ sie sich schließlich darauf nieder und lehnte den Rücken an den Stamm.

Was für ein hübsches Plätzchen! Grüne Tannenzweige rahmten ihr Sichtfeld, und Felix machte es sich in dem duftenden Schlupfwinkel in luftiger Höhe gemütlich. Es war in mancher Hinsicht sogar besser als auf der Baumspitze, denn die Zweige über ihr verbargen sie teilweise. Felix, eine Katze, die so oft zur Schau gestellt wurde, schien es zu genießen, auch einmal im Verborgenen zu wirken.

Sie schaute in die Bahnhofshalle hinab. Da waren Karl und Sara, die wie üblich miteinander schwatzten, und dann lachte Sara schallend über irgendeinen Scherz von Karl. Felix sah von dort oben auch die *Friends of Huddersfield Station* mit ihren violetten Hemden, die Besucher über die verborgenen Kleinode der Stadt informierten. In der Bahnhofshalle waren zudem wieder mal regionale Unternehmen zu Gast, die dort Käse, Brot oder Kuchen aus eigener Herstellung verkauften, und Felix zuckte wehmütig mit dem Näschen, als sie sah, wie der Kundschaft diese Köstlichkeiten ausgehändigt wurden.

In der Lobby gab es noch eine weitere Attraktion: ein Porträt von Felix höchstpersönlich. Und das war nicht etwa eine schlichte Kinderzeichnung oder eine grobe Skizze – nein, es war ein erstklassiges, professionell gefertigtes Ölgemälde, wie es auch in der Ahnengalerie eines Herrenhauses hätte hängen können.

Das Porträt war erst wenige Tage zuvor feierlich enthüllt worden, im Rahmen einer Zeremonie, bei der als Ehrengast der stellvertretende Bürgermeister von Huddersfield zugegen war. In einen eigens angefertigten, dramatisch wirkenden Goldrahmen gefasst – zu dem auch ein protziges Schild gehörte, das den Namen der Porträtierten schlicht mit »Felix« angab –, war das Gemälde, das an prominenter Stelle an einer weißen Wand gleich neben den Zugangssperren hing, in der Lobby nicht zu übersehen. Es stammte von dem Künstler Rob Martin, der auf seinen Reisen oft durch den Bahnhof kam. Anfang des Jahres hatte jemand von der Belegschaft ihn gefragt, ob er nicht Lust hätte, die Leitende Schädlingsbekämpferin auf die Leinwand zu bannen, und dann war diese Idee tatsächlich verwirklicht worden.

Es war ein sehr eindrucksvolles Gemälde. Als Erstes fielen einem daran wahrscheinlich – wie auch bei der Katze selbst – die wunderschönen, großen grünen Augen auf, die weit geöffnet waren und sehr lebensecht wirkten. Rob Martin hatte ihr flauschiges Fell und ihre Schnurrhaare, ihre betupften Ohren und ihren Schwanz mit der weißen Spitze mit großem Geschick eingefangen – was noch beeindruckender war, wenn man bedachte, dass er Felix gar nicht gebeten hatte, ihm Modell zu sitzen (so lustig die Vorstellung auch sein mochte, was für ein Chaos sie dabei gestiftet hätte …), sondern seiner Arbeit ein Foto zugrunde legte. Kontroverserweise hatte der Künstler allerdings beschlossen, sie angesichts ihres oft fehlgedeuteten Geschlechts und ihrer Herkunft aus Yorkshire im Kleid zu malen – es war grün, hatte eine rote Schleife und war einem Kleid nachempfunden, das die berühmte Romanautorin Charlotte Brontë einmal getragen hatte, die ebenfalls aus Yorkshire stammte und deren zweihundertster Geburtstag 2016 gefeiert wurde.

Von dem Moment an, da es von dem stellvertretenden Bürgermeister enthüllt worden war, hatte dieses Gemälde für reichlich Gesprächsstoff gesorgt! Sofort wollten sich die Leute davor fotografieren lassen; und wenn Felix' Fans bei einem Besuch des Bahnhofs ihr Idol einmal nicht leibhaftig antrafen, konnten sie nun zumindest ihr Porträt betrachten. Es kam durchaus öfter vor, dass man Leute beim Betreten oder Verlassen des Bahnhofs abrupt davor stehen bleiben sah. Die Leute betrachteten das Gemälde sehr nachdenklich, ganz ähnlich, wie Kunstliebhaber das Werk eines alten Meisters studierten. Rob Martins Versuch, Felix ganz im klassischen Stil künstlerisch zu verewigen, war so gelungen, dass das Bild selbst an den Wänden der National Portrait Gallery nicht fehl am Platz gewirkt hätte, inmitten berühmter Porträts der Königinnen und Könige von England – was Queen Felix natürlich absolut angemessen erschienen wäre.

Von ihrem Sitzplatz im Weihnachtsbaum aus konnte Felix ihr Porträt allerdings nicht sehen; sie sah aber die lange Kundenschlange vor den Fahrkartenschaltern. Vielleicht beobachtete sie mit einiger Belustigung – und ganz gewiss von oben herab –, wie die Kunden an ihr vorüberzogen. Sie ahnten nicht, dass die berühmte Bahnhofskatze über ihren Köpfen lauerte, auf halber Höhe im hell erleuchteten Weihnachtsbaum. Nur die Aufmerksamsten unter ihnen entdeckten, dass inmitten der glitzernden Lichter ein ebenso glitzerndes smaragdgrünes Augenpaar auf sie herabblickte.

Doch als sie es schließlich entdeckten, machte das Geheimnis unter den Fahrgästen in der Warteschlange schnell die Runde.

»Schau mal! Sie sitzt im Weihnachtsbaum!«, sagte da jemand völlig überrascht, als er plötzlich die heimlich herabspähende Katze erblickte.

Diese Worte liefen als stille Post durch die ganze Kundenschlange.

»Sie sitzt im Baum …«

»Sie versteckt sich, schau mal.«

»Och, wie süß ist das denn?«

Die Antwort lautete natürlich: *sehr*. So sehr, dass TPE – angesichts Felix' herausragender Leistungen und zunehmender Berühmtheit – im Dezember beschloss, einen ihr gewidmeten Kalender in limitierter Auflage herauszubringen. Er enthielt zwölf bezaubernde Bilder der Bahnhofskatze, die sie unter anderem als kleines Kätzchen, auf einem Patrouillengang und beim Spielen in einem Pappkarton zeigten. Auch der Schnappschuss, der ihren Weltruhm begründet hatte, war enthalten: Felix in ihrer gelben Signalweste, auf der ihr offizielles Dienstabzeichen als Leitende Schädlingsbekämpferin prangte. Auf dem Kalenderbild für den Dezember war Felix natürlich mit Weihnachtsmannmütze zu sehen – auch wenn sie sich die aufgrund ihrer Divenhaftigkeit nur für einen ganz kurzen Moment hatte aufsetzen lassen. Die Bahngesellschaft hatte vor, den Kalender ausschließlich übers Internet zu verkaufen, und der gesamte Erlös sollte den Huddersfielder *Samaritans* zugutekommen.

Der Felix-Kalender ging am 7. Dezember 2016 in den Verkauf – und sorgte sehr bald schon für einiges Chaos, ganz ähnlich wie die Katze selbst, wenn man sie mit einem Päckchen Dreamies allein gelassen hätte. Zwar war TPE so vernünftig gewesen, den Kalender auf einer eigens dafür eingerichteten Website anzubieten (und nicht etwa gemeinsam mit Fahrkarten auf der regulären), aber die wurde derart überrannt, dass sie keine fünf Minuten nach dem Verkaufsstart des Kalenders zusammenbrach. Tausende Leute wollten sich unbedingt einen Kalender sichern! Sie wollten das ganze nächste Jahr hindurch ihr Leben jeden Tag ein wenig mit Felix verzaubern, und das war die ideale Möglichkeit dazu.

Jack Kempf, der in der Firmenzentrale in der Abteilung Unternehmenskommunikation tätig war, war auch für die Kalender zuständig. Er schaffte es irgendwie, die Website wieder zum Laufen zu bringen – woraufhin die erste Auflage von tausend Exemplaren praktisch augenblicklich ausverkauft war. Kempf gab eine zweite Auflage in Auftrag, und bei deren Verkaufsstart brach abermals die Website zusammen. Letztlich musste TPE, um der Nachfrage Herr zu werden, einen neuen Server in Betrieb nehmen! Innerhalb von achtzehn Stunden waren sämtliche Kalender weg.

Binnen nicht mal eines Tages hatte Felix damit die atemberaubende Summe von achtzehntausend Pfund für die *Samaritans* aufgebracht. Dieses Geld wurde von der Hilfsorganisation sogleich nutzbringend eingesetzt. Ihre Huddersfielder Niederlassung befand sich in einer dunklen Seitenstraße, und da das Büro rund um die Uhr besetzt war, fühlten sich die ehrenamtlichen Mitarbeiter, wenn sie mitten in der Nacht dorthin gingen oder von dort aufbrachen, manchmal nicht sicher. Dank Felix konnten nun eine neue Beleuchtung und eine Videoüberwachungsanlage angeschafft werden, damit sich die Menschen, die ihre Freizeit opferten, um anderen zu helfen, dabei zumindest etwas sicherer fühlen konnten.

Das Geld wurde auch dazu verwendet, an dem Gebäude eine anständige neue Beschilderung anzubringen, denn die vorherige war so alt gewesen, dass sie nicht mal eine Telefonnummer enthalten hatte – etwas, das den *Samaritans* natürlich sehr wichtig war. Und dann hatten Felix' Fans auch noch so großzügig gespendet, dass die Organisation auch ihr Wartezimmer renovieren lassen konnte. Das führte dazu, dass sich die Menschen, die persönlich dorthin kamen, nun in einem warmen, sauberen, sicheren Raum aufhalten konnten, bis eine Beraterin oder ein Berater Zeit für sie hatte. Das machte in einem entscheidenden Moment einen enormen Unterschied im

Leben dieser Leute. Und das alles dank Felix. Was war sie doch für eine ganz besondere Katze.

Ein ganz bestimmtes kleines Mädchen sollte das nun auch für sich feststellen. Sie hieß Eva und kam kurz vor Weihnachten 2016 eines Tages mit ihrer Mutter Helen durch den Bahnhof. Eva hatte lockiges blondes Haar und große blaue Augen hinter einer riesigen Brille mit pinkem Gestell. Sie trug einen dunkelblauen Mantel, der mit Sternen bedruckt war. Der unbändigen Energie nach zu urteilen, die in ihr perlte wie das Plätschern eines Bachs auf einer sommerlichen Wiese, hatte sie auch selbst etwas von einem Stern.

»Schau mal, Mami, schau!«, rief sie, als die beiden den Bahnhof betraten, um einen Zug zu nehmen. Sie kamen regelmäßig ein oder zwei Mal die Woche durch den Huddersfielder Bahnhof, wenn sie Helens Eltern in Shepley besuchten. Doch bis dahin hatte die dreijährige Eva nie das aufregende Ding bemerkt, auf das sie jetzt zeigte.

Helens Blick folgte dem Finger ihrer Tochter … und dann fing auch sie zu kichern an. Eva hatte die Katzenklappe des Bahnhofs entdeckt, mit der freundlich dreinblickenden Cartoon-Katze darauf und dem Schriftzug »Felix« darüber.

»Wer ist Felix, Mami?«, fragte Eva wissbegierig, nachdem Helen ihr gesagt hatte, was die Buchstaben bedeuteten.

»Felix ist hier die Bahnhofskatze«, erklärte Helen. Sie hatte davon gehört, dass es in Huddersfield eine gab, hatte sie aber nie gesehen.

Evas kleiner Mund formte ein staunendes »O«. Die Vorstellung, dass es hier eine Bahnhofskatze gab, war so wunderbar, dass es ihr kurz die Sprache verschlug. Doch nur Augenblicke später stellte sie schon wieder aufgeregt Fragen. »Wieso hat dieser Bahnhof denn eine Katze, Mami? Fährt die auch mit den Zügen, so wie wir? Glaubst du, sie geht auf Abenteuerreisen? Wie *großartig,* dass sie einen eigenen Eingang zu den Zügen hat, nicht wahr, Mami? Glaubst du, sie erlebt jetzt gerade, *in diesem Moment,* ein Abenteuer?«

Evas Fragen nahmen kein Ende mehr, bis sie schließlich bei ihrer Großmutter in Shepley angelangt waren. Helen, die, um die Fragenflut ihrer Tochter beantworten zu können, schnell im Internet nachsah, stieß dort sogleich auf Felix' Facebook-Seite und zeigte sie Eva. Anschließend schauten sie tagtäglich dort nach, was Felix gerade so trieb. Das wurde bald zu einem Höhepunkt ihres Tages.

Eva war ein sehr fantasiebegabtes kleines Mädchen. In ihrer Vorstellung durchlebte Felix noch weit mehr Abenteuer, als auf ihrer Facebook-Seite erwähnt wurden. Sie malte sich ein Märchen aus, in dem die Bahnhofskatze im ganzen Land Streiche spielte und dazu jeden Tag in einen anderen Zug sprang, um sich die Welt anzuschauen. (In Wirklichkeit hatte Felix, seit sie als kleines Kätzchen mit der Bahn nach Huddersfield gekommen war, keine Pfote mehr in einen Zug gesetzt.) Eva hatte eine künstlerische Begabung und zeichnete bald regelmäßig Bilder einer flauschigen schwarz-weißen Katze namens Felix. Wenn sie fertig waren, hängte sie die Bilder an den Kühlschrank und plauderte dann mit ihrer neuen Freundin.

Helen ermunterte sie stets, Felix zu zeichnen. Es war gut für Eva – aber nicht nur, weil es generell für Kinder gut ist, sich künstlerisch zu betätigen. Es war vor allem gut für Eva, weil sie jede Hilfe brauchte, die sie bekommen konnte, um ihrer Sehschwäche entgegenzuwirken. Wenn sie zeichnete, malte oder handarbeitete, musste sie dabei ihr schwindendes Sehvermögen nutzen, und Helen hoffte, dass dies, wie die Ärzte gesagt hatten, förderlich wirken würde.

Das Problem war im Jahr zuvor erstmals bemerkt worden, als Eva zwei Jahre alt war. Ihrem Großvater mütterlicherseits, Opa Peter, war aufgefallen, dass sich das linke Auge seiner geliebten Enkelin langsam nach innen drehte. Sie gingen mit ihr zum Optiker, der schnell bemerkte, dass sie auf beiden Augen eine Sehschwäche hatte, und dann bekam sie eine Brille verschrieben. Als Eva sie das erste Mal aufsetzte, rief sie voller Freude: »Mami! Wow! *Ich kann sehen!*« Es brach Helen das Herz, wenn sie daran dachte, wie Eva bis dahin hatte kämpfen müssen.

Doch auch die Brille half bei ihrem linken Auge nicht. Die Augenärzte im Krankenhaus hatten Eva kürzlich verordnet, dass sie zu Hause nun täglich vier Stunden lang eine Klappe über ihrem guten rechten Auge tragen müsse, damit das linke gestärkt würde. Helen und Eva hatten eine hübsche Augenklappe aus Stoff ausgesucht – pink mit weißen Herzchen drauf –, die Eva über der Brille trug. Wenn Eva jetzt zu Hause am Küchentisch saß und Bilder von Felix zeichnete, trug sie dabei immer ihre Augenklappe und bemühte sich, mit ihrem schlechten Auge zu fokussieren, während sie ihre Vorstellung von Felix aufs Papier bannte.

»Mami, meinst du, wir können Felix mal treffen?«, hatte Eva in jenem Dezember gefragt, als sie von der Bahnhofskatze erfuhr.

»Wir können es gerne mal versuchen«, hatte Helen fröhlich geantwortet.

Daraufhin waren sie zum Bahnhof gegangen, aber Felix war nirgends zu sehen gewesen. Als sie sich bei einem Mitarbeiter auf dem Bahnsteig erkundigten, bekamen sie einfach nur gesagt, die Katze sei nicht da.

Eva ließ traurig die Schultern hängen.

»Wir versuchen es ein andermal wieder«, sagte Helen zu ihr.

Doch Eva ging enttäuscht nach Hause. Und vielleicht schaute sie in jenem Winter zum Abendhimmel hoch, dem Himmel, der zu ihrem Sternenmantel passte, und sandte den Wunsch, Felix zu treffen, in Gedanken hinauf. Vielleicht stieg der Wunsch hoch empor und ließ sich auf einer Wolke nieder … um dort fürs Erste zu verweilen.

Die Zeit dafür, dass dieser Weihnachtswunsch in Erfüllung ging, war noch nicht gekommen.

Kluge Katze

So, da wären wir, Schätzchen«, sagte Jean Randall an Heiligabend 2016 zu Felix. »Willkommen zurück! Willkommen daheim!«

Vorsichtig stieg Felix in Jeans Küche aus ihrer Transportbox und beschnupperte erst mal gründlich die fremdartige Luft in einem Privathaushalt. Der Bahnhof Huddersfield ist zwar rund um die Uhr besetzt, das aber nur an 363 Tagen im Jahr; an den beiden Weihnachtsfeiertagen ist er traditionell geschlossen. Und die heiß geliebte Bahnhofskatze hätte man natürlich niemals in der Dunkelheit und Kälte des verwaisten Gebäudes zurückgelassen.

Daher legte auch Felix an Weihnachten einen kleinen Urlaub ein und wurde dazu bei jemandem aus der Belegschaft einquartiert, der angeboten hatte, sie mit zu sich nach Hause zu nehmen. Jean, die am Fahrkartenschalter tätig war, hatte in diesem Jahr das Glück, Felix schon zum dritten Mal bei sich begrüßen zu dürfen.

Die Katze schien sich durchaus wohlzufühlen, während sie erst mal gründlich das Erdgeschoss von Jeans gemütlichem Cottage in Augenschein nahm, das 1802 erbaut worden war. Dort im Parterre gab es zwei Zimmer, in denen die auf Urlaub weilende Katzendame frei umherstreifen durfte: eine geräumige Wohnküche und das Wohnzimmer, das über einen Dielenboden und einen imposanten steinernen Kamin verfügte. Zwei Jahre zuvor hatte Felix ein ziemliches Chaos gestiftet, als sie versucht hatte, im Innern des Kamins hinaufzukraxeln – Jean hätte fast einen Herzinfarkt erlitten und musste die Katze an den Hinterbeinen herausziehen, um sie an der Flucht zu hindern. Dieses Jahr aber war Jean ihr zuvorgekommen. Gefahr erkannt, Gefahr gebannt! Noch bevor sie Felix zu sich nach Hause brachte, hatte sie den Kamin mit einem alten Kissen verstopft, das in einer schwarzen Baumwollbluse steckte.

Felix schien sofort zu wissen, wo sie war – denn gleich nachdem sie aus der Box gelassen wurde, verließ sie schnurstracks die Küche und eilte ins Wohnzimmer, den Schauplatz ihres damaligen Fluchtversuchs. Dort setzte sie sich direkt vor den Kamin und schaute in Gedanken verloren darin nach oben.

»Ha!«, rief Jean triumphierend. »Diesmal hab ich vorgesorgt, Felix. Du hast keine Chance.«

Auf diese Worte hin sah sich Felix mit nachdenklicher Miene zu ihr um. Dann schien etwas Schelmisches in ihren grünen Augen aufzublitzen. Sie wandte sich wieder dem Kamin zu und stand entschlossen auf. Und während Jean zusah, setzte Felix versuchsweise eine Pfote auf den Boden des Kamins …

Dann aber schien ihr aufgrund des fehlenden Luftzugs klar zu werden, dass eventuellen Abenteuern in dieser Richtung diesmal ein Riegel vorgeschoben war.

»Das machen wir nicht noch einmal durch!«, verkündete Jean in entschiedenem Ton. Und danach schenkte Felix dem Kamin keine weitere Beachtung mehr.

Sie interessierte sich viel mehr für die großen Glastüren im Wohnzimmer, die auf Jeans Garten hinausgingen. Sie schlenderte dorthin und schaute neugierig hinaus. Jean hatte keine eigenen Katzen und konnte Felix deshalb bei sich aufnehmen, aber ihr Garten wurde von den Katzen der Gegend auf deren Streifzügen gern durchquert. Und tatsächlich taucht nur wenige Sekunden, nachdem Felix vor der Glastür Position bezogen hatte, ein selbstbewusster getigerter Kater am Rande des Gartens auf.

Felix riss den Kopf herum und beugte sich angespannt vor, die Augen starr auf den Neuankömmling gerichtet.

Der Kater erwiderte den Blick und guckte dabei einigermaßen großspurig. Er war ein ziemlich wohlgenährtes Tier, und seine Körperfülle und sein sehr gepflegter Pelz ließen deutlich erkennen, dass er von jemandem *sehr* geliebt wurde, und er schaute mit der ganzen Arroganz eines Katers zu Felix hinüber, der um seinen eigenen Wert wusste und ganz nach Belieben draußen umherstreifen durfte. (Letzteres war ein Luxus, der Felix während ihres Aufenthalts bei Jean verwehrt war, da die Bahnangestellte keinesfalls das Risiko eingehen wollte, dass ihr die berühmte Bahnhofskatze abhandenkam.)

Es war nicht das erste Mal, dass Felix es mit einem Artgenossen zu tun bekam. Sie hatte sogar einmal ein (keusches) Liebesabenteuer gehabt, als sie regelmäßig mit einem schwarzen Streuner davongezogen war, der im Bahnhof auf sie wartete und ihr mit selbst erlegten Mäusen den Hof machte. (Angie Hunte hatte diese Affäre nicht gutgeheißen; sie fand den Kater zu »rabaukenhaft« für ihr kleines Mädchen.) Der schwarze Streuner hatte sich allerdings inzwischen schon seit Jahren nicht mehr blicken lassen.

In jüngerer Zeit hatte Angie gesehen, wie Felix mit einem schlanken weißen Kater Umgang pflegte, der meist bei dem außer Dienst gestellten Waggon an Bahnsteig 2 auf sie wartete. Im Gegensatz zu ihrem dreisteren Ex-Freund, der manchmal bis zur Bürotür kam, um Felix seine Aufwartung zu machen, schien dieser kurzhaarige weiße Kater bessere Manieren zu haben und nicht so aufdringlich zu sein. Er sah sauber und gepflegt aus und wirkte eher zurückhaltend. Angie hatte Felix noch nie mit ihm weggehen sehen, aber hin und wieder saßen die beiden vor dem alten Waggon und schauten einander kühl an, wie zwei Teenager zu Beginn eines Schuldiscoabends, die zu schüchtern waren, um über die Tanzfläche zu gehen und einander anzusprechen. Vielleicht würde eines Tages eine Liebe zwischen ihnen erblühen, aber noch war es zu früh, um etwas dazu zu sagen.

Liebe lag eindeutig nicht in der Luft an jenem Heiligabend in Jeans Cottage, als Felix durch die Glastür zu dem dicken getigerten Kater hinausstarrte. Es war eher eine von Feindseligkeit geprägte Pattsituation. Dabei behielt der Kater letztlich die Oberpfote, konnte er doch kommen und gehen, wie er wollte, während Felix hinter Glas gefangen war. Dementsprechend entschied er dieses Blickduell letztlich triumphierend für sich. Selbstgefällig schlenderte er weiter und schien mit dem frechen Wackeln seines ansehnlichen Hinterteils Felix zu verhöhnen.

Er kehrte an diesem Tag, bevor es dunkel wurde, noch einige Male wieder, und es schien ihm Spaß zu machen, sie zu necken. Er war auch keineswegs der einzige Besucher des Gartens. Felix sah sie alle kommen und gehen. Fast war es, als hätte sie dort an der Glastür einen Beobachtungsposten eingerichtet, von dem aus sie dienstbeflissen Jeans Haus bewachte. Sie beobachtete von dort nicht nur den wiederkehrenden getigerten Kater, sondern auch noch drei weitere Artgenossen: eine schwarze Mieze, eine gescheckte Kurzhaarige und eine schlanke Schildpattkatze, die herumzuprotzen schienen, indem sie ihre Fähigkeiten im Vogelfang demonstrierten. Felix betrachtete sie alle mit betonter Gleichgültigkeit, da sie sich dem Spaß ja ohnehin nicht anschließen konnte.

Jean sah ihr dabei zu, und Felix tat ihr ein wenig leid. Als kleine Entschädigung baute sie auf ihrem Esstisch all die Geschenke auf, die Felix am nächsten Tag würde öffnen dürfen.

Es war ein ziemliches Sortiment, denn Felix' Fans waren unglaublich großzügig gewesen und hatten der Katze so viele Sachen geschickt, dass sich eine große Weihnachtsgeschenktüte damit füllen ließ. Ja, Felix hatte sogar noch mehr Geschenke bekommen – aber die Menge an Spielzeug und Leckereien, mit denen sie bis an ihr Lebensende spielen oder die sie verspeisen konnte, war nun einmal begrenzt. Deshalb hatte Felix' Hofdame, Angela Dunn, dafür gesorgt, dass die überzähligen Geschenke an eine örtliche Hilfseinrichtung für Katzen weitergereicht wurden, damit auch Artgenossen, die im Leben weniger Glück gehabt hatten als Felix, ein Weihnachtsgeschenk bekamen.

Als sie das Geschenkpapierrascheln hörte, kam Felix herbei, um zu sehen, was da vor sich ging. Sie sprang auf den Holztisch und beschnupperte alles ausführlich. Auf der Geschenktüte war der pralle Bauch des Weihnachtsmannes abgebildet, inklusive der Knöpfe und des unter seiner Leibesfülle spannenden Gürtels. Jean gestattete Felix, kurz an den verlockenden Düften zu schnuppern, die aus der Tüte drangen – wie eine nachgiebige Mutter einem vorfreudigen Kind gestatten würde, an den Geschenkschachteln, die unterm Weihnachtsbaum liegen, zu rütteln –, forderte die Katze dann aber auf, wieder ihrer Wege zu ziehen.

»Na, na, na!«, tadelte sie milde. »Das reicht jetzt. Das bekommst du erst morgen.«

Jean freute sich wirklich auf ein schönes, entspanntes Weihnachten mit Felix: Die beiden würden den ersten Feiertag ganz alleine verbringen. Jean war eine richtige Leseratte und gerade mitten in dem Roman *So grün war mein Tal* von Richard Llewellyn, und sie freute sich darauf, stundenlang in aller Ruhe mit Felix auf dem Sofa zu sitzen, sich in ihren Schmöker zu vertiefen und dem zufriedenen Schnurren der Katze zu lauschen.

Bevor sie es sich an diesem Heiligabend gemütlich machten, wies Jean Felix noch auf eine letzte Hausregel hin. Sie wollte kurz nach oben gehen, um sich umzuziehen – und wollte nicht, dass Felix ihr folgte. Als sie sich aus dem Wohnzimmer fortzustehlen versuchte, kam Felix angeflitzt und wollte mit.

»Nein, das darfst du nicht, Felix«, sagte Jean in entschuldigendem Ton.

Jean hatte eine große Glasvase auf der Treppe stehen und in ihrem Schlafzimmer eine leuchtend weiße Bettdecke, und wahrscheinlich hätten beide recht bald Schaden genommen, wenn eine schwarzhaarige Bahnhofskatze dort frei herumgelaufen wäre. Behutsam schlich sich Jean aus dem Zimmer und schaffte es, die verglaste Tür vor Felix zu schließen. Durch das Glas konnte sie die Katze immer noch sehen, die mit trauriger Miene zu ihr hinübersah.

»Bleib da«, sagte Jean. »Ich komme gleich wieder, versprochen.«

Als sie bald darauf wieder herunterkam, saß Felix immer noch wartend hinter der Glasscheibe – wie eine Strafgefangene am Besuchstag. Jean hatte ein bisschen ein schlechtes Gewissen, wusste andererseits aber, dass es besser so war. Vorsichtig öffnete sie die Tür und schob sich durch die Lücke. Felix schien es ihr allerdings nicht übel zu nehmen, denn als sich Jean mit ihrem Buch auf dem Sofa niederließ, sprang die Katze ihr auf den Schoß und kletterte über ihre Schulter auf die Rückenlehne. Dort streckte sie sich aus, sodass sie aussah wie eine abgelegte Stola in der Garderobe eines Filmstars. Und so wurde es ein ausgesprochen geruhsamer Heiliger Abend. Und der erste Weihnachtsfeiertag, dachte Jean, würde genauso verlaufen.

Ding-dong!

Jean und Felix sahen einander verwundert an. Zwar wollten im Laufe des Tages einige Verwandte von Jean zu Besuch kommen, aber jetzt, um neun Uhr früh am ersten Weihnachtstag, erwartete sie noch keine Gäste.

»Wer mag das sein um diese Zeit?«, fragte sie Felix verwirrt und ging die Tür öffnen.

»Hallo!«, rief eine alte Freundin, die vor ihrer Haustür stand. »Wir wollten nur mal kurz vorbeischauen und frohe Weihnachten wünschen!«

Flugs betrat sie das Cottage, begleitet von ihrer erwachsenen Tochter, die Jean viele Jahre nicht mehr gesehen hatte. Einmal drinnen, guckten sich die beiden neugierig um, und Jeans Freundin bemerkte sofort, dass die Wohnzimmertür geschlossen war. Das war ungewöhnlich und konnte, ganz ähnlich wie die königliche Standarte auf Buckingham Palace, nur eins bedeuten: Die Queen weilte an diesem Ort.

»Oh!«, sagte die Freundin ganz unschuldig, als fiele ihr das eben erst wieder ein. »Du hast ja Felix über Weihnachten bei dir, nicht wahr?«

»Ja, das habe ich«, antwortete Jean mit saurem Lächeln. Sie gab sich keinen Illusionen darüber hin, wem dieser Besuch wirklich galt; die Bahnhofskatze war hier eindeutig die Hauptattraktion. »Wollt ihr sie sehen?«

»Oh ja, bitte!«, riefen die beide Frauen im Chor und klatschten vor Freude in die Hände. Also stellte Jean sie Felix vor. Sie schmusten ein wenig mit der Katze, und nachdem sie dann gerade mal fünf Minuten mit Jean geplaudert hatten, verabschiedeten sich die beiden wieder.

Keine halbe Stunde später klingelte es erneut an der Tür. Und wiederum erhob sich Jean vom Sofa und ging aufmachen.

»Frohe Weihnachten!«, rief ein junger Mann, der in ihrem Vorgarten stand. »Wir haben uns ja ewig schon nicht mehr gesehen, Jean!« Pause. Jean wartete geduldig auf das, was nun kommen musste. »Hab ich das richtig in Erinnerung, dass du Felix dieses Jahr bei dir hast?«

»Ja, das habe ich«, erwiderte Jean, hielt ihm die Tür auf und schüttelte angesichts der unbedeutenden Stellung, die sie in ihrem eigenen Haushalt einnahm, resigniert den Kopf. »Komm doch rein.«

Und das tat er, knipste ein Weihnachts-Selfie mit der Bahnhofskatze und brach gleich anschließend zum Mittagessen mit seiner Familie auf.

Keine halbe Stunde später klingelte es erneut an der Tür. »Überraschung!«, riefen einige alte Freunde der Familie im

Chor. »Wir waren gerade in der Gegend und dachten, wir schauen mal bei dir vorbei …«

Jean erwiderte trocken: »Sie ist im Wohnzimmer.«

Und das waren beileibe nicht die letzten Besucher. Den ganzen Morgen musste sich Jean immer wieder erheben, sodass sie sich schließlich vorkam wie ein Jo-Jo. Noch nie hatte sie an Weihnachten so viele Gäste gehabt. So weit zum Thema Geruhsamkeit! Irgendwann rief sie nur noch: »Felix, komm mal her! Hier ist jemand, der dich sehen möchte!« Zwar waren all die Gäste tatsächlich Freunde von ihr, sie hatten aber meist irgendwelche Leute im Schlepptau, die Jean noch nie gesehen hatte. »Ich hab Soundso mitgebracht«, sagte die jeweilige Freundin oder der jeweilige Freund ganz ungeniert. »Sie ist ein großer Fan von Felix. Du hast doch hoffentlich nichts dagegen …?«

Und das hatte Jean tatsächlich nicht, denn sie wusste ja schließlich aus eigener Erfahrung, was für eine ganz besondere Katze Felix war.

Felix schien die ganze Aufmerksamkeit zu genießen. Glücklicherweise trudelten die Gäste, ohne sich dabei abgesprochen zu haben, nach und nach ein, denn mit größeren Menschengruppen, die sie treffen wollten, hatte Felix manchmal so ihre Schwierigkeiten. So aber machte es ihr großen Spaß. Während in einer Tour Fotos von ihr geknipst wurden und ihre Fans sie umschwärmten, wirkte sie eher wie ein Star auf dem roten Teppich bei einer Filmpremiere als wie eine Katze an Weihnachten.

Gelegentlich guckte Felix ihre Besucher jedoch nur träge an und tat, als würde sie deren Wünsche nach dynamischeren Aufnahmen nicht verstehen. Dann schaltete Jean sich ein.

»Lasst mich mal machen«, sagte sie munter. Sie nahm eins von Felix' Weihnachtsgeschenken – einen langen Holzstab mit einer pinken Feder dran – und fuchtelte damit vor ihrem schwarzen Samtnäschen herum.

Da gab es für die Bahnhofskatze kein Halten mehr, als wäre sie eine Lok, die sich energisch in Bewegung setzte.

Wusch! Felix schlug mit ausgestreckter Pfote danach.

Attacke! Sie erhob sich und tänzelte wie eine Boxerin im Ring.

Schnapp! Gleich ist es meins!

Damit konnte Jean sie stundenlang unterhalten, und ihre Freunde (und *deren* Freunde) knipsten derweil die Bahnhofskatze in Aktion.

Um die Mittagszeit ebbte der Strom der Besucher ab, sodass Felix endlich offiziell ihre Geschenktüte in Empfang nehmen konnte. Jean war klar, was für eine kluge Katze Felix war und dass ihr beim Öffnen der Geschenke niemand helfen musste. Felix war inzwischen fünf Jahre alt und hatte im Laufe ihres Lebens genug Geschenke bekommen, um zu wissen, wie das ging. Jean nahm die Tüte vom Esstisch und stellte sie vor Felix auf dem Boden ab.

Bz, bz, bz, machten die Schnurrhaare der Katze, während sie die Geschenktüte gründlich untersuchte. *Schnupper, schnupper, schnupper,* machte ihre Näschen. Sie roch, dass da Weihnachtsleckereien drin waren … Und wenn eine Katze wie Felix erst mal erkannt hatte, dass es in unmittelbarer Nähe etwas Leckeres gab, war sie nicht mehr zu bremsen. Keine halbe Minute nachdem Jean die Tüte auf den Boden gestellt hatte, stürzte sich Felix darauf, sodass sie zur Seite kippte; und keine halbe Minute später steckte die Katze schon kopfüber im dicken Bauch des Weihnachtsmanns. Jetzt war sie ganz und gar in ihrem Element, zerrte ein Päckchen nach dem anderen heraus, riss mit ihren scharfen weißen Zähnen das Geschenkpapier auseinander und brachte damit zum Vorschein, was für ein braves Kätzchen sie das ganze Jahr lang gewesen war. Neben den Leckerli enthielt die Tüte auch einige Katzenminze-Kissen, Spielmäuse und weitere Holzstäbe mit Federn dran. Und während die Leckerli verständlicherweise zunächst einen Großteil ihrer Aufmerksamkeit bannten, holte sie später eine gelbe Filzmaus aus der Tüte hervor, mit der sie dann vergnügt den ganzen Nachmittag lang spielte.

Irgendwann brach schließlich hinter den Glastüren die Dunkelheit herein. »Jetzt können wir uns entspannen, Felix«, verkündete Jean. »Jetzt kommt hier bestimmt keiner mehr vorbei!«

Und tatsächlich kam nach Sonnenuntergang nur noch ein einziger weiterer Besucher, ein letzter Fan an einem sehr geschäftigen Tag, und nachdem auch der gegangen war, fand Jean es an der Zeit, die Schotten dicht zu machen und in ihren geliebten rosafarbenen Hausmantel zu schlüpfen. Da sie sich nach dem langen Tag kurz frisch machen wollte, ging sie nach oben, um schnell zu duschen und sich dann umzuziehen. Ganz automatisch ging sie die Treppe hinauf und war dabei in Gedanken schon wieder bei Llewellyns klassischem Roman und den verwickelten Lebenswegen seiner Figuren. *Was wird wohl als Nächstes geschehen?*, fragte sie sich. *Wer lebt weiter, und wer stirbt? Welche Geheimnisse werden enthüllt?*

Erst als sie die Treppe wieder hinunterging, in ihren gemütlichen rosafarbenen Hausmantel gehüllt und von der heißen Dusche selbst auch ziemlich rosig, wurde Jean schlagartig klar, dass sie die Tür nicht zugemacht hatte. *Oh nein*, dachte sie mit pochendem Herzen. *Was hat die Katze in der Zwischenzeit wohl für einen Blödsinn angestellt?*

Ganz langsam, Schritt für Schritt, ging sie die Treppe hinab. Sie malte sich ein einziges Chaos aus – die Glasvase umgestoßen, das Futter geplündert … Oder hatte sich Felix vielleicht sogar irgendwo im Obergeschoss versteckt, sodass Jean jetzt den ganzen Abend lang nach ihr suchen musste? Die Katze war ja auf dem Bahnhof bekannt dafür, dass sie das Versteckspielen liebte und auch ziemlich gut darin war. *Ach du lieber Gott*, dachte die zusehends panische Jean, *und was ist, wenn ich sie nicht finde …?*

Doch als Jean am Fuß der Treppe ankam, sah sie, dass es überhaupt keinen Grund zur Sorge gab. Zwar stand die verglaste Tür – wie sie sie zurückgelassen hatte – sperrangelweit offen, aber Felix saß genau an der Stelle, an der sie auch gesessen hätte, wenn die Tür geschlossen gewesen wäre. Es war, als wäre die Schwelle zwischen Wohnzimmer und Treppenhaus mit einer unsichtbaren Grenzlinie versehen, die Felix nicht überschritten hatte. Da sie die Regeln kannte – da sie wusste, dass Jean gesagt hatte, sie solle nicht nach oben gehen –, hatte Felix sich gehorsam daran gehalten.

Na, das war ja mal ganz was Neues! Als Jean die Katze dort so folgsam und reif sitzen sah, wurde ihr ganz weich ums Herz. Das ungestüme Kätzchen, das sie auf dem Bahnhof großgezogen – und ausgeschimpft – hatte, war nicht mehr. Es erschien fast so, als hätte Felix, indem sie im Erdgeschoss geblieben war, einen Test bestanden; an ihrem Wissen um die Regeln und ihrer Entscheidung, sie sogar zu befolgen, zeigte sich wirklich, dass sie ihre Jugend hinter sich gelassen hatte und unbestreitbar erwachsen geworden war.

Dieser Moment hatte für Jean aber auch etwas Trauriges an sich: zu wissen, dass Felix' Kindheit und Jugend nun unwiederbringlich vorbei waren. Vor allem aber war sie einfach nur stolz. »Du kluge Katze«, sagte sie herzlich zu Felix. »Was bist du doch für ein braves Mädchen.«

Diese Geschichte nahm noch eine letzte Wendung: Nach einem langen Schmökerabend auf dem Sofa gähnte Jean irgendwann herzhaft und beschloss, ins Bett zu gehen. Nachdem sie das Haus abgeschlossen und überall die Lichter ausgemacht hatte, freute sie sich, nach oben zu gehen und unter ihre schneeweiße Bettdecke zu schlüpfen.

Die einzige abendliche Verrichtung, die ihr noch zu tun blieb, war, Felix einzuschließen. An der Tür vom Wohnzimmer zum Treppenhaus angelangt, hielt sie kurz inne und sah zu der hübschen schwarz-weißen Katze hinab. Felix war ihr bis dorthin wie ein Schatten gefolgt, war aber vor der Türschwelle stehen geblieben in dem Wissen, dass sie diese Grenze nicht überschreiten durfte.

Felix sah zu Jean hinauf und blinzelte mit ihren großen grünen Augen. Jean spürte, wie sie weich wurde. »Ich war doch bisher *so* brav«, schienen die Blicke der Katze zu sagen – und zwar sehr überzeugend. »Findest du nicht, ich habe eine Belohnung verdient?«

Jean schwankte nur noch einen Moment lang, dann gab sie klein bei. »Also gut«, sagte sie. »Komm mit nach oben, Felix.«

Das musste sie der Katze nicht zweimal sagen. Nachdem sie nun offiziell grünes Licht erhalten hatte, sprintete sie die Treppe hoch, schneller als Usain Bolt. Und in dieser Nacht schlief die Bahnhofskatze nicht in einem Katzenkorb oder auf einer Katzendecke im Erdgeschoss, sondern an Jeans Seite in deren gemütlichem Bett … auf der feinsten weißen Bettwäsche, die es für Geld zu kaufen gab.

Sie war wirklich eine *sehr* kluge Katze.

Alles ändert sich

Zum Jahreswechsel war Felix, die Bahnhofskatze, schon wieder voller Tatendrang bei der Arbeit. Am Neujahrstag 2017 trabte sie leichtfüßig über die Bahnsteige, kannte sie den Bahnhof und seine Rhythmen doch aus dem Effeff. Da fuhren die Personenzüge mit solchem Getöse ein, dass nicht wenige der verkaterten Wartenden sich die Ohren zuhielten und das Gesicht verzogen. Da ertönte das Geschepper der vielen Rollkoffer, wenn die Einheimischen von ihren Weihnachtsbesuchen bei der verstreut lebenden Verwandtschaft heimkehrten. Da war der Auskunftsschalter, mit dem Fundbüro gleich daneben, wo sich Felix schon auf eine gemeinsame Schicht mit Angela Dunn freute.

Doch an diesem Punkt stutzte die Katze. Obwohl es schon helllichter Vormittag war und beide Büros um diese Zeit normalerweise geöffnet hatten, war vor dem Auskunftsschalter eine blaue Jalousie herabgezogen, indes die Tür zum Fundbüro abgeschlossen war. Felix setzte sich erst mal hin, und das Runzeln ihrer flauschigen Stirn ließ erkennen, dass sie ziemlich verwirrt war.

Ohne dass Felix davon wusste, war zu Neujahr eine Woge der Modernisierungen über den Bahnhof Huddersfield hinweggefegt, ebenso wie das Winterwetter über Yorkshire, und diese beiden Einrichtungen, die zu Felix' Lieblingsorten auf dem Bahnhof zählten, waren einer Flut von Veränderungen zum Opfer gefallen. Es war beschlossen worden, dass man vom 1. Januar 2017 an ein vollautomatisches Ansagesystem auf dem Bahnhof einsetzen würde, weshalb das Büro des Ansagers – das sich direkt an den Auskunftsschalter anschloss – nicht mehr benötigt wurde. Da nun niemand mehr in dem Büro hinter dem Schalter tätig war, wurde damit auch der Schalter obsolet. Um keine Verwirrung zu stiften, wurde nach einiger Zeit auch das weiße Schild über dem kleinen Vorraum entfernt. Stattdessen verwies nun ein schlichteres Schild mit der Aufschrift »*Bicycle Park*« auf die Fahrradständer daneben, bei denen sich, zumindest aus Felix' Sicht, nichts verändert hatte.

Auch das Fundbüro musste den Reformen weichen, und Angela Dunn arbeitete neuerdings am Fahrkartenschalter. Fundsachen wurden von nun an in dem Bürotrakt über der Bahnhofshalle verwahrt, was bedeutete, dass sie zwei Treppen höher hinter einer gesicherten Tür verschwanden. Für Felix und Angela ging damit eine Ära zu Ende.

In den ersten Tagen des neuen Jahres schleppte sich Angela Dunn sehr schweren Herzens zum Dienst. Sie hatte ihre Vollzeitstelle im Fundbüro geliebt, hatte es geliebt, bekümmerten Fahrgästen ihr geschätztes Hab und Gut wieder zurückgeben zu können. Es war ein schwerer Schlag für sie, dass sie wieder im Schichtdienst am Fahrkartenschalter arbeiten sollte, und es verhagelte ihr komplett die Laune.

Hinzu kam, dass sie auch keine allzu frohen Weihnachten verbracht hatte. 2015 hatte sich Angela nach einunddreißig Ehejahren von ihrem Mann getrennt und versuchte sich seither in ihrem neuen Leben als geschiedene Frau und Single mit Mitte fünfzig zurechtzufinden, was nicht immer ganz leicht war. Zwar war die Trennung recht einvernehmlich verlaufen – ihr Mann und sie hatten sich kein einziges Mal gestritten –, aber sich an das Alleinsein zu gewöhnen fiel ihr schwer, zumal an Weihnachten. Dieses Jahr hatte sie sich nicht mal die Mühe gemacht, ihre Wohnung weihnachtlich zu schmücken. Und während sie früher alljährlich an Weihnachten zwölf Personen bekocht hatte, hatte sie sich dieses Jahr mit Beans on Toast begnügt. Das alles schien einfach keinen Sinn zu haben, wenn man alleine war.

Die erste Woche des Jahres 2017 – und somit die erste Woche ihres neuen Dienstplans – war für Angela wirklich hartes Brot, ebenso wie für Felix. Aber sie standen einander bei, um diese Veränderungen zu meistern. Als wüsste Felix, dass Angela sie brauchte, wartete sie vor Schichtbeginn auf dem Bahnsteig oder bei den Fahrradständern – manchmal sogar auf dem Parkplatz – auf ihre geliebte Kollegin. Das brachte es mit sich, dass Felix die erste Person aus der Belegschaft war, die Angela morgens zu Gesicht bekam, und das versüßte ihr den ganzen Tag. Sobald Felix sie erblickte, ging sie ihr entgegen, um sie zu begrüßen, und schnurrte dabei leise vor Freude. Anschließend betraten sie gemeinsam den Bürotrakt, wo Angela in der Damenumkleide ihre Sachen abstellte, um sich dann am Fahrkartenschalter dem Dienst am Kunden zu widmen.

Trotz der Härte der Umstellungen in ihrem Leben und obwohl es manchmal wirklich scheußlich war, für die Frühschicht um vier Uhr morgens aufstehen zu müssen, stellte sie fest, dass sie insgesamt viel heiterer gestimmt war als gedacht – und das lag einzig und allein an der rücksichtsvollen Aufmerksamkeit, die Felix ihr entgegenbrachte.

Auf dem Bahnhof änderte sich in diesem Januar wirklich allerhand. Neben der Abschaffung des Ansager- und Fundbüros stellte Felix auch fest, dass Sara, die bisher am Fahrkartenschalter tätig gewesen war, nun gemeinsam mit ihrem besten Freund Karl draußen auf den Bahnsteigen arbeitete.

Sara war eine langjährige Freundin von Felix und schon seit Dezember 2014 auf dem Bahnhof tätig. Die beiden waren gewissermaßen miteinander verwandt, denn Chris Briscoe, dessen Katzen Lexi und Gizmo Felix' Eltern waren, war Saras Onkel. Sara stammte aus einer richtigen Eisenbahnerfamilie, denn auch ihre Mutter, ihr Stiefvater, eine Tante und ebenjener Onkel waren bei der Bahn beschäftigt. Und Sara hatte, nachdem sie nach ihrem Schulabschluss zunächst einige Jahre in einer Druckerei gearbeitet hatte, schließlich auch diesen Karriereweg eingeschlagen. Inzwischen dreiundzwanzig Jahre alt, liebte sie ihren Beruf, denn dort gab es jeden Tag etwas Neues zu erleben.

Ein weiterer Vorteil bei ihrem Job waren natürlich die regelmäßigen Schmuseeinheiten mit Felix. Wenn Sara vor Schichtbeginn noch mal für fünf Minuten auf dem einzigen Stuhl in der Damenumkleide Platz nahm, kam Felix oft herbei und ließ sich auf ihren Knien nieder. Und wenn sie in Laune war, wurde die Katze dann gründlich durchgeknuddelt. Sara mochte das sehr; sie mochte Felix wirklich sehr gern. Das Temperament der Diva war nicht jedermanns Sache, Sara aber bewunderte ihre geistige Unabhängigkeit.

Saras neue Stelle draußen auf den Bahnsteigen brachte es mit sich, dass Karl und sie sich sogar noch näherkamen, da sie sich meist die Schichten teilten. Karl war ein wirklich lustiger Kerl, und deshalb verging mit ihm die Arbeitszeit wie im Flug. Er merkte es sofort, wenn sie mal traurig war, und tröstete sie dann mit einer brüderlichen Umarmung, und oft zog er sie liebevoll auf, indem er sie »Einhornprinzessin« nannte. Er hatte einen südenglischen Akzent, während Sara ihre Herkunft aus Barnsley in Yorkshire deutlich anzuhören war, und dieser Unterschied bot ihnen viel Stoff für gnadenlose Neckereien. Karl hatte eine sehr hübsche Freundin, der er mit Haut und Haaren verfallen war, und Sara hörte ihm gerne zu, wenn er über sie sprach. Sie selbst war gegenwärtig Single, hoffte aber, eines Tages den Richtigen zu finden; und Karl hielt stets Ausschau nach einem Mann, der gut genug für seine beste Freundin war.

Während sie auf diesen Mr Right warteten, gingen Sara, Karl und andere »Jungspunde« aus dem Bahnhofsteam abends oft gemeinsam aus. Da man sich als Eisenbahnerin oder Eisenbahner ohnehin wie in einer großen Familie fühlte, erschien es nur natürlich, dass viele der jüngeren sich auch in ihrer Freizeit trafen. Sie kamen alle prima miteinander aus, und oft schlug einer vor, nach Feierabend noch ein Gläschen trinken zu gehen … und ehe man sich's versah, waren es dann doch eher fünf Gläschen geworden, und hinterher landete man im Maverick's und tanzte bis vier Uhr früh zu Achtzigerjahre-Hits.

Unter diesen »Jungspunden«, die miteinander ausgingen, war auch Chris Bamford, ein junger Mann mit schwarzem

Vollbart, der ebenfalls ein Liebling von Felix war. Er war der Katze vor allem im Laufe des vergangenen Jahres nähergekommen, als er ihr geholfen hatte, ihre plötzliche Berühmtheit zu verkraften, und sich oft bereit erklärt hatte, sie bei ihren Auftritten in den Medien zu unterstützen. Felix heftete sich auf dem Bahnhof gern an seine Fersen und folgte ihm manchmal – um dort nach dem Rechten zu sehen – bis ganz auf den Parkplatz. Dabei steigerte sie den Unterhaltungswert dieser Ausflüge oft, indem sie mit den Schnürsenkeln seiner Stahlkappenschuhe spielte. Dreist wie sonst was, schlug sie mit den Pfoten danach, während die Senkel im Takt von Chris' kräftigen Schritten hin- und herschwangen.

»Vorsicht, Felix!«, mahnte er sie, in Sorge, dass er versehentlich auf die Katze treten könnte, während sie ihm gefährlich um die Füße flitzte, den Blick starr auf das faszinierende Schauspiel der hüpfenden Schnürsenkel gerichtet.

Sie guckte daraufhin nur quietschvergnügt zu ihm hoch, und ihr Schwanz zuckte hin und her wie bei einem übereifrigen Welpen.

Ein weiterer »Jungspund« war Dan, der kurz vor Weihnachten auf dem Bahnhof angefangen hatte. Er war siebenundzwanzig, hatte ein sonniges Gemüt, einen rotbraunen Bart und dunkle Augen. Wie viele seiner Huddersfielder Kolleginnen und Kollegen hatte er immer schon bei der Eisenbahn arbeiten wollen. Diesen Traum hatte er sich schließlich erfüllt, indem er seinen stressigen Job als Parkplatzmanager am Flughafen Manchester aufgab und als Gruppenleiter auf den Bahnhof Huddersfield wechselte.

Eine seiner obersten Prioritäten auf seinem neuen Posten war es, Felix kennenzulernen, über die er schon bei seinen Recherchen für das Vorstellungsgespräch viel gehört hatte. Er war Katzenliebhaber und fand die Vorstellung, in einem Betrieb zu arbeiten, der eine eigene Katze hatte, verdammt cool. Zugleich machte er sich jedoch ein wenig Sorgen, ob er mit seiner Begeisterung für Felix wohl auf Gegenliebe stoßen würde …

Doch zu Dans Erleichterung wurde schnell klar, dass dem so war. Von Anfang an fiel auf, dass Felix im Umgang mit dem Mann, der neuerdings auf dem Stuhl des Gruppenleiters saß, keinerlei Schüchternheit kannte. Sie legte sich Dan ebenso bei der Arbeit in den Weg, wie sie es bei allen anderen auch tat, und forderte von ihm ebenso eindringlich Zuneigung und Aufmerksamkeit (und Futter). Es dauerte nicht lange, und auch Dan zählte zu Felix' Lieblingen. Er war immer gern bereit, sie mit seiner Zuneigung zu beglücken, und seine liebevolle Haltung ihr gegenüber führte bald dazu, dass Felix ihm überallhin folgte und sich förmlich überschlug, um ihn zu begrüßen. Als Sara eines Tages zur Arbeit kam, sah sie, wie Felix, sobald sie Dan kommen hörte, mit unglaublicher Begeisterung auf ihn zuflitzte.

»Ja, da kommt dein Herzallerliebster«, neckte Sara die Katze – und ihr entging dabei nicht die Ironie, dass Felix in Liebesdingen weiter zu sein schien als sie selbst. *Seufz.*

Felix war nicht das einzige Teammitglied, mit dem sich Dan auf Anhieb gut verstand. Der weiterhin in Manchester wohnende Dan hatte die Stelle in Huddersfield nicht ohne eine gewisse Beklommenheit angetreten – zumal es, obwohl er nie zuvor bei der Bahn gearbeitet hatte, gleich eine Führungsposition war. Er fand aber in Karl sogleich einen Freund, der dafür sorgte, dass er sich dort wohlfühlte. Nach kurzer Zeit freundete sich Dan auch mit Sara an; die beiden stellten fest, dass sie viel gemeinsam und auch den gleichen Humor hatten. Bald bemerkte Dan, dass kein Tag verging, an dem er nicht mindestens einmal herzlich mitlachte. Die drei – Sara, Dan und Karl – bildeten ein Trio, das die Bahnhofsbelegschaft mit seiner jugendlichen Energie belebte.

Was Felix anging, so fand ihre Facebook-Seite im neuen Jahr sogar noch mehr Fans; und am 8. Januar 2017 erreichte sie einen ganz besonderen Meilenstein: Felix, die Bahnhofskatze von Huddersfield, hatte nun einhunderttausend Follower.

Und das war im Grunde nicht verwunderlich, stand sie doch kurz davor, sogar noch berühmter zu werden. Nachdem sie im vergangenen Jahr die »neuen« Medien dominiert hatte, machte sich Felix nun daran, zu beweisen, dass sie kein eintagsfliegenhafter Social-Media-Star war. Sie war drauf und dran, ihren phänomenalen Erfolg im ältesten aller Medien zu wiederholen.

Denn Felix wurde nun auch ein literarischer Superstar. Sitzen Sie bequem? Dann wollen wir beginnen …

Wie es im Buche steht

Penguin Books – einer der berühmtesten Verlage der Welt. Das Logo mit dem schwarz-weißen Pinguin auf orangefarbenem, ovalem Grund steht seit Gründung des Hauses im Jahre 1935 überall auf der Welt für literarische Qualität, sind dort doch Größen wie beispielsweise George Orwell, D. H. Lawrence oder die Brontë-Schwestern beheimatet. Und in diesem Hort der Weltliteratur erschien im Februar 2017 ein Buch über niemand anderen als Felix, die Bahnhofskatze.

Die Nachricht, dass Felix' (bisherige) Lebensgeschichte in Buchform festgehalten werden sollte, wurde bei der Belegschaft des Bahnhofs Huddersfield zu gleichen Teilen mit Belustigung, Überraschung und Genugtuung aufgenommen. Sie war inzwischen eine so erfolgreiche Social-Media-Berühmtheit, dass es in mancher Hinsicht als ein ganz selbstverständlicher nächster Schritt erschien; Angie Hunte beispielsweise fand, dass Felix nichts Geringeres verdient habe. Anderen hingegen erschien die Vorstellung, dass über eine einzige Katze ein ganzes Buch geschrieben werden könnte – und dass die Leute es vielleicht sogar lesen wollen würden –, einfach nur irrwitzig. Gruppenleiter Geoff, ein eher grummeliger Typ, der mit seiner Meinung ungern hinterm Berg hielt und es immer noch absolut befremdlich fand, dass die Katze so berühmt war, verdrehte bei dieser Nachricht so sehr die Augen, dass fraglich war, ob sie je wieder in den Normalzustand zurückkehren würden.

Doch Felix hatte in ihren fünf kurzen Jahren auf diesem Planeten ja wirklich eine Menge Abenteuer erlebt. Ihre Biografie zeichnete ihren Lebensweg vom ahnungslosen kleinen Kätzchen zur Leitenden Schädlingsbekämpferin nach und schilderte, wie sie sich ihr Handwerk angeeignet und das Leben auf dem Bahnhof lieben gelernt hatte. Anfangs von den Zügen und den weitläufigen Bahnsteigen eingeschüchtert, gewann sie zusehends an Mut, bis schließlich der ganze Bahnhof eine einzige Spielwiese für sie wurde. Und vor allem stellte das Buch dar, wie diese ganz besondere Katze den Menschen ans Herz gewachsen war, während sie sich zugleich internationalen Ruhm erwarb.

Angie und das ganze Team – die alle zum Buch beitrugen, indem sie ihre Geschichten über Felix erzählten – waren begeistert vom Endergebnis und fanden, dass es das Leben auf dem Bahnhof mit allerhand Felix-Flair einfing. Doch obwohl das Team die Idee, dass ihrer Schädlingsbekämpferin eine Biografie gewidmet wurde, mit Begeisterung aufnahm, war ja keineswegs gesagt, dass ihre Fans das auch so sehen würden. Auf Facebook kostenlos etwas zu »liken« und sich Felix' Beiträge anzuschauen war eine Sache, aber Geld und Zeit für den

Kauf und die Lektüre ihrer Lebensgeschichte zu opfern? Das war schon ein ganz anderes Engagement für die Bahnhofskatze.

Doch unabhängig vom Endergebnis wollte das TPE-Team auch einfach nur die außergewöhnlichen Leistungen ihrer Kollegin würdigen. Am Vorabend des Erscheinungstermins, als noch niemand wusste, wie das Buch ankommen würde, fand in der Erste-Klasse-Lounge des Bahnhofs eine Buchpräsentationsparty statt. Es war als kleines Dankeschön an alle gedacht, die an Felix' Aufstieg beteiligt gewesen waren. Die auf den Bahnsteigen tätigen Mitarbeiterinnen und Mitarbeiter hatten es ja schließlich nicht in ihren Arbeitsverträgen stehen, dass sie nebenher als persönliche Assistentinnen oder Assistenten für Felix fungieren sollten, doch seit die Katze berühmt geworden war, gehörte die Kommunikation mit ihren Fans zu ihrem Tagesgeschäft. TPE wollte sich bei ihnen dafür bedanken, dass sie all dies möglich gemacht hatten.

Mark Allan, Felix' Facebook-Manager, war ebenso unter den Partygästen wie der neue Gruppenleiter Dan, Bahnhofschef Andy Croughan, Jack Kempf von der Abteilung für Unternehmenskommunikation und Andrew McClements, ehemaliger Gruppenleiter in Huddersfield und damals für Felix' Beförderung und damit ihren Aufstieg zum Weltruhm verantwortlich. Inzwischen arbeitete er in der Unternehmenszentrale von TPE, hatte aber die Katze – die zu seinem beruflichen Aufstieg einiges beigetragen hatte – nie vergessen.

Den Gästen wurde Fingerfood aus dem »Head of Steam« gereicht, und dazu gab es Prosecco, damit alle auf das Felix-Buch anstoßen konnten. Wie es sich für eine Buchpräsentation gehörte, waren auch zahlreiche Exemplare des Werks zur Hand, und Felix sah auf dem Cover überaus majestätisch und todschick aus. Zu Ehren der Bahnhofskatze wurden auch Ansprachen gehalten – viele, viele Ansprachen. Die erwähnenswerteste war vielleicht die von Leo Goodwin, dem illustren Hauptgeschäftsführer der TPE. (Felix, die ausnahmsweise das Rampenlicht scheute, ließ sich an diesem Abend bescheidenerweise keinen Kommentar zu ihrem Erfolg entlocken.) Leo Goodwin hatte dem Team zu diesem ganz besonderen Anlass eine Videobotschaft gesandt.

»Hallo allerseits! Es tut mir sehr leid, dass ich heute Abend nicht persönlich bei Ihnen sein kann«, begann er, und das Video wirkte ein wenig wie die Dankesrede eines abwesenden Oscar-Gewinners. (Und eine Einladung zu dieser Buchpräsentationsparty war ja fast so begehrt wie die zur Oscar-Verleihung in Hollywood …) »Ich möchte nur ein paar Worte an Sie richten und Ihnen allen für Ihre harte Arbeit danken. Niemand hat damit gerechnet, dass Felix eines Tages so berühmt sein würde, und mir ist klar, dass es nicht immer einfach war. Sie alle haben viel Zeit geopfert, vor allem viel Freizeit, um sich in den Dienst von Felix' Geschichte zu stellen – sei es, dass Sie an dem Buch oder an Artikeln in der Presse mitgewirkt haben, sei es, dass Sie Beiträge über Felix in den sozialen Medien gepostet haben, oder sei es, dass Sie Felix mit einigen ihrer Tausenden Fans zusammengebracht haben. Ich denke mal, wir alle haben uns über Felix' neuen Prominentenstatus hin und wieder ein wenig lustig gemacht, aber es ist nicht von der Hand zu weisen, dass diese Katze für TPE enorm wichtig geworden ist und wir die ganze Publicity dazu nutzen konnten, vielen Menschen zu helfen. Sie hat inzwischen Abertausende Pfund für wohltätige Zwecke gesammelt – und wird das mit diesem Buch weiter tun, diesmal für *Prostrate Cancer UK.*« [Sämtliche Tantiemen der englischen Originalausgabe kamen dieser Hilfsorganisation zugute.]

»Felix' Social-Media-Accounts bereiten vielen Menschen Freude«, fuhr Leo Goodwin fort, »und als unsere Leitende Schädlingsbekämpferin bereitet sie hoffentlich auch Ihnen in Huddersfield viel Freude. Ich wünsche Ihnen noch einen wunderbaren Abend und danke Ihnen allen nochmals herzlich für alles, was Sie getan haben, um dies zu ermöglichen.«

Nach dem Ende des offiziellen Programms ging das Team zum gemütlichen Teil des Abends über, und nach einer Runde tosendem Applaus tranken alle fleißig auf Felix und leerten viele, viele Sektflöten.

Doch das Schreiben und das Erscheinen sind ja nur die ersten Schritte im langwierigen Publikationsprozess eines Buchs. Das erfuhr Felix gleich am nächsten Tag am eigenen Leib, denn da hatte sie einen überaus wichtigen Termin. Zum Start der Werbekampagne für ihre Biografie sollte sie morgens um 7.35 Uhr *live* in einer landesweit übertragenen Fernsehsendung auftreten (was sie nie zuvor getan hatte).

Allein schon der Gedanke an ein Live-Interview sorgte für einige Aufregung, denn Huddersfield war schließlich ein geschäftiger Bahnhof. Ständig schollen automatisierte Ansagen aus den Lautsprecheranlagen, und unaufhaltsam wie die Gezeiten fuhren Züge ein und aus. Die Vorstellung, dass Felix – die temperamentvolle Felix! – an einem Live-Interview fürs Fernsehen teilnahm, während ringsumher weiter all dieses hektische Treiben vor sich ging, löste bei ihrem PR-Team den einen oder anderen Migräneanfall aus. Und es war ja nicht so, dass man mit einer Nischensendung auf einem No-Name-Kanal begonnen hätte, um sich allmählich in die Kampagne hineinzugrooven. Nein, von wegen. Felix würde ihr Live-TV-Debüt bei *Good Morning Britain* geben, der Frühstücksfernsehsendung von ITV, die allmorgendlich über eine Million Zuschauer hatte.

Dieser Auftritt war dementsprechend wochenlang vorbereitet worden. Die Londoner Sendezentrale war ständig am Telefon. Man hatte beschlossen, dass Andrew McClements – der ja schließlich dafür verantwortlich war, dass Felix eine solche Berühmtheit erlangt hatte – gemeinsam mit Felix im Fernsehen auftreten würde, um die Werbetrommel für das Buch zu rühren, und die Fernsehleute gaben ihm allerhand erstklassige Ratschläge, was man bei einem Live-Interview zu tun und zu lassen habe (unter anderem: nicht direkt in die Kamera schauen und – egal, was passiert – *keinesfalls fluchen* …). Das Interview musste absolut pünktlich stattfinden, und den Programmmachern war klar, dass sie sich trotz der Unwägbarkeiten einer Livesendung strikt an den Zeitplan halten mussten, weil Felix' großer Moment ein oder zwei Minuten früher oder später wahrscheinlich von einer Lok ruiniert würde, die mit mächtigem Getöse in den Bahnhof einfuhr. Was den unbekannten Einfluss der zahlreichen Pendler anging, die um diese Uhrzeit auf dem Bahnsteig unterwegs sein und sich zweifellos dafür interessieren würden, was dort vor sich ging – tja, da musste man einfach auf das Beste hoffen …

Im Mittelpunkt des Ganzen stand natürlich Felix. Als Andrew McClements am Vorabend im Bürobereich bei ihr vorbeischaute, entschuldigte er sich schon einmal bei ihr. Denn die Bahnhofskatze würde an diesem Abend nicht, wie sie es üblicherweise tat, die Nachtschicht übernehmen: Sie musste über Nacht drinnen bleiben, damit man sicher sein konnte, dass sie am nächsten Morgen auch zur Stelle war, um ihr Buch der ganzen Nation zu präsentieren. Diese Änderung im Dienstplan schien ihr zunächst ein wenig gegen den Strich zu gehen, doch letztlich erlag sie der Versuchung, eine ganze Nacht drinnen durchzuschlafen.

Als Felix am 24. Februar 2017 morgens die Augen aufschlug, stellte sie fest, dass auf dem Bahnhof sogar noch mehr los war als an einem geschäftigen Werktag ohnehin schon. Einige ihr unbekannte Arbeiter in schwarzen Hemden eilten mit irgendwelchen Kartons umher; das waren Leute von der Huddersfielder Filiale der Buchhandelskette Waterstones, die einen Büchertisch aufbauten. Dann war da auch noch ein großes Filmteam, das riesige, schwere Kameras herumschleppte und ein lustig aussehendes, flauschiges graues Mikrofon, und schließlich erblickte sie auch den Anzug tragenden Fernsehmoderator, der das Interview führen würde. Andrew war auch da – doch weil er nicht mehr in Huddersfield arbeitete, war auch seine Anwesenheit etwas Ungewöhnliches. Felix schaute sich blinzelnd um, als wollte sie herausfinden, was die ganze Aufregung sollte.

Bald schon holte Andrew sie für ihren großen Auftritt im Frühstücksfernsehen ab. Felix und er sahen sich zwar nicht mehr sehr häufig, aber Andrews neuer Job in der Firmenzentrale brachte es mit sich, dass er recht oft nach Huddersfield kam, und dann legte er immer Wert darauf, ein kleines Pläuschchen mit Felix zu halten. Daher hatte die Katze ihn keineswegs vergessen und ließ sich von ihm hochheben, ohne auch nur einen Mucks zu machen. Schnell machte sie es sich auf seinen Armen bequem und legte sich mit dem Gesicht nach vorn, sodass die Kameras prima Bilder von ihr machen konnten. Während Andrew angesichts der vor ihm liegenden Aufgabe ziemlich mulmig zumute war, schien sich Felix nicht aus der Ruhe bringen zu lassen.

Als sie jedoch auf den Bahnsteig 1 hinausgingen, spannte die Katze sich an. Da draußen sah es ganz anders aus als sonst, und die Schädlingsbekämpferin, die es gewohnt war, Patrouillengänge durch ihr Revier zu absolvieren, schnupperte argwöhnisch. Vor ihren geliebten Fahrradständern stand nun ein langer Tisch mit einer Decke darüber, auf dem die Waterstones-Leute Bücher aufgestapelt hatten – für eine »Signierstunde« nach dem Interview. Links und rechts davon tanzten sternförmige Heliumballons in Rot, Gold und Blau munter im Morgenwind und lockten etliche Pendler an, die sehen wollten, was um alles in der Welt da vor sich ging.

Draußen auf dem Bahnsteig wurden die beiden außerdem von dem brünetten Moderator mit seinem flauschigen grauen Mikrofon erwartet. Andrew und Felix gingen zu ihm und wechselten vor Beginn der Livesendung kurz ein paar Worte. Der Moderator erklärte, dass er vor dem Live-Interview noch einige einleitende Aufnahmen mit den beiden machen müsse – beispielsweise wie Andrew und Felix gemeinsam den Bahnsteig entlanggingen – und dass er das Interview auch noch kurz proben wolle, bevor die Kameras dann eingeschaltet wurden. Andrew nickte, und seine Anspannung nahm zu.

Felix hingegen lag bequem in Andrews Armen, schnippte nachdenklich den Schwanz hin und her und sog mit ihren scharfen grünen Augen alles in sich auf. Besonders faszinierte sie das flauschige Mikro, das der Moderator hielt. Mit seinem dicken, grauen Fell sah es in gewisser Weise ebenfalls wie eine Katze aus – wenn auch beunruhigenderweise wie eine Katze ohne Gesicht. Das bedeutete, dass sie Felix' Blick nicht erwidern konnte, was die Bahnhofskatze faszinierte und ihr die Oberpfote zu sichern schien. Felix beobachtete das Mikrofon mit der gleichen ungeteilten Aufmerksamkeit wie damals den dicken getigerten Kater bei Jean und schien entschlossen, sich nicht noch einmal unterbuttern zu lassen.

Andrew und der Moderator überprüften noch einige letzte Kleinigkeiten und probten dann das Interview. Dabei wurde Andrew und Felix das flauschige Mikro hingehalten, während die Kameras liefen, ihre Bilder aber noch nicht an die Sendezentrale übertrugen.

Der Moderator stellte eine Frage, und Andrew antwortete, den Blick starr auf den Interviewer gerichtet. Felix aber hörte nicht zu, was ihr ehemaliger Kollege da sagte. Vielmehr kniff sie, als sich das katzenartige Mikro hurtig auf sie zubewegte, die Augen zusammen. Ihr erschien das als Angriff, als Eindringen in ihre Sphäre, und mit einem triumphierenden Schnurren aus tiefster Kehle griff sie danach. Während Andrew entsetzt zusah, schlug sie erst mit der einen, dann mit der anderen Pfote danach, bis sie das kostspielige Mikro fest zwischen den Pranken hielt. Dann frohlockte sie lautstark und stolz ob ihres Fangs – und das Mikro nahm ihre jubelnde Schnurr-Arie natürlich auf. Da das verwendete Audio-Equipment so hochklassig war wie in einem guten Tonstudio, klang sie fast so wie eine Jazz-Croonerin, die von dem einen sang, der ihr *nicht* entkommen war.

Und das Mikro entkam ihr tatsächlich nicht. Nachdem sich bei Andrew – und dem Moderator – der erste Schreck gelegt hatte, kicherten sie herzlich, merkten aber bald, dass Felix es ernst meinte. Als ihr der Moderator das Mikro wieder wegnehmen wollte, hielt sie es mit aller Kraft fest und grub ihre superstarken Krallen noch tiefer hinein. Er zog und sie zog, und sie zog und er zog, und es war ein tolles Tauziehen, das Felix unbedingt gewinnen wollte. Was ihr dann auch gelang … Sie hielt sich mit solcher Kraft an dem Mikro fest, dass sie es schließlich vom Stecker riss! Der Moderator blieb mit dem lose herabbaumelnden Kabel in der Hand zurück, während Felix den Siegespreis in Gestalt ihres flauschigen Widersachers einheimste. Sie wirkte stolz wie Oskar.

Was für ein Theater! Und obwohl es Andrew schließlich gelang, Felix das Mikro wieder abzuschwatzen, baute sich durch diesen Zwischenfall für die Liveübertragung eine enorme Anspannung auf. Denn was war, wenn Felix auf diese Weise den Ton ausknipste, während sie landesweit live auf Sendung waren?

Andrew hatte ein staubtrockenes Gefühl im Mund. Unter seinem schicken marineblauen Jackett verspannten sich seine Schultern. Er hielt die Katze, die immer noch in seinen Armen lag, so fest, wie er es gerade noch wagte, und streichelte sie, um sie – aber auch sich selbst – zu beruhigen. Was aber nicht unbedingt funktionierte …

Der Moderator wandte sich mit konzentrierter Miene zu ihm um, während die orangefarbenen Ziffern auf den Anzeigetafeln unaufhaltsam vorrückten und der Livetermin immer näher kam.

»Einen Moment noch, dann sind wir auf Sendung«, sagte er.

Dann meldete sich der Kameramann zu Wort, der bereits mit den Fingern der erhobenen Hand die Sekunden abzählte. »Wir sind live drauf in – fünf, vier …« Mit den Fingern setzte er den Countdown fort, und Andrew hörte die Ziffern im Geiste. *Hoffentlich geht das gut,* dachte er schon leicht panisch. *Ich hoffe bloß, Felix benimmt sich …*

Drei, zwei, eins.

Dann leuchtete das rote »LIVE«-Lämpchen an der Kamera auf.

Ein Hauch von Magie

»Seit Felix auf dem Bahnhof Huddersfield arbeitet, hat sie sich zu einer Internet-Sensation entwickelt«, verkündete Kate Garraway auf dem Sofa in London. »Nick Dixon hat die berühmte Katze getroffen …«

Und nach dieser kurzen, knackigen Einleitung waren sie plötzlich vom Bahnhof Huddersfield aus landesweit live auf Sendung.

»Andrew, was ist das Besondere an Felix?«, fragte der Moderator.

Andrew begann zu antworten und sprach dabei, so deutlich er nur konnte. »Ich denke mal, dass sie halt eine berufstätige Katze ist … und dass sie hier in Huddersfield alle bei Laune hält – die Mitarbeiter, die Kollegen, alle bei TransPennine Express …«

Während er sprach, drückte ihm Felix mehr und mehr ihre Krallen in den Arm, als wollte sie ihn daran erinnern, dass er sie ins bestmögliche Licht zu rücken habe. *Aua!*, dachte Andrew, durfte sich den Schmerz aber nicht anmerken lassen. Er erinnerte sich nur allzu gut an das Mantra, das ihm die Fernsehleute zuvor eingeimpft hatten: *Was auch immer geschieht – auf keinen Fall fluchen …* Das war allerdings leicht gesagt, wenn Felix so fest zukrallte!

Er musste sich sehr zurückhalten, um nicht das Gesicht zu verziehen, befolgte dann aber Felix' nicht allzu subtile Anweisungen und sagte mit zusammengebissenen Zähnen: »Sie zaubert den Leuten ein Lächeln ins Gesicht!«

Damit hatte Andrew seinen Anteil an der ganzen Sache hinter sich gebracht. Felix und er blieben weiter im Bild, während Nick Dixon nun mit einer Vertreterin von *Prostate Cancer UK* sprach. Andrew streichelte weiter die Bahnhofskatze, und Felix unternahm nichts, um die Aufmerksamkeit von der Dame fortzulenken, die davon sprach, welche enorme Wirkung sie sich von den Spendengeldern erhoffte. Sämtliche Tantiemen aus dem Verkauf des Buchs würden Männern, die von Prostatakrebs betroffen waren, und ihren Familien zugutekommen, sagte sie.

Während des gesamten Beitrags, der etwa vier Minuten dauerte, verhielt sich Felix absolut mustergültig und saß professionell auf Andrews Armen, bis das Team wieder nach London zurückgeschaltet hatte und der Moderator ihnen sagte, dass die Dreharbeiten damit nun beendet seien. Fast war es, als wüsste sie, wie wichtig das hier war, und sie wartete geduldig, bis der Dreh vorbei war, ohne auch nur ein einziges Mal zu versuchen, sich aus Andrews Armen zu befreien. Nach all der Anspannung und den vielen Vorbereitungen lief alles wie am Schnürchen.

Gleiches galt für die gesamte Publicity, die Felix zu absolvieren hatte – und das war eine ganze Menge. Fotos der Glamourmieze zierten das Cover der Zeitschriften *The Lady* und *Big Issue North* – bei Letzterer so erfolgreich, dass »ihre« Ausgabe des Magazins dreimal nachgedruckt wurde, um der Nachfrage Herr zu werden. Die Straßenzeitschrift *Big Issue North* wurde ursprünglich als Reaktion auf die zunehmende Zahl von Obdachlosen im Norden Englands gegründet und ist Vorbild für viele andere Obdachlosenzeitungen in Europa; die Hälfte der Einnahmen aus dem Straßenverkauf kommt direkt der jeweiligen Verkäuferin oder dem jeweiligen Verkäufer zugute. Es war daher etwas ganz Besonderes, dass Felix auf diese Weise obdachlosen und verarmten Menschen helfen konnte, nicht zuletzt, weil die Eisenbahn oft mit Obdachlosigkeit konfrontiert ist, da Bahnhöfe zu den wenigen Orten zählen, an denen Obdachlose, wenn ihnen keine andere Möglichkeit mehr bleibt, vorübergehend Zuflucht finden können. Mark Allan schätzte, dass Felix allein mit dieser Wohltätigkeitsaktion dazu beitrug, dass etwa 12 500 Pfund gesammelt wurden.

Es gab auch allerhand Felix-Publicity im Fernsehen und im Rundfunk, und Jack Kempf speicherte jeweils Aufnahmen davon, um alles, was Felix anging, offiziell für TPE zu dokumentieren. Am Ende ihrer PR-Kampagne hatte er Dutzende derartige Dateien in seinem eigens angelegten Felix-Ordner.

Es war natürlich toll für Felix, dass ihre Biografie ein solches Medienecho auslöste, der IT-Chef der TPE aber empfand es als absolute Plage. Jack Kempf bekam ständig E-Mails von der IT-Abteilung, die ihn immer eindringlicher aufforderte: »Machen Sie *bitte* Platz auf Ihrem Laufwerk frei, indem Sie Dateien löschen!«

Doch während die Mediendateien zum Thema Felix zusehends Jack Kempfs Rechner verstopften, gelang es dank harter Arbeit, das Buch über sie bekannt zu machen. Und wie!

Am ersten Wochenende nach dem Erscheinen der Katzenbiografie las Mark Allan die *Sunday Times*. Seine Frau setzte sich zu ihm und war froh, dass er ausnahmsweise mal das Smartphone aus der Hand gelegt hatte, mit dem er sonst ständig Felix' Facebook-Seite aktualisierte (sie bemerkte gerne trocken: »Du verbringst mehr Zeit mit dieser Katze als mit mir!«).

Es wurde dann aber doch kein Felix-freier Tag. Denn als die beiden das Feuilleton durchblätterten, stießen sie dort auf die britische Bestsellerliste, in der die meistverkauften Bücher der vergangenen Woche verzeichnet waren.

Felix the Railway Cat stand ganz entspannt auf Platz drei. Der Leitenden Schädlingsbekämpferin war nun also nicht nur eine Biografie gewidmet worden, sondern dieses Buch war auch ein Bestseller.

Marks Frau klappte die Kinnlade herunter, und mit roten Wangen und voller Stolz sah sie ihren Mann an. »Schau mal, Liebling!«, sagte sie freudestrahlend. »Es steht in der *Sunday Times*-Bestsellerliste!«

Anschließend sah sie sein Engagement für Felix mit etwas anderen Augen.

Viele von Felix' Fans begnügten sich allerdings nicht mit der Lektüre des Buchs, sondern wollten auch ein von der Katze signiertes Exemplar ihr Eigen nennen. Andrew und Jack rätselten zunächst, wie Felix das anstellen sollte. Sie hatte es schließlich nicht so mit dem Schreiben, und daher mussten sie sich etwas anderes einfallen lassen. Dann kam Andrew auf eine geniale Idee: Vielleicht könnten sie einen Abdruck von ihrer Pfote nehmen und damit einen Autogrammstempel herstellen lassen! Voller Begeisterung beschaffte er ein entsprechendes Set, bei dem Felix ihre Pfote auf ein spezielles Papier drücken musste, damit daraus der Abdruck erstellt werden konnte.

Tja, es *war* eine geniale Idee … Doch wie sich herausstellte, hielt sich Felix strikt an das alte Motto »Ich unterschreibe gar nichts«. Andrew versuchte sie davon zu überzeugen, dass er ihr Vorderbein halten durfte, um so die Pfote aufs Papier drücken zu können, doch Felix wollte nichts davon wissen. Hinterher hatte er ein paar sehenswerte neue Kratzer … aber keinen Pfotenabdruck. Also alles zurück auf Anfang.

Letztlich bestellte Jack für all die Wünsche nach signierten Exemplaren einen vorgefertigten Pfotenabdruckstempel. Mark Allan musste kichern, als er ihn sah, denn der Abdruck war ungefähr so groß wie der seiner eigenen Handfläche. »Es war eher die Signatur eines Löwen als die einer Hauskatze!«, sagte er sehr belustigt. Dank seiner Größe war der Abdruck andererseits aber auch nicht zu übersehen, und tatsächlich schien sich niemand daran zu stören. Felix' Biografie hielt sich noch wochenlang auf der Bestsellerliste, und die Huddersfielder Waterstones-Filiale wurde auch weiterhin mit Anrufen und E-Mails aus aller Welt bombardiert von Leuten, die unbedingt ein Exemplar mit Pfotenabdruck ergattern wollten. Unbestätigten Gerüchten zufolge war das Buch dort der meistverkaufte Titel seit *Harry Potter!* Auf Felix' Fans hatte es jedenfalls ganz gewiss eine geradezu magische Wirkung – das bemerkte das Team des Huddersfielder Bahnhofs sofort.

Vor der Veröffentlichung des Buchs kamen zwar auch schon regelmäßig Besucher nach Huddersfield, die Felix sehen wollten, aber das geschah höchstens ein paar Mal pro Woche. Jetzt musste Angela Dunn ihren Pflichten als Hofdame *zwei oder drei Mal pro Schicht* nachkommen. Das Buch hatte ein ganz neues Publikum erreicht: Leute, die noch nie von Facebook gehört hatten, aber gerne lasen. Das prachtvolle Bild von Felix auf dem Cover hatte eine neue Generation bezaubert: Kinder verliebten sich durch das Buch in Felix und stellten nach der Lektüre fest, dass ihre Eltern ihnen die Katze auch in den sozialen Medien zeigen konnten. Ältere Damen wiederum stießen in Versandhauskatalogen oder Stadtbibliotheken auf das Buch und schlugen, da sie Katzenliebhaberinnen waren, sogleich zu. Die allgemeine Offenbarung, dass es sich dabei um ein Sachbuch handelte – dass es diese Katze tatsächlich gab und man sie *persönlich besuchen konnte* –, brachte bald Besucher in nie gesehener Zahl in den Bahnhof. Berühmt war Felix auch vorher schon gewesen, aber das hier war noch mal ein ganz anderes Niveau.

Das Team musste auch feststellen, dass es da noch eine weitere neue Entwicklung gab: Nachdem die Leute in dem Buch so viel über die einzelnen Mitarbeiterinnen und Mitarbeiter gelesen hatten, waren sie begeistert, ihnen zu begegnen. Manchmal mussten sich die TPEler dazu nicht mal auf dem Bahnhof aufhalten. Eines Tages, kurz nach Erscheinen des Buchs, ging Angie Hunte nach Feierabend noch kurz zu Tesco, und zwar in Dienstkleidung. Als sie mit ihren Einkäufen dann an die Kasse kam, begrüßte die Kassiererin sie sehr fröhlich und in vertraulichem Ton: »Hey, Angie!«

»Hallo!«, antwortete Angie überrascht. Sie verstand nicht, weshalb sie so persönlich begrüßt wurde.

»Ich hab alles über dich gelesen!«, sagte die Kassiererin mit herzlichem Lächeln und begeistertem Augenaufschlag.

Dann ging es los, dass Angie von wildfremden Leuten auf der Straße angesprochen wurde, die mit ihr über die Katze plaudern wollten.

»Wie geht's Felix, Angie?«

»Bestens. Danke der Nachfrage«, antwortete Angie stets freundlich, egal, wer ihr da aufgelauert hatte.

»Meine Freundin ist total besessen von dem Buch«, sagte dann etwa ein Mann. »Sie würde die Katze echt gern mal besuchen.«

»Tja, dann kommen Sie doch mal vorbei!«, erwiderte Angie.

»Echt? Dürfen wir?«

»Na klar!«

Angie kam es vor, als hätte Felix sie alle verzaubert, als hätte die Bahnhofskatze irgendwie mit einem Schnippen ihrer Pfote mit einem Zauberstab gewedelt – und damit ein klein wenig von ihrer Magie auf Angie und die anderen übertragen.

Für Angie – auch wenn sie es sonderbar fand, ständig erkannt zu werden – bestand aber der eigentliche Vorteil darin, dass Felix die Leute dazu gebracht hatte, die Belegschaft des Bahnhofs von ihrer menschlichen Seite zu sehen. Das war nicht unwichtig, denn leider bekam das Bahnpersonal bei Verspätungen nur allzu oft einen Großteil der Frustration der Kundschaft ab, und viele ihrer Kolleginnen und Kollegen waren wegen so etwas bereits rüde beschimpft, bespuckt oder sogar körperlich angegriffen worden. Das Buch über Felix erinnerte die Leute daran, dass Eisenbahner auch nur Menschen waren, und zwar gute Menschen, die sich bemühten, ihr Bestes zu geben, und die, während sie der Kundschaft halfen, auch mit ihren eigenen Sorgen und Nöten zu kämpfen hatten.

Bei Angie war es beispielsweise ihre – auch im Buch erwähnte – Trauer um Billy Bolt. Und nun teilten ihr viele Leserinnen und Leser mit, dass es ihnen, als Billy im Buch starb, auch nahegegangen sei; manche hatten sogar geweint. Und so war es, während auf dem Bahnhof weiterhin um ihn getrauert wurde, zugleich schön zu wissen, dass er durch das Buch in gewisser Weise weiterlebte. Angie legte stets Wert darauf, all jenen Besuchern Billys Bank zu zeigen, die auf Bahnsteig 4 stand, im Anschluss gingen sie dann hinüber und lasen das goldfarbene Gedenkschild und standen andächtig ein paar Minuten lang davor. Und bei dem Gedanken, was Billy davon gehalten hätte, neuerdings von all diesen Leuten, die ihn gar nicht gekannt hatten, betrauert zu werden, konnte Angie sich ein Lächeln nicht verkneifen.

»Jetzt macht mal halblang!«, hätte er gesagt, dachte sie und hörte seine schroffe, unsentimentale Stimme so laut im Geiste, als stünde er neben ihr. »Was soll denn das ganze Theater!«

Was Felix anging, so nahm das Theater um sie wirklich erstaunliche Formen an. Wenn sie auf einem Patrouillengang von einem ihrer Fans entdeckt wurde, war der Teufel los. Der Fan lief überglücklich zu ihr, machte Fotos und streichelte sie. Und seine Begeisterung sorgte dafür, dass sich alle anderen Pendler auf dem jeweiligen Bahnsteig zu ihm umsahen.

»Was ist denn da los?«, fragten sie neugierig.

Und dann entdeckten *sie* die Katze, die aufgrund ihrer Berühmtheit nicht mehr unerkannt bleiben konnte. Und sofort zückten sie alle ihre Kameras und riefen ihr irgendwas zu.

Wenn sich herumsprach, dass die Bahnhofskatze draußen unterwegs war, war es, als würde die Sonne hinter einer grauen Wolke hervorlugen und die Gesichter aller Anwesenden erhellen. Leute, die eben noch muffig dreingeschaut hatten, fingen an zu lächeln und beeilten sich, ihre Begegnung mit Queen Felix fotografisch oder filmisch festzuhalten. Manche machten einen Knicks vor ihr, wenn sie sie trafen; andere wurden mit einem Mal sehr gesprächig. Ein vierjähriges Mädchen in lila Daunenjacke und pinker Hose hockte sich eines Nachmittags frohgemut neben Felix auf den Bahnsteig und erzählte ihr *alles* über ihre neuen Schuhe, die rosa-türkis und mit lächelnden Cartoonkatzen bedruckt waren. Andere brachen, wenn sie sie trafen, in Tränen aus, weil ihnen diese ganz besondere Katze inzwischen so viel bedeutete und sie gar nicht glauben konnten, dass sie sie nun tatsächlich streicheln durften.

Obwohl es eigentlich etwas Beängstigendes für sie haben musste, hielt Felix Hof, als hätte sie geradezu ein Anrecht auf die ihr entgegengebrachte Aufmerksamkeit und die von Herzen kommenden Gefühlsäußerungen. Sie hielt den Schwanz stolz emporgereckt, und seine kleine weiße Spitze zeigte wie das Schild einer Reiseleiterin an, wohin die Leute strömen sollten. Wo auch immer sie sich zeigte, sorgte sie für Aufregung: Wenn sie beispielsweise gegenüber den Fahrkartenschaltern einmal quer durch die Bahnhofshalle schlenderte, seufzten alle, die dort anstanden, versonnen. Und das Bedürfnis, Felix zu fotografieren, war so übermächtig, dass manche dafür ihren Platz in der Warteschlange aufgaben und sich hinterher neu anstellen mussten. Doch jedes halbherzige Jammern deswegen verstummte, sobald sie in ihr Smartphone schauten und dort ihre filmisch verewigte flauschige Freundin erblickten.

Wenn Felix draußen über die Bahnsteige schlenderte, gingen manche Leute ihr doch tatsächlich hinterher und knipsten dabei vor sich hin. In solchen Momenten stolzierte sie, als wäre der Bahnsteig ein Laufsteg bei einer Modenschau und sie ein Model, das die neuesten Trends präsentierte. Sie schwenkte fröhlich den Hintern hin und her, und ihre weißen Pfoten schritten in perfektem Timing, damit die Zuschauer den prachtvollen Auftritt der Glamourmieze gut in den Kasten bekamen. Ja, sie war eine richtige kleine Poserin – hielt sie doch in professioneller Haltung still, während ein Mann, der einen violetten Kopfhörer trug, sein Handy ausrichtete, um ein Porträt von ihr zu knipsen, und bewegte sich erst wieder, als er fertig damit war.

Als wäre sie sich des Trubels, den sie auslöste, bewusst, blieb der ehemalige Auskunftsschalter Felix' Lieblingsort für Begegnungen, befand er sich doch ein wenig abseits, sodass sie dort den Betrieb des Bahnhofs nicht aufhielt. Es war ein Ort, an dem sich Felix ausgesprochen wohlfühlte. Von dort aus konnte sie hören, was hinten im Bürobereich vor sich ging – zuschlagende Türen, Gelächter und hin und wieder das energische Klacken eines Heftklammergeräts –, zugleich aber auch die Vorgänge auf dem Bahnsteig im Blick behalten. Gern hielt sie das Gesicht in den Wind, der ihr manchmal die weißen Schnurrhaare nach hinten wehte, und genoss die Brise, die ihr durchs Fell strich. Es wirkte fast wie ein natürlicher Föhn, der sie für ihren nächsten Celebrity-Auftritt stylte.

Doch Felix war nicht immer bereit, ihre Fans zu treffen. Es kamen inzwischen fast täglich so viele, dass die Bahnhofskatze schließlich unvermeidlicherweise die Geduld verlor – wofür ihre Fans nicht immer Verständnis aufbrachten. Manchmal posierte Felix dann bereitwillig eine Zeit lang, nur um sich, wenn ihr Freiheitsdrang sich meldete, plötzlich aus dem Staub zu machen. Einige Fans folgten ihr dann jedoch und gingen dabei gebückt, um sie weiter streicheln zu können. Andere verfielen in den Rückwärtsgang und schossen sie wie ein Rudel Paparazzi mit ihren Kameras ab.

Eines Nachmittags wurde Felix von einer größeren Gruppe aufgekratzter junger Männer umstellt. Ihre lauten Stimmen hallten im Bahnhof wider, während sie teure Kameras auspackten, um die Bahnhofskatze zu knipsen. Bei ihren lautstarken Rufen riss Felix verängstigt die Augen auf.

Glücklicherweise kam gerade in diesem Moment einer ihrer Kollegen vorbei. Er öffnete die Tür zum Bürobereich, und Felix nutzte die Gelegenheit und flitzte ihm hinterher. Dann fiel die Tür hinter den beiden ins Schloss.

»Scheiße!«, schrie einer der jungen Männer, als die Katze aus dem Sichtfeld verschwand.

Für Angie Hunte, Angela Dunn und die anderen Mitglieder des Bahnhofsteams stand Felix' Wohlergehen an erster Stelle. Das war, als nun so viele Leute kamen, um sie zu sehen, wichtiger denn je. Sie lernten bald, Felix zu »deuten«, und wussten dann, ob sie in der Stimmung war, Fans zu treffen, oder nicht. Wenn sie gerade in der Damenumkleide ein Nickerchen hielt und irgendwelche Fans vorbeikamen – »Spielt Felix gerade draußen?«, fragte ein kleines Mädchen einmal –, klopfte Angie Hunte respektvoll an die Tür, ehe sie eintrat, um zu sehen, ob die Katze abkömmlich war. Felix war immer noch Angies kleines Mädchen, und daher behandelte sie die Katze mit der gleichen Fürsorglichkeit, die sie auch einem eigenen Kind entgegenbringen würde, das es aus einem Nickerchen zu wecken galt.

»Felix«, rief sie leise und öffnete langsam die Tür, um die Katze nicht zu erschrecken. »Da ist jemand, der dich sehen will …«

Manchmal war Felix gern bereit, die Wunschträume ihrer Fans zu erfüllen, und kam bereitwillig heraus, um Hallo zu sagen. Bei anderen Gelegenheiten war ihr das alles zu viel, zumal wenn sie an dem jeweiligen Tag schon Besuch bekommen hatte. Dann fixierte sie Angie mit einem eindringlichen, kompromisslosen Blick, der klar besagte: »Wage es bloß nicht, mich zu stören.« Ein einziger Schritt in ihre Richtung entlockte ihr dann ein Knurren aus tiefster Kehle, woraufhin Angie wusste, dass sie nun den Rückzug anzutreten und die schlechte Nachricht zu überbringen hatte. Die tränenfeuchten enttäuschten Blicke waren schwer zu ertragen, besonders, wenn es sich um Kinder handelte oder die Besucher eine weite Anreise auf sich genommen hatten, aber für das Team ging Felix nun mal vor.

Angie lernte zudem, Felix' Stimmungen auch dann zu deuten, wenn die Katze draußen unterwegs war. Hatte sie sich auf einer der Metallbänke auf den Bahnsteigen niedergelassen, dann *wollte* sie Aufmerksamkeit und bat gelegentlich sogar mit Stupsern ihres flauschigen schwarzen Kopfs darum, gestreichelt zu werden. Saß sie auf dem Pult des ehemaligen Auskunftsschalters oder auf dem grau gestreiften Teppichboden in der Lobby, dann war sie in entspannter Stimmung und hatte im Allgemeinen nichts dagegen, wenn sich ihr jemand näherte. Hielt sie sich bei den Fahrradständern auf, dann wollte sie normalerweise in Ruhe gelassen werden. Das war »ihr« Ort und »ihre« Zeit, und wenn man sie dort störte, reagierte sie nicht immer gnädig.

Die unterschiedlichsten Leute kamen sie auf dem Bahnhof besuchen: Männer und Frauen, Senioren und Kinder, Einheimische und Reisende. Für den Gruppenleiter David Jackson gab es jedoch einen – oder sollte man eher sagen: vier? – Besucher, den oder die er nie vergessen würde.

Es geschah an einem jener Frühlingstage, die schon den nahenden Sommer erahnen lassen. David befand sich an diesem Nachmittag auf den Bahnsteigen, als er recht aufdringlich von einer Dame in kurzärmliger Bluse angesprochen wurde. Sie trug an beiden Schultern je einen Stoffbeutel und versprühte eine enorme Energie, als platze sie geradezu vor Aufregung.

»Ich bin gekommen, um Felix zu besuchen!«, verkündete sie ohne Umschweife.

Das war eine Aussage, die David – wie alle anderen Mitglieder des Huddersfielder Bahnhofsteams – während dieser Schicht schon mehrfach gehört hatte. Er wusste bereits, dass Felix irgendwo auf Patrouillengang war, und brachte das der Dame gegenüber entschuldigend zum Ausdruck. »Es tut mir leid, aber Felix ist irgendwo unterwegs, und wir wissen nicht, wo sie gerade steckt.«

»Aber …«, erwiderte die Frau, als ginge diese Antwort über ihren Verstand. »Aber ich habe meine Katzen mitgebracht! Die wollen sie besuchen!«

Auf diese erstaunliche Aussage hin schaute sich David die beiden Beutel, die sie trug, etwas genauer an. Sie bewegten sich tatsächlich, als wären in jedem mehrere kleine Tiere …

»Äh, wie viele Katzen haben Sie denn dabei?«, fragte er unsicher.

»Vier!«, erwiderte die Frau begeistert. »Schau'n Sie mal, dieser Kleine hier sieht genauso aus wie Felix, darum musste ich ihn mitbringen!«

Sie hielt David einen der Beutel hin, und leicht beklommen spähte er hinein. Darin saß ein kleines schwarz-weißes Kätzchen, das tatsächlich eine deutliche Ähnlichkeit mit Felix aufwies. Seine Beine waren mit denen seines Nachbarn verschlungen, mit dem es um Platz in dem Beutel rang; das zweite Kätzchen war weiß-getigert.

Zu Davids Erstaunen schien es beide überhaupt nicht zu stören, dass sie auf diese Art und Weise herumgetragen wurden. Sie blinzelten, als er sie betrachtete, nur träge zu ihm hoch; es war eindeutig nicht ihr erster derartiger Ausflug. Zwar schaute er nicht in den zweiten Beutel, aber anhand dessen Bewegungen war ersichtlich, dass sich auch darin zwei miteinander verschlungene Kätzchen befanden. Sie seien mit dem Bus angereist, sagte die Dame.

»Es tut mir wirklich sehr leid«, sagte David noch mal. »Aber ob mit oder ohne Katzen – Felix ist einfach nicht da.«

Weiß der Himmel, was sie von diesen Katzenfans gehalten hätte!

Spiel und Spaß

Am 17. Mai 2017 kam Angela Dunn mit einer schönen Leichtigkeit im Herzen zur Arbeit. Es war ein ganz besonderer Tag: Felix wurde heute sechs Jahre alt.

Seit Tagen schon trafen Geschenke und Karten für die Bahnhofskatze von ihren vielen Bewunderern ein. Als Felix' Hofdame bestand Angelas erste Aufgabe an diesem Tag darin, all diese Geschenke zusammenzutragen und zu öffnen. Wenn jemand einen frankierten und adressierten Rückumschlag mit der Bitte um eine Antwort beigelegt hatte, war es an Angela, Felix beim »Schreiben« dieser Antwort »behilflich zu sein« – wie die englische Königin derlei Dinge ja auch ihren Privatsekretärinnen überließ. Angela hatte vor, sämtliche Geburtstagskarten so in dem Büro hinter den Fahrkartenschaltern aufzuhängen, dass die Kunden sie sehen konnten.

Nachdem sie Felix herzlich gratuliert hatte – die Katze hatte offenbar beschlossen, ihren sechsten Geburtstag komplett zu verschlafen –, wandte sich Angela den Geschenken zu. *Meine Güte*, dachte sie, als sie all die Päckchen und Kuverts betrachtete. *Was ist sie doch für eine beliebte Mieze!* Unverdrossen lud sie sich beide Arme damit voll und machte sich auf den Weg zum Büro hinter den Fahrkartenschaltern, wo sie das alles öffnen wollte.

In diesem Augenblick trat Gruppenleiter Geoff aus seinem Büro auf den Korridor hinaus, und Angela wäre fast mit ihm zusammengeprallt.

»Oh, entschuldige!«, sagte sie. »Mit diesem ganzen Zeug hier auf meinen Armen hab ich dich gar nicht gesehen.«

»Was ist denn das überhaupt?«, fragte er in seinem üblichen schroffen Ton.

»Das sind Felix' Geburtstagskarten!«, sagte Angela voller Stolz. »Und schau mal, diese ganzen Geschenke! Ist es nicht schön für Felix, dass …«

Doch dann verstummte sie. Geoff war zwar für seine strenge Art bekannt, aber den finsteren Blick, den er nun aufsetzte, hatte sie noch nie bei ihm gesehen.

»Jetzt hab ich aber wirklich die Faxen dicke«, sagte er höchst gereizt. »Ständig stiehlt einem diese verdammte Katze die Show.«

Angela runzelte verwirrt die Stirn. »Was meinst du damit?«, fragte sie. Sie verstand überhaupt nicht, warum er so sauer war. Es war ja allgemein bekannt, dass Geoff und Felix eine Hassliebe verband: So verjagte Geoff die Katze beispielsweise, wenn er Dienst hatte, oft aus dem Büro, indem er sie ansah und »Raus!« brüllte. Auf diesen Befehl hin hüpfte Felix dann hocherfreut und mit verspielten Bewegungen hinaus, denn dies war ein Spielchen, das sie schon seit Jahren mit Geoff trieb. Die Katze schien das Geplänkel zwischen ihnen zu genießen: Er brüllte, und sie hüpfte von dannen. Bloß dass sie immer wiederkam. Geoffs heutige Klage hatte aber so gar nichts Spielerisches an sich.

»Ich habe heute auch Geburtstag!«, rief er plötzlich und unerwartet aus. »Die Katze hat mir meinen Geburtstag geklaut!«

Angelas Lippen bildeten ein stummes »O«. Zwar wurden bei der Huddersfielder Belegschaft die runden Geburtstage gefeiert – wenn jemand beispielsweise dreißig, vierzig oder fünfzig wurde –, doch Geoff hatte, seit er dort angefangen hatte, noch keinen gehabt, weshalb das Team gar nicht wusste, wann sein Geburtstag war.

»Ich hatte den zuerst!«, fuhr er unwirsch und nur halb im Scherz fort. »Wer ist denn überhaupt auf die Idee gekommen, diesen Tag zu ihrem Geburtstag zu erklären? Das wüsste ich gerne mal! Ich will Beweise sehen! Ich halte das nämlich für ausgemachten Quatsch. Ich glaube, jemand hat sich das Datum ausgedacht. Sie hat meinen Geburtstag geklaut! Jetzt reicht's! Diese verdammte Katze …«

Und damit ließ Geoff, immer noch sehr ungehalten, die Tür zum Bürobereich hinter sich zuknallen.

Oje, dachte Angela. Sie hatte ein schlechtes Gewissen – das noch schlechter wurde, als sie nun eine Karte nach der anderen für Felix öffnete und in dem ganzen Postberg keine einzige für Geoff dabei war. Doch trotz seiner Worte war Felix' Geburtsdatum geradezu in Stein gemeißelt, denn Chris Briscoe, ihr »Katzenopa«, wusste ganz genau, wann seine geliebte Katzendame Lexi die kleine Felix zur Welt gebracht hatte. Geoff hatte diesen Geburtstag zweifellos zuerst gehabt, aber er würde lernen müssen, ihn zu teilen …

Felix bekam zwar keine Geburtstagsfeier, aber der jüngere Teil der Huddersfielder Belegschaft fand, dass an diesem Tag Spiel und Spaß angesagt waren. Ihrer Meinung nach war das mit das Beste daran, wenn man eine Bahnhofskatze hatte: die Spielchen, die man während der Dienstzeit mit ihr spielen konnte.

Und divenhaft, wie Felix war, war sie sehr wählerisch, zu welchen Spielchen sie sich herabließ. Gruppenleiter Dan war ein wenig enttäuscht, als er feststellte, dass sie nicht für jedes Spielzeug zu haben war. Nein, sie hatte einen anspruchsvollen Geschmack. Als er noch neu auf dem Bahnhof war, hatte er es gelegentlich damit versucht, einen kleinen Ball durch den langen Korridor im Bürobereich zu werfen, um zu sehen, ob sie ihm vielleicht nachjagen würde, aber das hatte sie nur ganz selten mal getan.

Normalerweise sah sie dem Ball mit ausdrucksloser Miene hinterher, als könnte sie das alles nicht im Mindesten begeistern, und blickte dann gelangweilt zu Dan hoch, als wollte sie voller Hohn sagen: »Was war das denn? Was glaubst du eigentlich, wer ich bin, Dan? Ein *Hund?*«

Damit aber überspielte Felix lediglich, dass sie nicht immer so gewesen war. Als kleines Kätzchen war sie sehr gern ihrem braunen Schmusebären nachgejagt, wenn er für sie durch den Korridor geworfen wurde. Inzwischen aber war Felix erwachsen geworden und hatte diesen »Kinderkram« hinter sich gelassen. Dan und die anderen mussten sich etwas anderes einfallen lassen, wenn sie wirklich ihre Aufmerksamkeit wecken wollten.

Und das taten sie. In diesem Frühjahr brachte Dan ihr das beliebteste Spiel des Landes bei: Fußball. Also, nicht Fußball allgemein … Es war eher so eine Art Torwarttraining …

Es war reiner Zufall, dass Dan ihre Goalie-Begabung entdeckte. Während einer Nachtschicht hielten Felix und er sich eines späten Abends beide in der Bahnhofshalle auf: Dan stand in der Nähe der Fahrkartenschalter an einem Computer, und Felix befand sich am anderen Ende der Halle, gut zehn Meter entfernt, in der Nähe ihrer Katzenklappe. Wie es vor ihm schon Mark Allan und anderen ergangen war, stellte Dan fest, dass er ein Päckchen Katzenleckerli in der Tasche hatte (Felix sorgte lustigerweise dafür, dass dies bei ihren Lieblingsmenschen bald zur Standardausstattung gehörte …). Zwar bat die Belegschaft Felix' Fans, sie nicht zu füttern, ihnen selbst aber war es gestattet, der Katze gelegentlich einen kleinen Bissen zukommen zu lassen. Und nachdem er an diesem Abend das Päckchen in seiner Tasche entdeckt hatte, kam Dan auf die Idee, ihr ein Leckerli zuzuwerfen.

»Felix!«, rief er.

Sie riss sofort den Kopf herum, begierig zu sehen, was ihr Freund wollte.

Sogleich ließ Dan das Leckerli in hohem Tempo über den Fliesenboden der Bahnhofshalle auf sie zugleiten. Felix flitzte augenblicklich los, den »Ball« fest im Blick. Energisch schlitterte sie auf den glatten Fliesen dem Leckerli entgegen und fing es dann zwischen den heldenhaft ausgestreckten Vorderpfoten. An dieser Torhüterin kam nichts vorbei.

Was für eine spektakuläre Action-Szene! Hätte es einen Ball aus Dreamies gegeben, hätte sie durchaus auch für England im Tor stehen können. Nach kurzer Pause versuchte Dan es erneut, und beeindruckenderweise hielt Felix auch diesmal ihren Kasten sauber. Tagsüber hätten sie das nicht machen können – Felix wäre irgendwann unter der Aktentasche eines Geschäftsmanns durchgeschlittert und hätte ihn zum Stolpern gebracht –, aber wenn Dan Nachtschicht hatte, veranstaltete er mit Felix nun gelegentlich ein kleines Elfmeterschießen, das sie jedes, aber auch wirklich jedes Mal gewann.

Ihr Können beschränkte sich in jenem Frühjahr aber nicht nur auf Fußball. Eines bewölkten Nachmittags rief Sara auf dem Bahnsteig: »Felix! Fang!« Die langen blonden Haare fielen ihr über die Schultern, während sie zu der Bahnhofskatze hinabblickte.

Und Felix machte daraufhin doch tatsächlich Männchen, wie ein bettelnder Hund in einer Zirkusvorstellung. Sie hatte ja vielleicht keine Lust gehabt, für Dan irgendwelchen Bällen im Korridor nachzujagen, aber wenn Leckerli im Spiel waren – wie das in Saras ausgestreckter Hand –, war Felix zu jeder Schandtat bereit.

Die grünen Augen der Katze fixierten den kleinen Leckerbissen, den Sara ihr zum Fangen hinhielt. Und nur Sekundenbruchteile nachdem Sara ihn losgelassen hatte, fing Felix ihn ungemein geschickt zwischen den Vorderpfoten auf. Es schien, als stünde ihr nicht nur auf dem Fußballplatz eine große Karriere bevor, sondern auch auf dem Kricketfeld. Dankbar schlang Felix das Leckerli herunter und guckte dann wieder zu Sara hoch, in der Hoffnung auf Nachschub …

Ein Stückchen entfernt von dieser Szene stand Saras Kollege Karl. Lächelnd beobachtete er nicht nur das Spielchen, sondern auch die Zuneigung seiner Freundin zu ihrer gemeinsamen Katzenkollegin. *Sara hat so viel Liebe zu geben,* dachte er. Nachdem Felix auch ein zweites Leckerli geschickt gefangen hatte, tauschten Karl und Sara über den Kopf der Katze hinweg ein Lächeln, wie Geschwister, die sich an einem altvertrauten Scherz erfreuen.

Aus einiger Entfernung sah ihnen auch Gruppenleiter Dan zu und kam dann auf einen kleinen Plausch zu ihnen. Er war selbst auch ein ziemlicher Scherzkeks – der allerdings, womit Sara ihn gerne neckte, auf »Sparwitze« spezialisiert war –, und es dauerte nicht lange, bis die drei über irgendeine Aktion von Felix kicherten. Dan bückte sich und streichelte sie, und die Katze streckte den Kopf liebevoll seiner Hand entgegen.

Sara sah den beiden leicht verlegen und immer noch lächelnd dabei zu. Sie fand es sehr süß, wie Dan und Felix miteinander umgingen – ob sie nun kuschelten oder in der Bahnhofshalle ein kleines Elfmeterschießen veranstalteten. Nicht alle Männer aus der Bahnhofsbelegschaft mochten die Katze, Dan aber schämte sich nicht zu zeigen, wie gern er sie hatte. An seinen Streicheleinheiten mit der berühmten Felix erkannte Sara, was für ein liebevoller und gutherziger Mensch er war. Wie um ihr zuzustimmen, schnurrte Felix laut los, als Dan sie hinter den Ohren kraulte.

In diesem Moment meldete sich das Funkgerät des Gruppenleiters. »Hier Basis. Kommen«, sprach er hinein und ging dann den Bahnsteig hinab, um sich wieder seinem Dienst zu widmen, wobei er sich mit einem Winken von seinen beiden Freunden verabschiedete.

Sara sah ihm wortlos nach. Und sie beobachtete Dan noch immer, als Karl an ihre Seite trat und nicht allzu verstohlen hüstelte.

»Netter Kerl, nicht wahr?«, meinte er in wissendem Ton.

Sara wurde ein wenig rot. »Er ist ganz in Ordnung«, sagte sie in dem Wissen, dass sie weiter nichts sagen musste. Karl und sie hatten keine Geheimnisse voreinander.

Karl stupste sie mit dem Ellbogen an. »›Ganz in Ordnung‹, ja?«, neckte er sie. »Na, wie du meinst, Prinzessin.«

Dieser kleine Keim der Liebe in Saras Herzen war nicht das Einzige, was in diesem Frühjahr auf dem Bahnhof zu sprießen begann. Auch Felix' Multiplattform-Medienkarriere trieb neue Blüten – denn Mark Allan, der stets auf der Suche nach Ideen war, mit denen er Felix' Facebook-Seite aufpeppen konnte, fing nun an, Felix' Possen via *Facebook Live* in die Welt hinauszusenden.

Er hatte sich schon eine ganze Zeit lang gefragt, was auf Facebook die Taste mit der Beschriftung »Liveübertragung starten« wohl bewirken mochte, und daher entschied er sich eines Morgens, als er um 6.30 Uhr in Felix' Gesellschaft auf dem Bahnsteig auf seinen Zug wartete, es einfach mal zu probieren. Was sollte schon Schlimmes passieren?

Berühmte letzte Worte. Als Mark die Taste betätigte, bestand das erste erschreckende Ereignis darin, dass er sein eigenes Gesicht auf dem Handybildschirm sah. Wie sich herausstellte, war seine Handykamera bei *Facebook Live* standardmäßig auf den Selfie-Modus eingestellt! Statt Hunderten Menschen in aller Welt eine hübsche Miezekatze zu zeigen, sahen Felix' Fans nun seine Visage! Augenblicklich wich er vor der Kamera zurück und richtete sie stattdessen auf Felix, die geduldig neben ihm saß und sich bereitwillig in einer Nahaufnahme filmen ließ.

Bei diesem ersten Video nahm er sie dabei auf, wie sie einem Leckerli nachjagte, und obwohl der Film recht schlicht gehalten war, kam er doch glänzend an. Da es eine Liveübertragung war, konnten ihre Fans in Echtzeit mit ihr interagieren, und Mark fiel auf, dass besonders ihre internationalen Fans – für die es gerade nicht morgens um halb sieben war – begeistert davon waren. »Grüße aus Sydney!«, schrieb jemand, »Hallo aus Oregon!« ein anderer, und ein dritter meldete: »Gehe hier in Utah gerade schlafen. Gute Nacht, Felix!« Eine Flut von Herzen und Likes strömte über den Bildschirm, so schnell, dass Mark gar nicht mitkam.

Anschließend drehten Felix und Mark oft Livevideos, während er morgens auf seinen Zug wartete. Für den freundlichen und zuvorkommenden Berufspendler gab es dabei allerhand zu lernen. Einmal fuhr während so einer »Sendung« sein Zug ein, als er noch am Drehen war. Er musste sich beeilen, um ihn noch zu erwischen, und vergaß dabei ganz, auf »Stop« zu drücken, wodurch Felix' weltweite Fangemeinde zu dem zweifelhaften Vergnügen kam, die Hosenbeine von Marks Mitreisenden betrachten zu dürfen. Er hatte sich in den voll besetzten Zug gedrängt und war nach Manchester losgefahren, ohne zu bemerken, dass über vierhundert Felix-Fans in aller Welt immer noch live zuschauten! Ein andermal war er gerade damit beschäftigt, einen ankommenden Zug zu filmen, als Felix plötzlich beschloss, auf das Gleisbett hinabzuspringen.

Was mache ich jetzt?, fragte er sich panisch. Felix war in Sicherheit, und er wusste, dass sie dem einfahrenden Zug rechtzeitig aus dem Weg gehen würde, machte sich aber Sorgen, wie diese Sperenzchen auf ihre Zuschauer wirken mochten. Daher beendete er, nachdem Felix von der Bahnsteigkante in den Abgrund gehechtet war, abrupt die Liveübertragung.

Ihre Fans hatten natürlich keine Ahnung, was mit ihrem Lieblingskätzchen geschehen war. Hatte der Zug, den sie hatten nahen sehen, die Katze etwa erfasst? Hatte Mark deshalb die Livesendung abgebrochen – weil es zu einem schrecklichen, tragischen Unfall gekommen war? Die Vorstellung war unerträglich – aber sie mussten es wissen. Felix' Facebook-Seite wurde mit Nachrichten von besorgten Fans geradezu überschwemmt.

»Mir geht's prima!«, schrieb Mark in ihrem Namen, als er die allgemeine Besorgnis bemerkte. »Ich musste bloß ein paar Tauben verscheuchen!«

Es war einfach bezaubernd, welche Liebe ihre Facebook-Fans Felix entgegenbrachten. Mark gab sich große Mühe, ihre Facebook-Seite zu einem Hort der Herzlichkeit und des Wohlwollens zu machen, und die Fans bemühten sich gleichermaßen darum. Die Leute besuchten die Seite, um zum Lachen oder Lächeln gebracht zu werden – und zusehends auch, um mit ihren Mitfans zu plaudern. Bald entstand zwischen den »Freunden der Flauschigen« *(Friends of the Floof)* ein richtiges Gemeinschaftsgefühl. Sie hatten ihre eigenen liebevollen Wortschöpfungen *(flooftastic, pawsome, Huddersfloof Station …)* und regelmäßige Traditionen wie die »Kneipenstunde« *(Pub o'clock),* immer freitagnachmittags um 16 Uhr, mit der Felix offiziell den Beginn des Wochenendes einläutete. Im Internet ging es allzu oft nur noch kämpferisch und wütend zu, wobei immer öfter Trolle den Ton angaben, aber Felix' Facebook-Seite war, wie Fan Barbara Blackie es ausdrückte, »ein freundliches, heiteres, spaßiges Licht in der Dunkelheit«; und diese liebevolle Fangemeinde stellte bald fest, dass die Verehrung von Queen Felix auch allerhand andere Möglichkeiten eröffnete. Kreuz und quer durchs Netz entstanden neue Freundschaften und fanden Menschen Trost, alles dank der Katze Felix.

Felix brachte Freude ins Leben der Leute. Sie unterhielt sie. Sie entlockte ihnen ein Lächeln – selbst in ihren dunkelsten Zeiten. Leute schrieben Felix, sie habe ihnen geholfen, ihre Brustkrebstherapie zu überstehen, oder ihnen, als sie mit einer Depression zu kämpfen hatten, das Gefühl gegeben, das Leben sei doch lebenswert. »Ich bin manchmal total down«, vertraute ihr die Felix-Freundin Jennifer Adele Berry an, »bin deprimiert, leide an Ängsten und Panikattacken, erzähle das aber eigentlich niemandem, weil die Leute dann immer nur so

Sachen sagen wie ›Kopf hoch, es ist doch alles gar nicht so schlimm‹. Ich bin froh und dankbar, am Leben zu sein, aber manchmal möchte ich einfach nur die Tür zumachen und die Vorhänge zuziehen. Wenn ich dann aber deine Geschichten mitbekomme und dein hübsches Gesicht sehe, bringt mich das aus tiefstem Herzen zum Lächeln.«

Alyson Meadowcroft indes stellte fest, dass Felix ihr enorm geholfen hatte, nachdem ihr geliebter Mann auf tragische Weise ums Leben gekommen war. »An den Tagen, an denen die Trauer am schlimmsten ist«, schrieb sie, »richtet Felix mich wieder auf.«

Es war wirklich bemerkenswert, über welche Heilkräfte Felix selbst durch einen Bildschirm hindurch verfügte. Sie rührte auf der ganzen Welt an die Herzen der Menschen. Sie machte Tausende glücklich. Manchen kam es so vor, als hätten sie, indem sie online an Felix' Leben teilnahmen und ihre Irrungen und Wirrungen verfolgten, indirekt selbst eine Katze; und so hatte Felix rund um den Globus viele »Tanten«. Sie gehörte, schlicht gesagt, bei diesen Leuten zur Familie – und umgekehrt.

Und da sich so tiefe Gefühle auf Felix richteten, kamen auch weiterhin Fans, um sie persönlich zu treffen …

Eines Nachmittags im Sommer 2017 meldete sich Angie Huntes Funkgerät.

»Hier Basis. Kommen«, antwortete sie.

»Angie, hier ist jemand, der Felix besuchen möchte.«

»Kein Problem«, erwiderte sie. »Komme sofort.«

Vorsichtig klopfte sie an die Tür der Damenumkleide. »Felix …«, rief sie mit sanfter Stimme. »Du hast Besuch …«

Doch als Angie auf Zehenspitzen den Raum betrat, stellte sie fest, dass Felix gar nicht da war.

Macht nichts, dachte sie. *Schaue ich halt mal an ein paar anderen Lieblingsorten von ihr nach.*

Felix hatte die Angewohnheit, überallhin vorzudringen. Zwar stand für sie im Duschraum der Damenumkleide ein Katzenbett bereit, dies nutzte sie aber nur selten und zog sich für ihre Nickerchen lieber an andere gemütliche Stellen zurück. Manchmal fand man sie im ehemaligen Ansagerbüro, wo die Schaffner immer noch ihre Eingangskörbe hatten; und manchmal schlich sie sich auch ins ehemalige Fundbüro, auf dessen Regalen nun Wartungsprotokollbücher lagerten und Mobilgeräte der Schaffner blau blinkend ihre Akkus aufluden.

»Felix!«, rief Angie, als sie dort den Kopf zur Tür hineinsteckte. Dann suchte sie in dem Raum die Regale ab, auch die obersten Regalböden, auf denen einige schwarze Schaffnertaschen lagen. Einmal, als Angie schon geglaubt hatte, sie würde Felix nie mehr finden, hatte sich die Katze dort oben auf einer dieser Taschen zusammengerollt. Sie lag so hoch und war so gut getarnt – ihr schwarzes Fell und die schwarze Tasche waren von unten nicht zu unterscheiden –, dass Angie sie ewig nicht entdeckte. Es waren dann ihre Ohren, die Felix verrieten. Sie stellten sich wie stets auf, als sie Angie rufen hörte, und die minimale Bewegung der über der Tasche hervorlugenden Ohrenspitzen zeigte Angie, wo sich ihr kleines Mädchen versteckt hatte.

Doch selbst dort war sie an diesem Tag nicht zu finden.

»Ach du meine Güte«, murmelte Angie vor sich hin. »Wo steckt sie bloß?«

Sie ging auf den Bahnsteig hinaus, um Felix' Besuch zu begrüßen. Es handelte sich um eine zurückhaltende ältere Dame mit kurzem Haar. Zögernd fragte sie Angie, ob sie eventuell die Katze sehen dürfe.

»Ich habe ihr etwas mitgebracht«, erklärte sie und zeigte Angie zwei weiße Tischtennisbälle. Wie sich herausstellte, hatte die Dame, die aus Südengland kam, an einem Tischtennisturnier der Universität Huddersfield teilgenommen und brachte nun zwei der Bälle, die dabei zum Einsatz gekommen waren, Felix als Geschenk, damit sie damit spielen konnte.

»Also, drinnen ist sie nicht«, sagte Angie zu ihr. »Aber ich werde mal schauen, ob ich sie nicht hier draußen irgendwo finde.«

Angie hatte auf dem Weg zu der Dame bereits in dem kleinen Vorraum nachgesehen und überprüfte nun auch die Fahrradständer und die Bänke – jedoch ohne Erfolg. Felix schien wirklich nicht da zu sein. Angie schaute buchstäblich überall, konnte die Katze aber nicht entdecken. Sie fragte Chris Bamford, der gerade draußen unterwegs war, aber er hatte sie auch nicht gesehen.

»Felix!«, rief Angie zusehends verzweifelt, aber die Bahnhofskatze ließ sich einfach nicht blicken.

Da unterbrach eine Durchsage den Bahnhofsbetrieb. Zu Wort meldete sich Andy Yarwood, ein TPE-Kollege, der auf Bahnsteig 1 tätig war.

»Vorsicht an Gleis 1, ein Zug fährt ein!«, intonierte er mit seiner tiefen Stimme und nutzte dabei sein tragbares Mikrofon. Zwar war das Ansagesystem inzwischen vollständig automatisiert, doch hatte das Team aus Sicherheitsgründen auch weiterhin die Möglichkeit, mit einem mobilen Gerät Durchsagen zu machen, wenn die Situation es erforderte – und dieses Gerät nutzte Andy nun. »Treten Sie bitte hinter die gelbe Linie zurück!«, fuhr er fort.

Während der Zug einfuhr, eilte Angie zu Andy, mit der schüchternen Dame im Schlepptau, die so gerne die Katze getroffen hätte.

»Ach, Andy!«, rief Angie. »Diese Dame ist ganz aus dem Süden angereist, um Felix zu treffen, und jetzt kann ich sie nirgends finden. Hast du sie vielleicht gesehen?«

Andy war ein kräftiger und charismatischer Mann von Mitte fünfzig mit einer fröhlichen Stimme, die immer den ganzen Bahnhof aufheiterte. Wenn Angie ihn morgens fragte, wie es ihm gehe, antwortete er manchmal: »Es könnte mir gar nicht besser gehen, Angie Hunte! Von so einem Leben habe ich immer geträumt!«

»Nein, ich hab sie leider nicht gesehen, Angie«, antwortete er und zuckte hilflos mit den Achseln.

Angie stemmte die Hände in die Hüften und dachte scharf nach. Sie hatte die Katze im Laufe dieser Schicht schon gesehen, wo also konnte sie stecken? »Weit weg kann sie nicht sein …«, sagte sie.

Da fiel ihr Blick auf das tragbare Mikrofon, das Andy an einem schwarzen Riemen um den Hals trug. Es war ein schwarzer, gut fünfzehn Zentimeter langer Zylinder, bei dem Andy nur auf einen roten Knopf drücken musste, um im ganzen Bahnhof gehört zu werden. Plötzlich kam Angie eine Idee – eine Idee, die einerseits ein bisschen verrückt und überkandidelt war, andererseits aber durchaus funktionieren konnte.

»Andy«, sagte sie, »könntest du bitte eine Mitarbeiterdurchsage machen, dass Felix sich bei mir melden soll?«

Andy sah sie mit gerunzelter Stirn an.

»Du weißt schon«, sagte Angie mit zunehmender Begeisterung, während er sie fragend ansah. »Gib einfach eine Mitarbeiterdurchsage raus: ›Felix soll sich bitte bei der Bahnhofsleitung melden.‹ Wollen doch mal sehen, ob sie dann nicht kommt.«

Nun lachte Andy und schüttelte angesichts dieser verrückten Idee den Kopf. Dennoch tat er, was seine Vorgesetzte ihm aufgetragen hatte. Mit seiner fröhlichen Stimme sprach er in das schwarze Mikro: »Dies ist eine Mitarbeiterdurchsage! Felix soll sich bitte bei der Bahnhofsleitung melden!«

Angie, die Dame und er brachen in Gelächter aus. Doch dann, zur allgemeinen Überraschung – wie es schien, auch Felix' – ragte plötzlich aus den Sträuchern in Billys Garten auf Bahnsteig 4 ein schwarz-weißer Katzenkopf hervor!

Angie und Andy sahen einander baff an.

»Ich glaub, ich werd nicht mehr …«, murmelte Andy und ging kopfschüttelnd den Bahnsteig hinab. »Nicht zu fassen …«

Angie war außer sich vor Begeisterung. Mit beiden Armen winkte sie zu Felix hinüber. »Komm her, Schätzchen!«

Ohne zu zögern, hechtete Felix aufs Gleisbett hinab, trottete sicher über die Schienen und sprang auf der anderen Seite gekonnt zur Bahnsteigkante hinauf. Sie wirkte dabei so lässig, als wäre es für die Bahnhofskatze das Normalste auf der Welt, auf eine Mitarbeiterdurchsage hin zur Stelle zu sein.

Die Pingpong-Lady sah voller Bewunderung zwischen Angie und Felix hin und her.

»Das würde ich nicht glauben, wenn ich es nicht mit eigenen Augen gesehen hätte!«, sagte die Frau. »Sie hat auf eine Durchsage reagiert! Meine Güte! Sie ist wirklich eine ganz besondere Katze.«

Sorgen um Felix

Der Sommer 2017 erwies sich für das Huddersfielder Team als ausgesprochen arbeitsreich. Schon vor Beginn der Schulferien sorgten an den Wochenenden sonnenhungrige Tagesausflügler für hektische Betriebsamkeit. Die Fahrgäste kamen oft in großen Schwüngen, und alle im Team hatten favorisierte oder weniger geliebte Zeiten, zu denen die Kundschaft im Sommer mit dem Zug unterschiedliche Vergnügungen ansteuerte. So gab es beispielsweise kaum etwas Netteres, als eine aufgeregte Familie zu sehen, die für einen Tag ans Meer fuhr, oder Frauen und Männer, die sich für die Pferderennbahn herausgeputzt hatten. Andererseits hassten sämtliche Mitglieder des Teams – einschließlich Felix – die Freitagabende, an denen der *Real Ale Trail* in die Stadt kam.

Der *Real Ale Trail* ist eine Sauftour durch die besten Real-Ale-Pubs der Region, die alle nur einen Steinwurf von einem

Bahnhof entfernt sind, sodass die Teilnehmer dort jeweils bequem ein- und aussteigen können, während sie sich den ganzen Abend lang mit ihren Lieblingsgetränken volllaufen lassen. Es ist gewissermaßen Kneipenbummel als Leistungssport. Und während viele Zecher ihre Bierbegeisterung mit Würde und Anstand zelebrierten, waren andere nicht ganz so rücksichtsvoll ihren Mitreisenden gegenüber, und nicht wenige waren zum Ende des Abends sternhagelvoll. (Ein Plakat mit Richtlinien für den Trail, das am Bahnhof aushing, enthielt bezeichnenderweise den naheliegenden Rat: »Nutzen Sie für Ihre Notdurft die Toiletten im Pub, nicht den Bahnsteig!«). Gruppenleiter Dan nannte die »Geisterstunde«, zu der die Pubs die betrunkenen Nachtschwärmer schließlich vor die Tür setzten, bald nur noch »Idiotenstunde«. An diesen Abenden kam es regelmäßig vor, dass Betrunkene, die spät noch mit einem Zug nach Hause wollten, sich auf dem Vorplatz des Bahnhofs anbrüllten oder mit Pizzakartons und Bierflaschen auf der Bahnhofsfreitreppe breitmachten, nur um ihre asozialen Ausschweifungen anschließend im Gebäude fortzusetzen. Felix nahm dies vernünftigerweise stets als Fingerzeig, dass es nun Zeit sei, Dienstschluss zu machen, und zog sich, um den betrunkenen Fahrgästen aus dem Weg zu gehen, in eines ihrer Verstecke zurück.

Ansonsten aber fühlte sie sich gewöhnlich auf dem Bahnhof recht sicher. Sie hatte einmal, als sie noch jünger war, eine schlechte Erfahrung gemacht, woraufhin sie eine Zeit lang ziemlich gefremdelt hatte, doch darüber war sie inzwischen längst hinweg. Daher witterte sie zunächst auch keine Gefahr, als eines Nachmittags an einem Wochenende ein Mann auf dem Bahnhof auftauchte, der schon den ganzen Morgen über einen draufgemacht und in der Sonne gebechert hatte. Es war ja schließlich nicht Idiotenstunde, sondern helllichter Tag, und Felix glaubte, sie hätte nichts zu befürchten.

Sie war an diesem Tag draußen auf dem Bahnsteig bei den Bänken und strich den Leuten, die sie ließen, liebevoll um die Beine. Und während sie so umherschlenderte, hörte sie das vertraute Bremsen eines Zugs, der in den Bahnhof einfuhr. Sie war dieses Getöse inzwischen so gewohnt, dass es sie überhaupt nicht mehr störte, und als der Zug hielt, schaute sie den Bahnsteig entlang, um zu sehen, wer ausstieg. Waren irgendwelche neuen Freunde darunter, die die Bahnhofskatze besuchen kamen?

Und wie sie so hinüberspähte, entdeckte sie ein potenzielles Zielobjekt für ihre Zuneigung, das ungeschickt aus dem Zug stolperte. Erwartungsvoll trabte Felix zu dem jungen Mann hinüber, der ihre Aufmerksamkeit auch deshalb erregte, weil er von zwei Personen in leuchtend gelben Signalwesten begleitet wurde, die nun in strengem Ton mit ihm sprachen.

Die beiden gehörten jedoch nicht zu Felix' TPE-Kollegen – ja, nicht einmal zu Adam Taylors *Friends of Huddersfield Station*. Es waren zwei Beamte der Bahnpolizei. Und der Mann, mit dem sie sprachen, steckte in ziemlichen Schwierigkeiten.

Er war beim Schwarzfahren erwischt und deshalb aus dem Zug entfernt worden. Er versuchte mit gelallten Ausführungen dagegenzuhalten, während die Beamten die Angelegenheit mit ihm besprachen – in ruhigem Ton und dem Bemühen, die Sache zu deeskalieren. Sie brachten ihn dazu, auf einer nahen Bank Platz zu nehmen, und standen dann vor ihm und machten ihm weiter Vorhaltungen.

Felix, die all das mit angesehen hatte, fasste den Umstand, dass sich der Mann auf einer »ihrer« Bänke niederließ, als Einladung auf, näher zu kommen. Ihr Interesse war geweckt, und unbekümmert ging sie hinüber. Der Mann, den sie im Visier hatte, war Anfang zwanzig und leger gekleidet. Da ihr stets die unterschiedlichsten Leute Beachtung schenkten, mochte er genauso gut ein Fan von ihr sein wie ein Kind oder eine ältere Dame. Im Grunde kam, Felix' Meinung nach, jeder Mensch infrage, wollte sie ein wenig Aufmerksamkeit haben. Und so trottete sie frohgemut hinüber, wobei sie gelegentlich am Boden schnupperte und ihren flauschigen Schwanz hin und her schnippte.

Der junge Mann hob indes gereizt die Hände, beschwerte sich lauthals bei den beiden Beamten, einer Frau und einem Mann, und geriet immer mehr in Rage. Felix hielt seine Gesten jedoch wahrscheinlich für ein Spiel, denn sie ging immer dichter heran.

In diesem Moment bemerkte der junge Mann sie ebenfalls. Er sah ihr entgegen und kniff dabei die Augen zusammen. Seine Stirn war böse gerunzelt, die Wangen vor Wut gerötet. Er war stinksauer, Felix aber schien das aus irgendeinem Grund nicht zu bemerken. Ungewöhnlich für sie, spürte sie nicht, welche Spannung in der Luft lag, und kam immer näher, träge mit dem Schwanz schnippend in dem Wissen, dass sie hier die unbestrittene Königin war und niemand wagen würde, ihr auch nur ein Haar zu krümmen.

Doch da täuschte sie sich.

Felix ging immer näher heran, und die Bahnpolizisten wiesen den Mann weiterhin zurecht. Ein Stück den Bahnsteig hinab bemerkte Gruppenleiter Dan plötzlich, mit welch gemeinem Blick der Schwarzfahrer Felix anstarrte. Dan hatte sich bisher aus der Sache rausgehalten und die Beamten ihre Arbeit machen lassen, doch als er sah, wie sich Felix dem jungen

Mann immer weiter näherte, bekam er es mit der Angst zu tun.

Und diese Angst war berechtigt. Sobald Felix nah genug war, schwang der Mann gereizt sein Bein in Richtung der unschuldigen Katze und gab sein Bestes, sie mit einem Fußtritt zu erwischen.

Als er diesen gemeinen Trittversuch sah, brannte bei Dan eine Sicherung durch. So schnell er konnte, rannte er den Bahnsteig entlang zu seiner flauschigen Freundin. Er spürte Wut in sich aufsteigen, und aus Angst um Felix griff er zu einem scharfen Tonfall.

»Hey, du! Raus!«, schrie er den Mann an. »Du verlässt sofort den Bahnhof! Officers, dieser Mann hat hier ab sofort Hausverbot! Er hat versucht, Felix zu treten! Das ist Tierquälerei! Entfernen Sie ihn *sofort* aus diesem Bahnhof!«

Dan war inzwischen hochrot angelaufen, konnte aber gegen seine Gefühle nicht an. Er hatte zwar keine Kinder, empfand sich Felix gegenüber aber in einer väterlichen Beschützerrolle. Es war, als hätte der junge Mann versucht, seine Tochter zu treten – und so etwas duldete er nicht! Während Dan einen gebührenden Abstand zu der Auseinandersetzung gewahrt hatte, hatte Felix nicht gewusst, dass dies besser gewesen wäre. Sie war ja schließlich eine Katze. Der junge Mann aber hatte diese Unschuld nicht gesehen. Er hatte bloß rotgesehen.

Jetzt sah er nur noch den Bahnhof an sich vorbeirauschen, als die Beamten, ebenfalls empört über den Angriff auf Felix, Dans Anweisungen Folge leisteten und ihn schnellstens hinausschafften.

Dan blickte dem Mann hinterher, wobei er aber keinerlei Triumphgefühle verspürte, sondern nur Sorge um Felix. Er beugte sich zu ihr hinab, um nach ihr zu schauen. Glücklicherweise hatte der Mann sie um wenige Zentimeter verfehlt.

»Alles in Ordnung mit dir, Felix?«, fragte Dan die Katze besorgt und fuhr dabei auf der Suche nach irgendwelchen Verletzungen mit den Fingern durch ihr Fell.

Wie um ihn zu beruhigen, drückte ihm Felix ihren Kopf gegen die Hand. Sie war dem Mann anschließend aus dem Weg gegangen und hatte keinerlei Blessuren davongetragen. Es war jedoch eine Mahnung, dass sie nicht allen Menschen blind vertrauen konnte.

Dieser Zwischenfall erklärte vielleicht, weshalb sie sich im Juni wieder von ihrer fremdelnden Seite zeigte. Damals besuchte der Sportmoderator Jeff Stelling im Zuge eines fünfzehntägigen Benefizlaufs mit dem Titel »March for Men« den Bahnhof Huddersfield: Er legte vierhundert Meilen zurück und hoffte dabei eine halbe Million Pfund für *Prostate Cancer UK* zu sammeln. Da an diese Hilfsorganisation auch die Tantiemen aus dem Buch über Felix flossen, wurde angeregt, dass Stelling, wenn er auf seinem Lauf durch Huddersfield kam, Felix treffen sollte. Man beraumte einen Fototermin an, und die beiden berühmten Fundraiser wurden öffentlich miteinander bekannt gemacht.

An jenem bewölkten Sommertag war es dann der Bahnhofschef Andy Croughan, der Felix auf die Freitreppe vor dem Gebäude hinaustrug, wo sie Jeff Stelling begegnen sollte. Zunächst noch ein wenig mürrisch, da sie gerade erst aus einem Nickerchen geweckt worden war, ließ sie sich dann aber doch dazu herab, auf Andys Armen für die Kameras zu posieren, während der silberhaarige Stelling danebenstand und erschöpft lächelte. Er war ziemlich ausgelaugt von den Strapazen des Laufs, streichelte Felix aber tapfer über die Wange und stand lächelnd neben ihr. Dabei wandte Felix, was eigentlich gar nicht ihre Art war, oft das Gesicht ab von den vielen Kameras, die auf sie gerichtet waren. Sie schien sich viel mehr für den Mann zu interessieren, der mit ihr das Rampenlicht teilte. Sie schnupperte an Jeffs Gesicht und sah ihm streng in die Augen, wie um herauszufinden, wer dieser Eindringling war. Felix war es gewohnt, ein Solostar zu sein.

Andy, der Felix' Skepsis vielleicht bemerkte, wiegte sie behutsam auf den Armen und versuchte sie damit zu beruhigen. Auch Jeff Stelling streichelte sie weiterhin. Und Felix akzeptierte das – bis Stelling ungebeten und frecherweise ihren schneeweißen Bauch kitzelte, als sie sich in Andys Armen aufsetzte.

Felix reagierte sofort. Sie riss das Maul auf, als wäre sie ein Panther auf der Jagd, und schoss mit dem Kopf auf Stelling zu. Ohne Vorwarnung ging sie auf ihn los, augenscheinlich in der Absicht, ihn um ein Stück seines Fingers zu erleichtern!

»Alles in Ordnung!«, erklärte Stelling und wich, trotz seines Schreckens lachend, vor ihr zurück. Jetzt war mit einem Mal er der Argwöhnische. »Ich hab noch vier andere!«, scherzte er.

Um sie zu beruhigen, gab jemand vom Team Felix schnell ein Leckerli. Dies konnte jedoch nur eine vorübergehende Maßnahme sein – und das in mehr als einer Hinsicht, wie sich bald herausstellte. Denn in diesem Sommer wurden, zu Felix' großem Missvergnügen, Leckerli von ihrem Speiseplan gestrichen. Und zwar endgültig.

Eines Nachmittags in jenem Juli brachte Angie Hunte ihr nicht mehr ganz so kleines Mädchen zur Tierärztin. Als Felix auf die Waage stieg, machte die Ärztin große Augen. »Oh!«, rief sie. »Du wirst ja allmählich ein richtiges Moppelchen, was, Felix?« Dann tastete sie vorsichtig durch Felix' flauschigen Pelz hindurch ihren runden Bauch ab. »Oh! Na, wir wissen ja wohl alle, was das ist, nicht wahr? Das scheint mir ja eine richtige Dreamies-Wampe zu sein …«, sagte sie missbilligend und teilte Angie mit, dass eine Diät angezeigt sei. Und dieses Wort fiel bei Felix' Tierarztbesuchen nicht zum ersten Mal …

Felix war zwar nach menschlichen Maßstäben nicht allzu übergewichtig – sie hatte damals knapp ein Pfund zu viel auf den Hüften –, aber für eine Katze war es beträchtlich. Als Angie auf dem Bahnhof die schlechte Nachricht überbrachte, war der Belegschaft sogleich klar, dass man etwas unternehmen musste. Alle wollten tun, was in ihrer Macht stand, um ihrer flauschigen Freundin wieder zu einem gesunden Körpergewicht zu verhelfen, und daher wurde beschlossen, dass das Leckerliverbot von nun an auch für das Team selbst galt. Keine Fußballspielchen mehr in der Bahnhofshalle und kein Männchenmachen mehr für einen Dreamie! Es war in gewisser Weise das Ende einer Ära, aber Felix' Gesundheit ging nun mal vor. Sie mussten zukünftig eben einfach Leckerli-freie Abenteuer mit ihr erleben. Und wenn man Felix kannte, wusste man, dass das nicht allzu schwierig sein würde.

Dem Team war aber auch klar, dass es mit einem Leckerliverbot nicht getan war. Denn Felix' Gewichtsprobleme würden sich wohl auch mit dem verhängten Bann nicht lösen lassen, zum einen aufgrund ihres freien Umherschweifens bei der Arbeit und zum anderen aufgrund ihres unstillbaren Appetits! Diese beiden Faktoren machten einen desaströsen Ausgang sehr wahrscheinlich. Jedes Mal, wenn Felix auf die Bahnsteige hinausging, würde sie sich unweigerlich auf die

Suche nach Futter machen. Und dank ihres Prominentenstatus würde sie dabei oft nicht mal betteln müssen; die Snacks würden ihr praktisch auf einem Silbertablett serviert. Die allermeisten Leckerbissen bekam sie immer noch von ihren Fans, die verständlicherweise dem gekonnt flehenden Blick ihrer großen grünen Augen nicht widerstehen konnten. Felix war in dieser Hinsicht selbst ihr schlimmster Feind, indem sie all ihre Überzeugungskraft dazu nutzte, zu kriegen, was sie wollte – ob es nun gut für sie war oder nicht. Außerdem war es für Felix' Fans jedes Mal ein Vergnügen, sie zu treffen, und sie wollten ihr im Gegenzug etwas spendieren. *Ein einziges Leckerli wird ihr ja nicht schaden*, dachten sie. Und wären sie die Einzigen gewesen, die so dachten, hätte es der Katze ja auch nichts anhaben können. Doch Felix traf inzwischen wöchentlich – ja, manchmal gar täglich – Dutzende Fans. Und einige von denen waren nicht so zurückhaltend; Angela Dunn hatte gesehen, wie Leute ganze Packungen Katzenleckerli auf dem Bahnsteig auskippten, wenn sie glaubten, die Mitarbeiter kriegten es nicht mit. Und Felix verschlang das natürlich immer in Rekordtempo. Es war daher eher verwunderlich, dass sie nicht noch übergewichtiger war, aber ihre regelmäßigen Patrouillengänge verschafften ihr zum Glück viel Bewegung.

Der Belegschaft war daher klar, dass sie auch Felix' viele Besucher an ihre Verantwortung für das Wohl der Katze erinnern mussten. Bald nach Felix' Rückkehr von der Tierärztin verfasste Gruppenleiter Dan ein Merkblatt, das aufgrund seiner Bedeutung gut sichtbar am zentralen Anschlagbrett in der Bahnhofshalle ausgehängt wurde. Unter der Überschrift »Wichtige Kundeninformation« folgte handschriftlich der folgende Text:

Bitte füttern Sie Felix nicht!

Unsere kleine Promi-Mieze liebt alle Leute, die sie besuchen kommen, und sie liebt auch die Leckereien, die man ihr mitbringt.
Damit unsere Leitende Schädlingsbekämpferin aber fit und gesund bleibt, hat ihr der Tierarzt eine Diät verordnet!
Falls Sie ihr heute etwas mitgebracht haben und nicht wollen, dass es im Müll landet, sprechen Sie bitte einen Mitarbeiter an, der Felix dann dabei helfen wird, ihr Futter mit bedürftigen Katzen zu teilen.
Vielen Dank, dass Sie mithelfen, Felix gesund zu erhalten!

Die Belegschaft des Bahnhofs Huddersfield

Ein Foto der Mitteilung wurde sogleich auf Facebook veröffentlicht, um die Botschaft auch dort zu verbreiten. Mark Allan fügte eine lustige Bildunterschrift von Felix hinzu, die zweifellos korrekt wiedergab, wie sie die ganze Angelegenheit empfand.

»Dan«, lautete der Text, »wir müssen dringend über diesen Aushang reden …«

Und dieser kleine Scherz sorgte dafür, dass es Felix' beliebtester Facebook-Beitrag bis dahin wurde – obwohl es darin ja zweifellos um das bei Felix unbeliebteste Thema ging!

Ihre Fans beeilten sich sogleich, sie zu verteidigen. »Ich erinnere mich noch an die Katze, die in den Achtzigerjahren in Paddington Station lebte«, schrieb ein Facebook-Freund. »Die sah man meist tief schlummernd in einem gemütlichen Korb auf der Damentoilette. Sie war unglaublich groß und dick.

Wenn mich nicht alles täuscht, hatte sie rotes Fell. Verglichen damit ist Felix geradezu zierlich.« Ein anderer stieß ins gleiche Horn: »Das ist kein Fett – das ist Flausch!«

Andere nutzten die Gelegenheit zu frechen Bemerkungen. »Also, wenn Felix ab und zu mal ein bisschen arbeiten würde, würde sie auch ein paar Kalorien verbrennen«, stichelte Craig Forrest. Worauf Charlotte Stockwell erwiderte: »Sei nicht so gehässig. Sie arbeitet nicht zu knapp ...«

Angie Hunte hoffte, dass der Aushang Wirkung zeigen würde. Sie hatte die jüngste Warnung der Tierärztin hinsichtlich Felix' Gewicht gar nicht gerne gehört und machte sich Sorgen um die langfristige Gesundheit der Katze. Ihr Wohlergehen hatte absoluten Vorrang – und wenn das bedeutete, ihr keine Leckerli mehr zu geben, galt es eben, alles Miauen der Welt künftig zu überhören.

Felix würde das gar nicht gefallen, das war Angie klar, aber es war nur zu ihrem Besten.

Glückliche Tage

Hast du schon gehört …?«, hieß es im Juli 2017 überall auf dem Bahnhof Huddersfield. »Hast du schon die tolle Neuigkeit gehört?«

Huddersfield war unglaublicherweise bei den TransPennine Express Star Awards 2017 in der Kategorie »Bahnhof des Jahres« nominiert worden, und die Belegschaft war begeistert.

Die Preisträger sollten Ende des Monats bei einer Gala im Veranstaltungssaal eines Hotels in Manchester verkündet werden. Viele vom Team wollten daran teilnehmen, doch da der Bahnhof rund um die Uhr besetzt ist und die Sitzplatzanzahl in dem Saal begrenzt war, konnten dann doch nicht alle mit. Letzten Endes fuhr Bahnhofschef Andy Croughan gemeinsam mit den Gruppenleitern Angie Hunte, Geoff, Dan und Jacqui sowie Sara, Karl, Andy Yarwood und Dale Woodward nach Manchester. (Felix gab sich ganz mannschaftsdienlich, indem sie beschloss, während der Veranstaltung, auf der die anderen sich vergnügten, durchzuarbeiten. Nach dem Leckerli-Bann war ihr nicht nach Feiern zumute.)

Da es ein formeller Anlass war, gingen Sara und Angie im kleinen Schwarzen und die Herren in dreiteiligen Anzügen. Es war, als hätten sie mit Felix getauscht, die bei der Arbeit immer so glamourös aussah, während sie ihre Dienstkleidung tragen mussten. Jacqui hatte einen umwerfend schicken weißen Hosenanzug an; sie alle wetteiferten auf modischem Gebiet an diesem Abend mit Felix.

Während sie äußerlich glänzten, waren sie innerlich höchst angespannt. Es war ein sehr nervöses Huddersfield-Team, das da an seinem runden Tisch im Hotelsaal Platz nahm und die Hälse reckte, um die Ballondekoration in den TPE-Farben Violett, Blau und Weiß zu betrachten. Eine mit Spots beleuchtete Bühne beherrschte den Raum; dort würden die Auszeichnungen verliehen werden. Andy Croughan nippte beklommen von seinem Wein und fragte sich, ob sein Team wohl diesmal siegen würde.

Huddersfield hatte diesen Preis schon einmal gewonnen, doch das lag inzwischen viele, viele Jahre zurück. Andy leitete den Bahnhof erst seit Januar 2016 und konnte sich die damalige Auszeichnung daher nicht als sein Verdienst anrechnen, wohingegen sich die Entscheidung des heutigen Abends auch auf seine Leistungen bezog. Im Vorjahr war Huddersfield bei den National Rail Industry Awards in der Kategorie »Bahnhof des Jahres« nominiert gewesen, hatte sich dann aber – obwohl es immerhin eine lobende Erwähnung eingeheimst hatte – gegen Nottingham geschlagen geben müssen. Würde es bei diesen TPE-internen Auszeichnungen ähnlich ablaufen? Würde Huddersfield erneut nur als Zweiter durchs Ziel gehen?

Auf dem Bahnhof hatte es in den vergangenen Jahren viele Veränderungen gegeben. Der Heimgang des Billy Bolt und der Aufstieg der Bahnhofskatze zur Berühmtheit waren nur zwei davon. Die ganze Belegschaft hatte sich verändert, war deutlich verschlankt worden, und Andy hatte hart daran gearbeitet, ein fähiges Team aufzubauen, das trotz geringerer Zahl erstklassigen Kundenservice gewährleisten konnte. Und an diesem Abend würden seine Kolleginnen und Kollegen nach ihren Leistungen beurteilt werden.

Ihr großer Rivale war Scarborough. Als Leo Goodwin, der Hauptgeschäftsführer der TPE, die Nominierungen verlas und die Erfolge der jeweiligen Belegschaften auflistete, waren Andy und die anderen stolz auf das, was sie in Huddersfield aufgebaut hatten. Aber würde es ausreichen …?

Schließlich, es war mucksmäuschenstill im Saal, gab Goodwin die Entscheidung bekannt – und Huddersfield hatte gewonnen! Am Huddersfielder Tisch sprangen alle auf, umarmten einander und jubelten aus voller Kehle. Inmitten der anderen lagen sich auch Sara und Dan in den Armen, und Sara hielt den Atem an, als der Mann, für den sie schwärmte, sie fest an sich drückte – bis Dan sie schließlich wieder losließ, um einen anderen Kollegen zu umarmen. Dennoch kam sich Sara anschließend vor, als würde sie immer noch in seinen Armen liegen … Und Karl, der sie als Nächster in die Arme schloss, schien genau zu wissen, was sie empfand. Wie üblich brauchte sie kein Wort zu sagen; er verstand sie auch so.

Doch für all das war an diesem Abend keine Zeit. Es galt, einen Preis entgegenzunehmen – und die gesamte Belegschaft hatte ihn gewonnen! Alle anwesenden Teammitglieder gingen zur Bühne, um die Auszeichnung in Empfang zu nehmen, bei der es sich um eine umwerfend aussehende rechteckige Glasskulptur handelte, die mit dem violett-blauen TPE-Logo und dem Slogan »*Together, we're taking the north further*« versehen war. Karl, charismatisch wie eh und je, reckte, als er auf der Bühne ankam, vor Freude eine Faust in die Luft. Als das Team dann Arm in Arm für ein Foto posierte, umarmte Karl Angie Hunte, und die beiden strahlten in die Kameras. An ihrem Lächeln und der Begeisterung in ihren Augen sah man, wie stolz sie alle auf ihren gemeinsamen Erfolg waren. Alle waren an diesem Abend in Hochstimmung – sogar Geoff!

Wieder daheim auf dem Bahnhof, bekam die Trophäe einen Ehrenplatz in dem Büro hinter den Fahrkartenschaltern, neben all den Felix-Memorabilien, zu denen inzwischen auch diverse Auslandsausgaben des Bestsellers über sie gehörten. Es erschien irgendwie passend, dass der Preis nun neben all diesen Dingen stand, denn es war ja schließlich eine Auszeichnung für Teamwork, und Felix, die Bahnhofskatze, war zweifellos Teil dieses Teams. Auch Angela Dunn war hocherfreut über den Erfolg und hatte das Gefühl, dass er ihnen allen Auftrieb gab und das ganze Team noch enger zusammenschweißte.

Es gab in diesem Sommer noch allerhand andere glückliche Tage. Bei der Rückkehr aus seinem Urlaub kam Karl eines Tages mit einem breiten Lächeln ins Büro gestürmt. Sara rief »Glückwunsch!« und schloss ihn sogleich in die Arme. Sie kannte die gute Nachricht bereits, denn Karl hatte sie angerufen, um es ihr zu erzählen: Er hatte im Urlaub seiner langjährigen Freundin auf einem Berggipfel einen Heiratsantrag gemacht … und sie hatte Ja gesagt! Er hatte den Antrag monatelang ausgetüftelt – und Sara währenddessen um Vorschläge und Ideen gebeten –, und alles war abgelaufen wie geplant. Sara freute sich sehr für die beiden. Karl und sie waren so eng befreundet, dass er sie sogar bat, als Brautjungfer an seiner Hochzeit teilzunehmen. Die gemeinsame Zukunft mit seiner Braut schien so glänzend wie die neueste Auszeichnung für das Team, die es im Büro hinter den Fahrkartenschaltern zu bewundern gab. Und als er den anderen Kolleginnen und Kollegen die frohe Kunde überbrachte, strahlten Karls Augen ganz ähnlich wie jene Trophäe.

Was Felix anging, hatten die beiden Angelas einen Plan ausgeheckt, mit dem sie sicherstellen wollten, dass die Katze in diesem Sommer der Festlichkeiten nicht in Vergessenheit geriet … als ob so etwas je geschehen könnte! Ihre Diät brachte es zwar mit sich, dass man Felix nicht mehr so verwöhnen konnte, wie man es früher vielleicht getan hätte – aber man konnte sich ja etwas Neues einfallen lassen. Und obwohl das nie zuvor gemacht worden war, beschlossen Angie und Angela, in diesem Sommer einen Tag auf dem Bahnhof zu organisieren, der ganz Felix gewidmet sein würde – sowohl, um ihr kleines Mädchen zu ehren, als auch, um ihren vielen Fans für ihre Unterstützung zu danken.

Beide Frauen waren schon seit längerer Zeit sehr gerührt von diesen Fans. Angie und Angela bekamen mit, wie viel Felix diesen Leuten bedeutete, und sie waren überwältigt von ihrer Großzügigkeit. Sei es an Weihnachten, zum Valentinstag oder zu Felix' Geburtstag – mit schöner Regelmäßigkeit trafen auf dem Bahnhof Geschenke und Glückwunschkarten für die Katze ein. Manchmal kamen auch Geschenke für die Mitarbeiterinnen und Mitarbeiter, Felix' menschliches Personal, als Dankeschön für die Betreuung der allseits beliebten Bahnhofskatze. Das Team bekam Wein, Schokolade, Kuchen und noch allerhand andere Dinge geschickt … Und nachdem Felix' Gewicht nun zu einem öffentlich diskutierten Problem geworden war, sandten manche Leute statt Katzenleckerli lieber Bargeld, verbunden mit der Bitte, es an eine Wohltätigkeitsorganisation nach Felix' Wahl weiterzuleiten. Auf diese Weise kamen jeden Monat dreistellige Summen zusammen.

Felix' karitatives Wirken war ein weiterer Grund, die Bahnhofskatze zu feiern. Ihre Fundraising-Aktionen beschränkten sich keineswegs nur auf den Kalender und das Buch über sie. Im Mai 2017 hatte sie auch mit der Wohltätigkeitsorganisation *Cash for Kids* in Manchester zusammengearbeitet, und die Erlöse aus dem Verkauf eines Felix-Malbuchs und eines in limitierter Anzahl hergestellten Felix-Kuscheltiers kamen vollständig dieser Organisation zugute, die sich für benachteiligte Kinder in den Pennines engagiert. Das Felix-Kuscheltier trug einen blauen Superheldenumhang, was passend erscheint, wenn man bedenkt, dass Felix' karitatives Wirken inzwischen im ganzen Land buchstäblich Leben rettete.

Durch den Kauf von Felix-Produkten oder auf andere Art und Weise hatten Felix' Fans mittlerweile unter anderem die folgenden Wohltätigkeitsorganisationen unterstützt: *Cash for Kids, Samaritans, Fairy Bricks* und *Prostate Cancer UK*. Das TPE-Team war fest entschlossen, dass alles, was sie in »kommerzieller« Hinsicht unternahm, wohltätigen Zwecken zugutekommen musste – und keinesfalls dazu dienen durfte, eine Marke aufzubauen oder einfach nur Geld zu scheffeln. Das wäre nicht in Felix' Sinne gewesen. Dabei wollten sie außerdem sicherstellen, dass die Mittel, die Felix' Fans so großzügig zur Verfügung stellten, gerecht verteilt wurden. Deshalb ging Felix jedes Mal, wenn sie etwas Neues unternahm, eine Partnerschaft mit einer anderen karitativen Einrichtung ein. Ihr Fundraising verteilte sich auf viele verschiedene Organisationen, damit alle möglichen bedürftigen Gruppen von ihrer immensen Popularität profitieren konnten. Aus diesem Grunde reichte Angela Dunn jeden Monat die in Felix' Namen gesammelten Spenden an eine andere Institution weiter, sei es ein örtliches Tierheim, eine bedürftige Schule oder eine psychiatrische Einrichtung.

Angie Hunte war der Auffassung, dass der beständige Wechsel der Wohltätigkeitsorganisationen gut zu Felix' Lebensweise passte. Sie war schließlich nicht wählerisch, wem sie ihre heilenden Kräfte zuteilwerden ließ, und half schlechthin jedermann – von Adam mit seiner MS über autistische Kinder bis hin zu einem dementen Mann, der es sehr mochte, allabendlich aus dem Buch über sie vorgelesen zu bekommen (er war, wie seine Frau brieflich berichtete, inzwischen bei der dritten Lektüre). »Sie dockt mal hier an und mal da«, erklärte Angie Hunte. »So macht sie es ja auch, während sie durchs Leben geht: Sie berührt jeden. Und wenn wir das auch mit ihrer karitativen Tätigkeit bewirken können, erscheint es mir genau richtig so.«

Im Sommer 2017 fanden die beiden Angelas jedoch, dass Felix' Fans fürs Erste genug zu Spenden aufgerufen worden waren. Felix hatte inzwischen eine hübsche sechsstellige Summe für wohltätige Zwecke gesammelt. Die Leute kamen weiterhin nach Huddersfield, um sie zu treffen, gingen aber immer mit leeren Händen wieder nach Hause und manchmal sogar ohne die Erinnerung an eine Begegnung mit der Bahnhofskatze, die ihnen die Heimreise versüßt hätte. Die beiden Angelas wollten diesen engagierten Fans etwas zurückgeben. Sie wollten sich in Felix' Namen bei ihnen bedanken.

Und so planten sie für Samstag, den 22. Juli, einen Tag der Geschenke für Felix' Bewunderer. Hunderte glückliche Familien, die am ersten Ferienwochenende mit dem Zug verreisten, erhielten eine Felix-Geschenktüte in limitierter Auflage.

Angie überredete Andy Croughan sogar, den ersten fünf Familien, die diese Tüten erhielten, ein Upgrade in die Erste Klasse zu spendieren; darüber hinaus bekamen sie auch noch ein Gratisexemplar des Felix-Buchs. Die Geschenktüten waren prall gefüllt mit speziellen Goodies, darunter Fotos von Felix und zuckerfreie Lutscher oder Süßigkeiten. Wenn Felix sich bedankte, tat sie es mit Stil.

Die Geschenkaktion war ganz allein Angies und Angelas Idee gewesen, und die beiden hatten großen Spaß dabei, das alles zu organisieren. Es war mal etwas ganz anderes als ihre übliche Arbeit auf dem Bahnhof, und sie genossen es, die verschiedenen Felix-Produkte in Auftrag zu geben und sich an der Gestaltung zu beteiligen, wobei sie sich gegenseitig bei den kleinen Einzelheiten inspirierten, von denen sie hofften, dass sie den Tag zu einem großen Erfolg machen würden.

Dabei war jedoch nicht alles nur Glamour und kreatives Brainstorming. Am Abend vor dem großen Tag hockte Angela Dunn auf Händen und Knien auf dem Boden der Bahnhofshalle, drückte Abziehbilder von schwarzen Pfotenabdrücken auf die Fliesen und fixierte sie mit einem feuchten Gummiwischer. Angie und sie hielten es für eine nette Idee, die Kinder mit einer Spur von Pfotenabdrücken zu den Geschenktüten zu lotsen. Es war viel Arbeit, sah aber, als es fertig war, wirklich toll aus – so toll, dass Angela die Reinigungskräfte anwies, es nicht wieder zu entfernen; und so konnte man dort auch ein Jahr später immer noch die Pfotenabdrücke erkennen, die signalisierten, dass dies tatsächlich das Zuhause der Katze Felix war. Das wurde zu einem weiteren unverkennbaren Anzeichen und zu einem Bestandteil der »Felix-Tour« – neben ihrem Ölporträt, Billys Bank und ihrer berühmten Katzenklappe in der Bahnhofshalle.

Nach dem Anbringen der Pfotenabdrücke war Angelas Arbeit aber noch längst nicht getan. Anschließend mussten Angie und sie braune Papiertüten, die mit einem Foto von Felix bedruckt waren, mit all den Geschenken füllen, die sie in Auftrag gegeben hatten: Magnete und Schlüsselanhänger, Postkarten und Malblätter, Buntstifte und Süßigkeiten. Diese Arbeit aber konnten sie gemeinschaftlich zu zweit erledigen. Angie machte sich währenddessen laut Sorgen, dass sie vielleicht zu viele Tüten gefüllt hätten … Und es schienen tatsächlich sehr viele zu sein; als die beiden Frauen fertig waren, lagen Hunderte davon im ganzen Bürobereich herum!

Ehe die beiden Angelas Feierabend machten, richteten sie noch die Bahnhofshalle her: Sie stellten die große schwarze Box für Verbesserungsvorschläge beiseite, um Platz für ihren Stand zu schaffen, deckten einen Tisch mit schicken violettschwarzen Tüchern, die mit Felix' Namen bedruckt waren, und hängten hinter dem Stand ein großes, schönes Bild von Felix auf. Sie sah wunderbar darauf aus – mit strahlenden Augen und flauschigem Fell, stolz und majestätisch wie die Königin, die sie war.

Doch auch nachdem Angela sich von Angie verabschiedet hatte und nach Hause gefahren war, blieb ihr noch viel zu tun: Sie musste noch die speziellen Felix-T-Shirts für die fünf Kolleginnen herstellen, die die Tüten verteilen sollten: Vom Schalterteam waren Amanda, Chrissie und sie selbst dabei, und dann machte neben Angie Hunte auch Sara mit, die immer noch auf den Bahnsteigen tätig war. Angela blieb bis nach Mitternacht auf und bügelte die Transferfolien auf die fünf weißen T-Shirts: schwarze Pfotenabdrücke auf den Ärmeln und am Bauch und »Felix« in großen schwarzen Lettern auf der rechten Brust.

Es war eine lustige Sache, und irgendwie fand Angela, dass sich ihr Haus an diesem Abend angesichts all der Sachen, um die sie sich kümmern musste, nicht ganz so leer anfühlte wie sonst immer. Bevor sie schließlich das Licht ausmachte, betrachtete sie noch einmal voller Stolz die T-Shirts, die sie für den Morgen bereitgelegt hatte. Und sie hoffte, dass, nachdem sie einen solchen Aufwand betrieben hatten, überhaupt jemand kommen würde …

Als Angie Hunte am nächsten Morgen zur Arbeit eilte, hatte sie Schmetterlinge im Bauch. Sie hatten angekündigt, dass die Geschenkaktion um neun Uhr morgens beginnen würde. Als sie ihr Auto parkte und über den Vorplatz zum Bahnhof ging, war es noch nicht mal halb neun, und daher rechnete sie nicht damit, dass dort sonderlich viel los sein würde. Der Bahnhofsvorplatz wirkte etwas belebter als sonst, was sie aber darauf zurückführte, dass es der erste Samstag der Schulferien war – so gut wie alle waren unterwegs, vertraten sich die Beine und genossen den Sonnenschein und das herrliche Vorgefühl der Freiheit der nächsten sechs Wochen.

Als Angie jedoch die Eingangstreppe des Bahnhofs hinaufeilte, bemerkte sie, dass sich diese ungewöhnliche Belebtheit auch im Innern des Gebäudes fortsetzte. Vor den Fahrkartenschaltern hatten sich allerhand Leute eingefunden. Im ersten Moment seufzte Angie. *Oh, so ein Tag wird das,* dachte sie, *und dabei wissen wir jetzt schon vor lauter Arbeit nicht mehr ein noch aus …* Dann aber fiel ihr auf, dass unter all den Leuten ungewöhnlich viele Kinder waren – und da fiel der Groschen. *Ach du meine Güte! Die stehen gar nicht für Fahrkarten an – die sind wegen der Geschenkaktion hier!*

Nach allem, was Felix bereits erreicht hatte, erscheint es womöglich ein wenig naiv, dass Angie den Zusammenhang nicht sofort erkannte, aber sie war es gewohnt, dass Felix' Fans allein oder zu zweit im Bahnhof auftauchten. Eine solche Menge von ihnen zu sehen, die alle gekommen waren, um Felix' Dankgeschenke mit nach Hause zu nehmen, war ziemlich überwältigend für sie. Bei dieser Gelegenheit wurde Angie vielleicht zum ersten Mal wirklich bewusst, wie viele Menschen Felix schon erreicht hatte. Und es war auch sehr berührend zu wissen, dass es Angela und sie gewesen waren, die diese Aktion angestoßen hatten, derentwegen nun so viele Leute hier standen. Während Angie umherwuselte, alles Mögliche vorbereitete und ihr Felix-T-Shirt überzog, sah sie, dass die Kinder in der Bahnhofshalle schon ganz außer sich vor Aufregung waren. Sie verteilte ein paar Seifenblasensets, und ein blondes kleines Mädchen in einem hübschen pinken Kleidchen machte sich sofort ans Werk und blies große Seifenblasen, die durch den ganzen Bahnhof schwebten und im Sonnenschein in allen Farben des Regenbogens schillerten.

Als Angie und Angela dann bereit waren, den Tag für eröffnet zu erklären, konnte Angie nicht mehr bis zur Eingangstür sehen, so viele Leute waren da! Nachdem sie am Vortag noch befürchtet hatte, sie hätten zu viele Tüten, befürchtete sie nun, es wären zu wenige!

»Karl! Karl!«, rief sie. Der Kollege stand ganz in der Nähe. Hilfsbereit wie stets, eilte er sogleich herbei. »Karl, wir müssen diesen Tag festhalten«, sagte sie zu ihm, immer noch baff angesichts des Menschenauflaufs. »Ich ernenne dich hiermit zum Hoffotografen! Könntest du uns bitte behilflich sein, wenn wir Fotos brauchen?«

Das tat Karl herzlich gern. Er liebte Felix – so sehr, dass er sich an diesem Tag bereits einen Schlüsselanhänger gesichert hatte, den auf der einen Seite ein Felix-Schnappschuss zierte und auf der anderen der Schriftzug »*Pub o'clock*«. Er stand also bereit, um die besonderen Momente des Tages festzuhalten – wie beispielsweise eines der ersten Kinder in der Schlange: ein sechs- oder siebenjähriges Mädchen mit schulterlangem braunem Haar und einer Brille mit Drahtgestell, das eine blaue Jacke mit Blumenstickereien trug und ein strahlendes Lächeln aufgesetzt hatte. Karl hielt auch eine ziemliche Anomalie unter all den Familien in der Schlange fest: ein dicklicher älterer Herr, der sich ebenso ausgelassen über seine Geschenktüte freute wie die Kinder. (»Gott sei Dank hab ich noch eine abgekriegt«, sagte er erleichtert, als er endlich dran war. »Meine Frau hätte mich umgebracht, wenn ich ohne nach Hause gekommen wär!«) Und Karl hielt auch den denkwürdigen Moment fest, als der Star der Show sich kurz blicken ließ – mit unverwechselbarer professioneller Gelassenheit.

Die beiden Angelas hatten sich für Felix' Auftritt etwas ganz Besonderes ausgedacht. Von den fünf Fahrkartenschaltern wurde der links außen nie genutzt, weshalb die weiße Jalousie vor dem Schalterfenster dort stets geschlossen blieb. Ohne dass die wartende Menge etwas davon ahnte, schnappte Angela Dunn sich Felix und setzte sie hinter dieser geschlossenen Jalousie ab. Und während die Leute vor den Fahrkartenschaltern umherliefen und begierig ihre Geschenktüten abholten, drückte Angela auf einen Knopf, und die Jalousie begann sich zu heben …

Bei dem begeisterten Kreischen, das diese dramatische »Enthüllung« auslöste, hätte man glauben können, die weiße Kunststoffjalousie wäre der dicke rote Samtvorhang einer Bühne und die dahinterstehende Katze der größte Popstar der Welt. Als die Menge erkannte, dass hinter der sich hebenden

Jalousie ganz langsam Felix zum Vorschein kam, ging ein kollektiver Glücksseufzer durch die Bahnhofshalle.

Die Katze befand sich genau zwischen den beiden Plexiglasscheiben des Schalters, also nicht hinter Glas, sondern im Freien. Nachdem sie ihre Vorderpfoten mit der Präzision einer Ballerina aneinandergestellt hatte, saß sie stolz und aufrecht da und drehte den Kopf hin und her, während sie die Menschenmenge vor sich zur Kenntnis nahm und diejenigen, die sie knipsen oder filmen wollten, einlud, sie von ihrer besten Seite abzulichten (wobei sie natürlich von allen Seiten fabelhaft aussah). Während sie für Selfies posierte, zuckten ihre Ohren, wenn Kinder fröhlich mit ihr schwatzten, als hörte sie bei all den Geheimnissen, die man ihr anvertraute, ganz aufmerksam zu. Sie blieb eine halbe Stunde lang dort auf dem Pult, genoss den Sonnenschein, gestattete es den Leuten, sich gemeinsam mit ihr zu fotografieren – und kostete deren Bewunderung so richtig aus. Trotz ihrer Erlebnisse im Vormonat, als sie es mit dem um sich tretenden Schwarzfahrer zu tun bekommen und nach Jeff Stelling geschnappt hatte, kam sie mit all der Aufmerksamkeit bestens zurecht, fremdelte nicht und wurde kein einziges Mal ungnädig. Vielmehr schien sich Felix, wie alle anderen auch, von dem freudigen und feierlichen Gefühl des Tages anstecken zu lassen.

Auch Karl und Sara hatten viel Spaß an der Veranstaltung, und er nutzte die Gelegenheit dazu, mit ihr über Dan zu sprechen.

»Sag ihm einfach, was du für ihn empfindest«, drängte er sie. Um sie zu unterstützen, hatte er Dan gegenüber nicht gerade subtile Andeutungen dahingehend fallen lassen, dass Sara insgeheim für ihn schwärmte, aber viel mehr konnte er nun einmal nicht tun. Er fand, dass die beiden gut zueinander passten, und hätte sie gern miteinander verkuppelt. »Entweder du sagst es ihm«, fuhr er fort, »oder ich übernehme das …«

Sara war aber noch nicht so weit. Was wäre, wenn Dan nicht die gleichen Gefühle für sie hegte?

»Tu's nicht, Karl«, bat sie ihn. »Es eilt nicht. Ich werde es ihm sagen, wenn ich so weit bin …«

Irgendwann ließ der Ansturm auf die Felix-Tüten nach, und der Geschenktag ging seinem Ende entgegen. Es war ein durchschlagender Erfolg gewesen. »Gut gemacht, TransPennine Express!«, schrieben die Leute in den sozialen Medien. »Vielen Dank an die Damen, die das organisiert haben! Da können sich andere Bahngesellschaften mal eine Scheibe von abschneiden. Gut gemacht, Huddersfield!« Die beiden Angelas freuten sich wie die Schneeköniginnen, als sie dieses Lob lasen, und ihnen wurde warm ums Herz, als sie merkten, dass die Leute den Tag genauso wahrgenommen hatten, wie es ihre Absicht gewesen war.

Es war ein solcher Erfolg, dass sie beschlossen, einen Stapel Tüten zurückzuhalten und damit am nächsten Tag gleich weiterzumachen. Daher ließ Angela Dunn, als sie am Ende ihrer Schicht alles zusammenpackte, den gedeckten Tisch dort stehen und das Felix-Bild dahinter hängen. Dann stellte sie die große schwarze Box für Verbesserungsvorschläge auf dem Tisch ab. Die stand dort besser als auf dem Schalter, wo, wenn die Jalousien heruntergezogen waren, eigentlich gar kein Platz dafür war. Angela postierte sie mitten auf dem schwarzen Tischtuch und nahm sich vor, sie gleich am nächsten Morgen wieder beiseitezustellen.

Die Geschenkaktion sollte am nächsten Tag zu etwas späterer Stunde fortgesetzt werden, und daher begann Angela ihre Schicht ganz normal am Fahrkartenschalter. Sie war vom Vortag her noch immer bester Laune und lächelte immer wieder versonnen vor sich hin, wenn sie daran dachte, welchen Spaß es den Kindern gemacht hatte. Ein solches Lächeln hatte sie auch im Gesicht, als eine Dame an ihren Schalter kam.

Als sie die Dame ansah, spürte Angela, wie ihr der freudige Gesichtsausdruck entglitt. Die Dame war sichtlich tief betrübt. Sie hatte lockiges graues Haar und eine Brille und trug einen klassischen grünen Regenmantel. Während Angela zusah, liefen der Dame Tränen die Wangen hinab, tropften auf den Kragen ihres Mantels und färbten ihn so dunkel, wie offensichtlich auch ihre Stimmung war.

»Kann ich Ihnen helfen?«, fragte Angela besorgt. »Geht es Ihnen nicht gut?«

Doch die Frau schüttelte nur schweigend den Kopf. »Ich … ich kann's nicht glauben«, brachte sie schließlich hervor.

»Was denn?«, fragte Angela.

Die Frau schluckte und versuchte krampfhaft, ihre Gefühle in den Griff zu bekommen. »Wann ist sie denn gestorben?«, fragte sie, und beim letzten Wort versagte ihr fast die Stimme.

Angela runzelte die Stirn. Sie hatte keine Ahnung, wovon die Frau sprach.

Die begann wieder zu schluchzen. »W-wann ist Felix gestorben?«, fragte sie unter Tränen. »Wann ist eure süße kleine Bahnhofskatze gestorben?«

Die magische Mieze

Angela sprach ganz sanft zu ihr. »Mit unserer Felix ist alles in Ordnung«, sagte sie. »Sie ist quicklebendig, das verspreche ich Ihnen. Sie ist nicht tot.«

Die Frau starrte sie erschüttert an, mit tränenbenetzten Wimpern. Sie legte sich eine Hand auf die Brust, als tastete sie nach ihrem gebrochenen Herzen, das nun wieder auf dem Wege der Besserung war. »Gott sei Dank!«, sagte sie aus tiefster Seele. »Aber … aber was soll denn das hier? Ich dachte wirklich, sie wäre tot.«

Die Dame deutete auf den Geschenktisch. Angela sah zu den nun plötzlich unheilschwanger wirkenden schwarzen Pfotenabdrücken hinüber, die dorthin führten. Sie sah die Tischdecken in Violett und Trauerschwarz. Sie sah das große Bild von Felix, das hinter dem Tisch hing … und dann sah sie die große schwarze Box genau in der Mitte dieses »Schreins«.

»Ich dachte schon, ihre Asche wäre in dieser Kiste«, sagte die Dame.

Und das war gar nicht mal so abwegig. Hätte man von der Geschenkaktion nichts gewusst, dann wirkte es auf den ersten Blick tatsächlich, als wäre die Bahnhofskatze dort aufgebahrt …

»Oh, nein, nein, nein!«, beruhigte Angela sie. Und dann lachten sie beide ein wenig über das Missverständnis. »Wir haben hier gestern nur eine kleine Veranstaltung für sie abgehalten, weiter nichts. Die Sachen stehen noch von gestern da. Felix lebt, das verspreche ich Ihnen!«

»Na Gott sei Dank!«, rief die Dame und strahlte nun übers ganze Gesicht.

Die Trauer der Dame war für Angela ein weiteres Beispiel dafür, wie innig sich Felix' Fans ihr verbunden fühlten. Und Angela hatte im weiteren Verlauf des Sommers das Bedürfnis, mehr für die Fans zu tun. Obwohl die Felix-Postkarten, die sie für die Geschenktüten bestellt hatten, ursprünglich nur für diesen einen Tag gedacht waren, schlug Angela nun vor, sie auf dem Bahnhof zu einer festen Einrichtung zu machen. Allen Teammitgliedern tat es leid, wenn Leute Felix besuchen kamen, sie aber nicht abkömmlich war, und Angela kam nun auf die Idee, ihnen stattdessen eine Postkarte von Felix mitzugeben. Sie ließ eine ganze Serie davon drucken, alle mit atemberaubenden Schwarz-Weiß-Aufnahmen der schwarz-weißen Katze und kurzen Texten wie beispielsweise: »Schade, dass wir uns verpasst haben!« Angie Hunte machte ebenfalls mit und gab Kulis und Bleistifte mit Felix-Motiven in Auftrag. »Ich hab mir den Stift der Leitenden Schädlingsbekämpferin geliehen!«, stand auf dem Kuli, und daneben prangte Felix' flauschiges Konterfei. Das Team war sehr froh, Besuchern etwas bieten zu können – auch wenn es nicht Zeit mit Felix selbst war.

Angela fragte sich, was sie als Felix' Hofdame noch tun könnte. Als sie eines Tages im Büro saß, fiel ihr Blick auf ein Paket, das für Felix gekommen war. Zwar kümmerte sich Angela um Felix' Geburtstagsgeschenke und Spenden an Wohltätigkeitsorganisationen, aber für all die sonstige Post, die sie erhielt, war niemand so richtig zuständig. Und die Leute schickten nicht nur Pakete mit Dreamies oder Katzenfutter, die sich, wenn Felix keine Verwendung dafür hatte, leicht an ein Tierheim weiterleiten ließen – nein, sie schickten auch Liebesbekundungen in Form von selbst gezeichneten Bildern, selbst gefertigten Quilts mit Felix' Gesicht darauf und sogar selbst gestrickten Tauben, die ihren ewigen Widersacher Percy Pigeon darstellen sollten. Die Leute verbrachten Stunden, Wochen oder gar Monate damit, in Handarbeit Dinge für sie herzustellen, und es erschien Angela nicht richtig, dass diese dann meist irgendwo im Bürotrakt des Bahnhofs herumlagen, bis sie schließlich bei einem Großreinemachen weggeworfen wurden. Sie fand, jemand sollte sich um diese wachsende Sammlung von Erinnerungsstücken kümmern. Da fast jeden Tag etwas hinzukam, gab es in dem Büro hinter den Fahrkartenschaltern nicht genug Platz, um das alles auszustellen, weshalb nur einige wenige Stücke dort präsentiert werden konnten; und ehrlich gesagt war der Raum bereits rappelvoll.

Daher fing Angela in diesem Sommer an, die Kunstwerke mit nach Hause zu nehmen. Sie hoffte, dass es eines Tages eine Ausstellungsmöglichkeit auf dem Bahnhof geben würde, bei der all diese Dinge gezeigt werden könnten. Bis dahin packte Angela all die liebevoll gestrickten Sachen wieder zusammen und lagerte sie bei sich zu Hause.

In jenem August schaute sie sich also in ihrem Haus um und fragte sich, wo sie all das aufbewahren könnte, damit nicht ihre ganze Wohnung im Chaos versank. Dann hatte sie eine Idee. Die Arme voll beladen, ging sie ins Obergeschoss und öffnete den großen Kleiderschrank in ihrem Schlafzimmer. Darin gab es eine große, leere Schublade, in der ihr Ex-Mann einst seine Hemden aufbewahrt hatte.

Na, die Schublade wird er nicht mehr brauchen!, dachte Angela und legte behutsam die von Felix inspirierten Kunstwerke hinein. Jahrzehntelang hatte sie sich gebückt, um die Hemden ihres Mannes darin abzulegen, nun aber sah der Inhalt ganz anders aus. Doch Angela lächelte, als sie die Schublade schloss und sich ein befriedigendes Gefühl von Sinnhaftigkeit einstellte. Es fühlte sich gut an, dass diese Schublade wieder in Gebrauch war und etwas Neues die Leere ausfüllte, die ihr Mann hinterlassen hatte.

Wieder zurück auf dem Bahnhof, wollte sich Angela bei Felix dafür bedanken, dass sie ihr half, ein neues, unabhängiges Leben in Angriff zu nehmen. Daher machte sie ihr in diesem August ein ganz besonderes Geschenk: eine Katzenliege, die an einem Heizkörper aufgehängt wurde und mit flauschigem weißem Lammfell bezogen war. Sie wurde in der Damenumkleide installiert und bot Felix einen kuschelig warmen Rückzugsort, wenn sie nicht gerade bei der Arbeit war oder Fans traf. Zwar hatte man ihr schon öfter spezielle Decken und Körbe geschenkt, von denen sie aber keine so richtig angenommen hatte. Angela hoffte, dass Felix vielleicht diesmal Gefallen daran finden könnte, ein eigenes Bett zu haben.

Zunächst sah es nicht danach aus. Gut eine Woche lang betrachtete das undankbare Katzentier die Neuanschaffung lediglich aus der Ferne, als überlegte sie, was das wohl sei und ob es sich dabei um Freund oder Feind handelte. Die Liege ähnelte einer kleinen Hängematte, die auf halber Höhe vor dem Heizkörper angebracht war; Felix musste zwar vom Boden aus hineinspringen, verfügte dann aber über einen erhöhten, bequemen Thron, von dem aus sie die Welt überblicken konnte.

Doch zunächst musste sie mal hinauf. Und eine Zeit lang schien es, als wäre ihr dieser Sprung nicht geheuer. Sie blinzelte das Ding nur hin und wieder mit ihren großen grünen Augen an. Als sie es schließlich doch probierte, wackelte die Liege ein wenig an ihren Metallhaken, woraufhin Felix sofort wieder runtersprang, mit so viel Schwung, als wollte sie sagen: »O nein, das gefällt mir nicht …«

Nachdem das einige Wochen lang so gegangen war, fiel Angela und ihren Kolleginnen jedoch auf, dass Felix plötzlich viel Zeit auf ihrer neuen Liege in der Damenumkleide verbrachte. Wenn sie jetzt auf den weichen Bezug hinaufsprang, trampelte sie anschließend eine ganze Zeit lang fröhlich darauf herum – ganz ähnlich, wie unsereins ein Kopfkissen aufschüttelt, ehe man sich darauf schlafen legt. Bald fand sie die Liege so bequem, dass sie oft alle viere über die Ränder hängen ließ und so entspannt darin lag, dass ihre Kolleginnen bei diesem Anblick das große Gähnen kriegten, weil das sichtliche Behagen der Katze die Sehnsucht nach den eigenen warmen Betten in ihnen weckte. Befanden sich die Frauen im Vorraum der Umkleide, während Felix sich nebenan in ihre Liege kuschelte, so hörten sie manchmal, wie die Katze, obwohl niemand bei ihr im Zimmer war, laut vor sich hin schnurrte und damit ihre Freude über das gemütliche Plätzchen vor dem Heizkörper zum Ausdruck brachte. Und wenn Felix' Kolleginnen nun die Umkleide betreten mussten, während sie schlief, schlichen sie auf Zehenspitzen um sie herum und machten, wenn sie gingen, das Licht aus. Die Liege wurde zu einem stillen, friedlichen Ort für die Bahnhofskatze, ganz anders als all das Getöse draußen auf den Bahnsteigen. Dort hörte man nur das leise Surren der Klimaanlage – und das zufriedene Schnurren einer Katze. Auf dieser Liege wirkte sie selig und wunschlos glücklich. Und es dauerte nicht lange, und ihre Heizkörperliege wurde zur ersten Stelle, an der man nach ihr suchte, wenn Fans zu Besuch kamen. Dort fand auch Andy Croughan sie in jenem Sommer, als er sie um einen wichtigen Gefallen bitten wollte, bei dem es um Fußball ging …

Einige Monate zuvor, am 29. Mai 2017, hatte der Fußballverein Huddersfield Town AFC Schlagzeilen gemacht, als er nach fünfundvierzig Jahren in die oberste englische Spielklasse zurückgekehrt war. Es war ein unvergesslicher Tag; die halbe Belegschaft des Bahnhofs war zum Playoff-Finalspiel im Londoner Wembley-Stadion gefahren und kam jubelnd im Zug wieder zurück – nun aber als Anhänger einer Premier-League-Mannschaft! Jean Randall vom Fahrkartenschalter brachte, um den Sieg zu feiern, einen blau-weißen Huddersfield-Town-Schal mit ins Büro, um ihn dort aufzuhängen, und zuvor posierte Felix bereitwillig darin für Fotos – wollte sie doch auch etwas zum Erfolg der Heimmannschaft beitragen. Während der Fußballsaison postete sie des Öfteren auf Facebook: »Herzliche Glückwünsche an Mister Wagner [den Manager] und die Jungs!«, und überhaupt war ganz Huddersfield aus dem Häuschen angesichts des glorreichen Wiederaufstiegs in die Premier League.

Ja, wohin man auch blickte, erkannte man, dass dies für die Stadt in Yorkshire eine große Sache war – sogar Leo, die Löwenskulptur auf dem Lion Building am St George's Square, hatte sich von der Begeisterung anstecken lassen und trug einen Huddersfield-Town-Schal um den Hals, während hinter ihm die blau-weiße Vereinsflagge wehte. Der Stadtrat ließ indessen sämtliche Laternenmasten am Platz mit metallischen Bannern behängen, die im Wind klirrten und mit dem Slogan *»Premier for Business«* Investitionen ankurbeln sollten.

In jenem August begann die neue Fußballsaison, und Felix wurde gebeten, Huddersfields Chancen in der spielstärksten Fußballliga der Welt zu beurteilen. Vor Saisonbeginn wurde Huddersfield Town – die den Spitznamen »die Terrier« trugen – leider als Abstiegskandidat gehandelt, aber wie sich herausstellte, hatte Felix ein bisschen mehr Vertrauen in das Team.

Für das Lokalblatt, den *Huddersfield Examiner*, wurde Felix von Andy Croughan befragt, ob sie bei den ersten drei Spielen in der Premier League einen Sieg, eine Niederlage oder ein Unentschieden prophezeite. Dabei erwartete man allerdings nicht von Felix, dass sie für ihre Vorhersagen zu einer Kristallkugel oder zu Tarotkarten griff. Sie arbeitete stattdessen mit ihrem Lieblingsmedium schlechthin: *Futter*.

Andy stellte auf Bahnsteig 1 drei Futternäpfe auf: Einer trug das Emblem von Huddersfield Town, der zweite das des jeweiligen Gegners, und der dritte war mit »Unentschieden« beschriftet. Felix durfte nur aus einem dieser Näpfe fressen. Sie musste sich lediglich entscheiden, welcher es sein sollte – und sagte damit das Ergebnis des jeweiligen Spiels voraus. Auf ihren schlanken Schultern ruhte also nichts Geringeres als das Schicksal der frischgebackenen Premier-League-Mannschaft ihrer Heimatstadt.

Andy sah nervös zu, als Felix das erste Mal zu den Näpfen trottete, um ihre Vorhersage zu treffen. Der Gegner war ein harter Brocken: Huddersfield spielte auswärts gegen den Londoner

Verein Crystal Palace. Felix schien die enorme Herausforderung dieser Paarung zu wittern: Nachdem sie zunächst am Napf von Huddersfield Town geschnuppert hatte und ein wenig bei dessen verlockendem Geruch verweilt war, ging sie, ohne auch nur einen winzigen Bissen aus dem Napf der Heimmannschaft genommen zu haben, zu »Unentschieden« weiter. Hatten die Jungs wirklich so schnell ihre Unterstützung eingebüßt?

Beim Unentschieden-Napf angelangt, senkte sie erneut nachdenklich den Kopf. Sie schnupperte eifrig, bewertete wie ein erfahrener Sommelier die Aromen und dachte lange über die schwierige Entscheidung nach. Dann aber kehrte sie, zur Freude aller Terrier-Fans, zum Huddersfield-Town-Napf zurück und schlang begierig das hineingefüllte Futter hinunter! Felix setzte auf einen Sieg der Jungs!

Ja, auch bei den anderen beiden Spielen tat sie das Gleiche – und zögerte nicht mal, sondern ging schnurstracks zum Napf von Huddersfield Town. Die Buchmacher taxierten die Wahrscheinlichkeit von drei Siegen in Folge auf 41 zu 1, Felix aber bot diesen Wettchancen mit ihren Vorhersagen die Stirn.

Die hellseherischen Fähigkeiten der Katze wurden sogleich von sogenannten Fußballexperten in Zweifel gezogen, die ungeniert über ihre tiefen Erkenntnisse spöttelten. Jack Kempf von TPE wurde in die Radiosendung *Hawksbee and Jacobs* eingeladen, um über Felix' Prophezeiungen zu diskutieren. Nachdem der Moderator Felix gleich zu Beginn der Sendung herabgewürdigt hatte, indem er sie dem falschen Geschlecht zuordnete, stänkerte er: »Felix ist ja wohl verrückt geworden! Sie ist viel zu optimistisch …«

Doch als die Saison dann am 12. August 2017 begann, war es Felix, die zuletzt lachte. Entgegen allen Erwartungen schlugen die Terrier am ersten Spieltag Crystal Palace mit drei zu null.

Eine Woche später absolvierte das Team ein Heimspiel gegen Newcastle. Und wieder triumphierten die Terrier und besiegten die Gäste mit eins zu null.

Nachdem sie vor Saisonbeginn noch als Kandidat für einen sofortigen Wiederabstieg gehandelt worden waren, thronten die Huddersfielder nun auf dem zweiten Tabellenplatz. Dieser beeindruckende Saisonstart hatte alle vollkommen überrascht – außer Felix natürlich.

Die »magische Mieze« ließ sich von dem aus ihren hellseherischen Fähigkeiten resultierenden regen Medieninteresse an ihr überhaupt nicht aus dem Konzept bringen und betrachtete die vielen Sportjournalisten, die nun herbeiströmten, um sich mit ihr zu treffen, mit großem Gleichmut. Diese Entspanntheit wurde zusehends zu Felix' Grundhaltung. Nach dem Zwischenfall im Juni, bei dem sie versucht hatte, Jeff Stelling »anzugreifen« (wie der *Huddersfield Examiner* es allzu dramatisch ausdrückte), schien sie sowohl Fans als auch Kameras gegenüber allmählich eine enorme Toleranz zu entwickeln.

Das zeigte sich auch an ihrem Umgang mit reisenden Fußballfans. Viele Huddersfield-Town-Anhänger kamen auf ihren Fahrten zu den Auswärtsspielen regelmäßig durch den Bahnhof. Sie machten es sich nun zur Gewohnheit, ihre Glücksbringerin aufzusuchen und allerlei Aufhebens um sie zu machen. Manchmal hatten die Fans schon einiges intus und waren ein wenig auf Krawall gebürstet, doch statt Angst vor ihnen zu bekommen, schien Felix im Gegenteil eine beruhigende Wirkung auf sie auszuüben. Regelmäßig sah man ein Grüppchen Jungs in Fußballtrikots, die vor der Bahnhofskatze auf dem Boden hockten und sie mit ihren Smartphones knipsten. Und statt in ihr übliches Gejohle verfielen sie, wenn sie die Katze liebevoll begrüßten, in Babygebrabbel. Statt großer, herrischer Gesten streichelten sie ihr sanft und behutsam das flauschige schwarze Fell. Es war wirklich ein erstaunlicher Anblick.

Doch natürlich währt nichts im Leben ewig – und leider endete Felix' Siegesserie beim dritten Spiel der Terrier, als diese zu Hause gegen Southampton nur ein torloses Unentschieden erreichten. Das hatte die »magische Mieze« nicht kommen sehen.

Zu Ende ging auch die Bahnhofskarriere des ehemaligen Ansagers Chris Bamford; er würde bald, im Oktober 2017, innerhalb des Unternehmens in seinen Traumjob als Lokführer wechseln. Da er auf der Strecke Liverpool – York unterwegs sein würde, würde er bei seiner neuen Tätigkeit zwar mindestens zweimal täglich durch Huddersfield kommen, aber ihm war klar, dass er nun keine Zeit mehr mit Felix verbringen würde und allenfalls darauf hoffen konnte, sie gelegentlich, wenn er durch den Bahnhof fuhr, bei ihren geliebten Fahrradständern sitzen zu sehen. Das war ein ziemlich trauriger Gedanke. Er hatte die Zusammenarbeit mit der kleinen Katze wirklich sehr gemocht.

Damit ging also sowohl für Chris eine Ära zu Ende als auch für die »magische Mieze«. Letzteres war in gewisser Weise sehr schade, denn alle auf dem Bahnhof wären gern gewarnt worden vor dem, was als Nächstes geschah. Der Huddersfielder Bahnhofsbelegschaft standen finstere Zeiten bevor – die aber wohl niemand, nicht einmal Felix, hätte vorhersehen können.

Erschütterungen und Trauer

»Hey, Prinzessin!«, sagte Karl. »Komm in meine Arme!« Sara drückte ihren Freund noch einmal fest, bevor sie an diesem Septemberabend nach Hause ging. Sie war in letzter Zeit ein wenig niedergeschlagen: Sie schwärmte immer noch für Dan, bekam ihm gegenüber aber einfach den Mund nicht auf – doch Karl achtete darauf, dass sie nicht so bedrückt nach Hause ging. Wenn sie sich nach Feierabend voneinander verabschiedeten, umarmten sie sich, und in Karls brüderlichen, bärenstarken Armen ging es Sara gleich viel besser, egal, was am jeweiligen Tag vorgefallen war. Sara war mit ihren vierundzwanzig Jahren die älteste ihrer leiblichen Geschwister, und auf der Arbeit einen »großen Bruder« in Gestalt des neunundzwanzigjährigen Karl zu haben war für sie ein zusätzlicher Pluspunkt an ihrem Job.

Auch Monate später wusste Sara immer noch nicht so recht, was Dan für sie empfand. Die beiden verstanden sich sehr gut, aber er machte einfach nicht den ersten Schritt. Jeden Tag amüsierten sie sich prächtig miteinander, und sie fragte sich, ob er sie einfach nur als eine Freundin sah. Karl spielte den Kuppler, redete ihnen einzeln gut zu, ließ Andeutungen fallen und neckte sie beide, doch trotz seiner frechen Bemerkungen und wissenden Blicke hatten weder Sara noch Dan die Dinge bisher vorangebracht. Seit Dan auf dem Bahnhof tätig war, hatte er sich zusehends auf Felix' Facebook-Seite engagiert; und in einer sehr beliebten Videoserie mit dem Titel »*The Floof Files*« (auf Deutsch etwa: »Akte Flausch«), die er unlängst produziert hatte, gab es folgende Bildunterschrift von Felix: »Dan – musst du der ganzen Welt wirklich unsere Geheimnisse verraten?« Wenn es aber um die Geheimnisse seines Herzens ging, schwieg Dan eisern.

Dem frisch verlobten Karl erschien es offensichtlich, dass es zwischen Sara und Dan knisterte – doch fürs Erste waren seine Verlobte und er, was Herzensangelegenheiten betraf, noch allein. Das Einzige, was Karl tun konnte, außer Sara zu drängen, Dan endlich ihre Gefühle zu offenbaren, war, sie aufzumuntern. In jenem September nahm er sie zu ihrem ersten Fußballspiel nach Old Trafford mit, wo sie sein geliebtes Team, Manchester United, triumphal siegen sahen. Neben seiner Verlobten gehörte Karls Herz dem Fußball, und Sara hatte ihn nie glücklicher gesehen als an jenem Tag im Stadion.

Was Felix anging, so waren in jenem Herbst weitere Spiele angesagt – nicht zuletzt als Jack Kempf für den kommenden Kalender von ihr, mit dem diesmal Geld für *Cash for Kids* gesammelt werden sollte, ein Fotoshooting mit herbstlichen Motiven organisierte.

Mit ihren sechs Jahren war Felix bereits eine ziemlich welterfahrene Mieze. Sie hatte schon einiges erlebt und konnte Dreamies auf Anhieb von No-Name-Katzenleckerli unterscheiden. Sie wusste über das Bahnhofsleben bestens Bescheid und hatte so ziemlich alles gesehen, was häufiger über die Bahnsteige geschoben wurde – Koffer und Handgepäck, Bierfässer und -kisten. Und daher fragte sie sich vermutlich in jenem Herbst: Was war das denn für ein neuer, riesiger Gegenstand? Und was um alles in der Welt hatte der mitten auf *ihrem* Bahnhof zu suchen?

Denn in jenem September wurde ein riesiger orangefarbener Kürbis auf den Bahnsteig gerollt, das ideale Requisit für das Kalenderbild vom Oktober 2018. Jack Kempf und das Team hatten ihn aus einem Obst- und Gemüseladen in der Stadt, und er war wirklich gigantisch – etwa zehnmal so groß wie Felix. Misstrauisch sah sie zu, wie der Kürbis näher kam – er war so schwer, dass es mindestens drei Männer brauchte, um ihn zu tragen –, und dann setzten sie ihn mit einiger Erleichterung mitten auf dem Bahnsteig 1 ab. Weiter hätten sie ihn nicht schleppen mögen.

»Komm her, Felix!«, rief Jack. »Komm, schau dir das an!«

Das musste man Felix nicht zweimal sagen. Neugierig eilte sie zu der geheimnisvollen orangefarbenen Kugel, aus der ein dicker grüner Stiel ragte, der fast so lang war wie Felix' flauschiger Schwanz. Mit zuckendem Näschen unterzog sie den Kürbis einer gründlichen Untersuchung und ging einmal rundherum. Da sie anschließend immer noch nicht klüger war, beschloss sie draufzuspringen und flog dann mit der Schnelligkeit einer Weltraumrakete empor. Als sie landete, saß sie so weit oben, dass sie sich auch auf dem Mond hätte befinden können – wenn auch auf einem leuchtend orangefarbenen.

Dort oben setzte Felix ihre Ermittlungen fort. Und sie schien zu dem Schluss zu kommen: Was auch immer das für ein riesiger Gegenstand war – er machte Spaß! Bald schon hüpfte sie darauf herum, und ein Profi-Fotograf knipste sie dabei und verewigte sie als Felix, die Königin der Kürbisburg – und anschließend beim Versteckspiel mit sich selbst, wobei der Kürbis eine ideale Deckung abgab. Als sie daneben auf dem Boden kauerte, um sich zu verbergen, ließ Felix die riesige Frucht noch größer erscheinen, als sie ohnehin schon war. Als der Fotograf dann schließlich fertig war und der orangefarbene Mond davongerollt wurde, wirkte die Katze regelrecht betrübt.

Doch glücklicherweise war das nicht der letzte Spaß in jenem Herbst. Im Oktober wurde ein ganz neues Spielzeug in die Bahnhofshalle geschoben: ein Klavier mit schwarzen und weißen Tasten – zur Unterhaltung der schwarz-weißen Katze! Diese Neuerung ging auf eine Idee des Bahnhofschefs Andy Croughan zurück. Nachdem er gesehen hatte, wie gut Bahnhofspianos etwa im Hauptbahnhof von Leeds und in London St Pancras ankamen, hatte er schon eine ganze Zeit lang eins anschaffen wollen. Es waren allerdings kostspielige Instrumente, und nicht alle Wünsche ließen sich auf die Schnelle verwirklichen. In diesem Jahr hatte ihn jedoch ein Mitglied der Fraktion der Grünen im Huddersfielder Stadtrat angerufen, um eine Idee mit ihm zu besprechen: Der Mann hatte Beziehungen zum Jazz-Festival im nahe gelegenen Städtchen Marsden und konnte, wenn sich der Bahnhof Huddersfield an dem Festival beteiligte, dafür sorgen, dass dort im Gegenzug ein Klavier aufgestellt wurde. Begeistert willigte Andy ein.

Es war ein schlichtes Piano aus braunem Holz mit einem schicken hölzernen Klavierhocker davor, der einen weinroten Samtbezug hatte. Man platzierte es gleich hinter den Zugangssperren in der Bahnhofshalle, und ein Schild obendrauf ermunterte vorbeikommende Fahrgäste, darauf zu spielen. Und das taten sie …

Für Adam Taylor, der am Informationsstand in der Bahnhofshalle tätig war, bekamen die Freitagmorgenschichten nach der Ankunft des Klaviers einen ganz neuen Charakter. Ein Mann mittleren Alters kam regelmäßig und spielte darauf, und Adam hörte ihm liebend gern zu. Der Mann war stets elegant gekleidet, trug meist einen Anzug, ließ sich jeweils gegen elf Uhr morgens auf dem weich gepolsterten Klavierhocker nieder und spielte langsame, eindringliche, traurige Stücke.

Wenn sich ein guter Pianist ans Klavier setzte, erwies sich das Instrument als wirklich tolle Neuerung des Bahnhofs. Die Musik klang bis unters Wellblechdach hinauf und in die sanft hügelige Landschaft hinaus; die Töne flatterten wie ein Vogelschwarm durch die offenen Oberlichter des Bahnhofs davon. Die Akustik des Gebäudes war erstaunlich gut, sie verstärkte die Musik und verwandelte die aus den Fingern der Pianisten fließende Melodie in Klänge, die zu Herzen gingen. Passanten blieben stehen, um zuzuhören, und ihre Termine waren ihnen plötzlich ganz egal. Ein Mann mit Schiebermütze und wuchtiger Designerbrille nahm seinen Kopfhörer ab und lauschte stattdessen lieber der Livemusik. Eine Dame im kleinen Schwarzen, das Haar zum Dutt gebunden, verharrte kurz und blieb dann stehen. Ihr strenges Äußeres schien sich ein wenig zu lockern, dann wippte sie mit einem Fuß im Takt der jazzigen Melodie und wackelte rhythmisch mit dem Kopf.

Nicht von ungefähr hat Albert Schweitzer einmal gesagt: »Zweierlei eignet sich als Zuflucht vor den Widrigkeiten des Lebens: Musik und Katzen.« Und Huddersfield hatte anscheinend in beiderlei Hinsicht einen Volltreffer gelandet. Als Andy Croughan diesen begnadeten Pianisten lauschte, dachte er bei sich, dass ihre Auftritte gut in eine neue Samstagabend-Fernsehshow passen würden: *Das Bahnhofspianisten-Supertalent!*

Oben: *Angie Hunte (links) und Angela Dunn, zwei von Felix' ältesten Freundinnen*

Links: *Felix, daheim auf Bahnsteig 1*

Unten: *Felix »hilft« den Friends of Huddersfield Station bei der Gartenarbeit*

ATLANTIC
OCEAN

SAMSUNG

Linke Seite:

Oben: *Marks schwer in den Griff zu kriegender Globus und eine verblüffte Felix*

Unten: *Ein Lieblingsplätzchen Ihrer Hoheit*

Rechts: *Felix' Porträt, gemalt von Rob Martin*

Unten: *Ein weiteres Lieblingsplätzchen*

Felix war schon immer überaus fotogen ...

... kein Wunder, dass die Paparazzi ihr nachstellen

Sara, eine weitere ganz besondere Freundin, spielt mit Felix »Männchen machen«

Ein Freund, der ihr fehlt: Felix auf der Gedenkbank zu Ehren von Billy Bolt

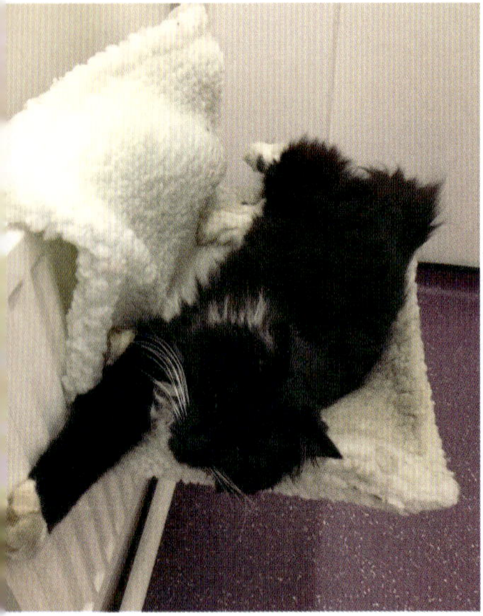

Angela spendierte Felix eine gemütliche Heizkörperliege, die bald zu ihrem Lieblingsschlafplatz wurde und auf der sie auch Gloria, die Bucket List Lady, traf

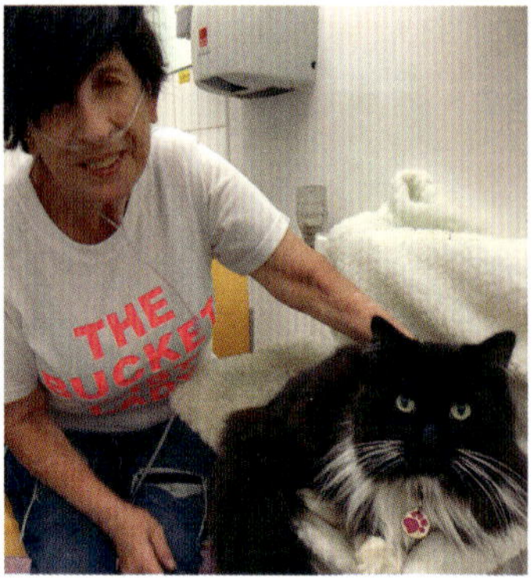

Oben: *Eine überglückliche Eva bei ihrer ersten Begegnung mit Felix*

Für Felix ist kein Dreamie zu groß und kein Karton zu klein

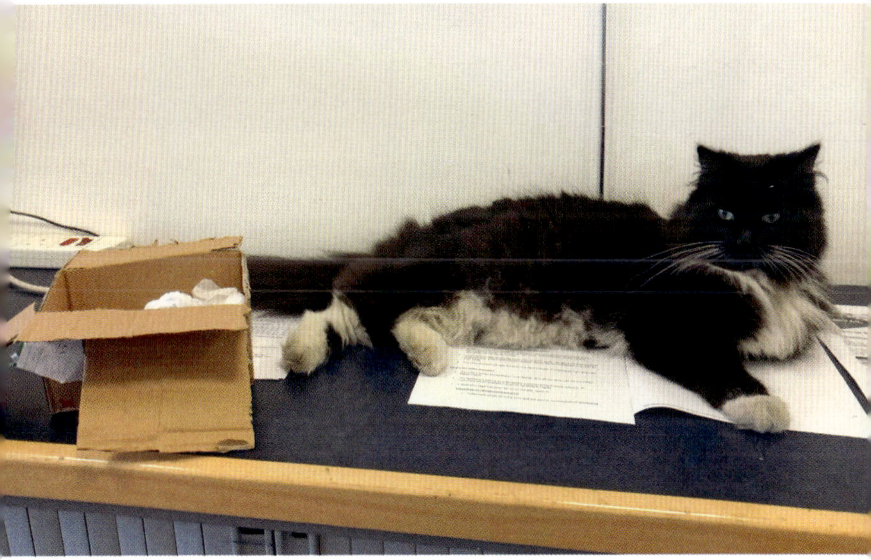

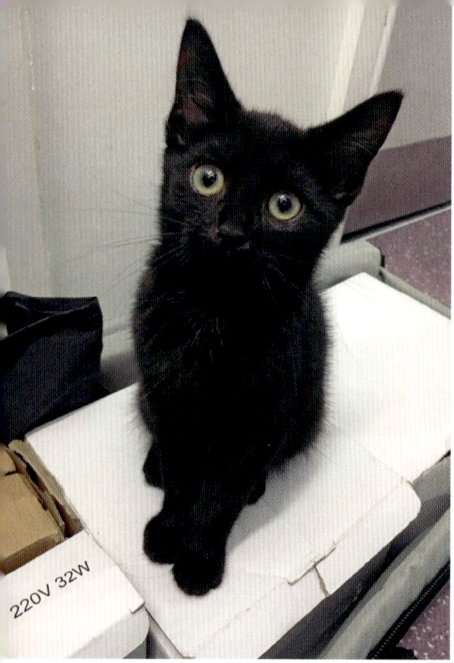

Der Neuling tut ganz unschuldig, hat es aber faustdick hinter den Ohren

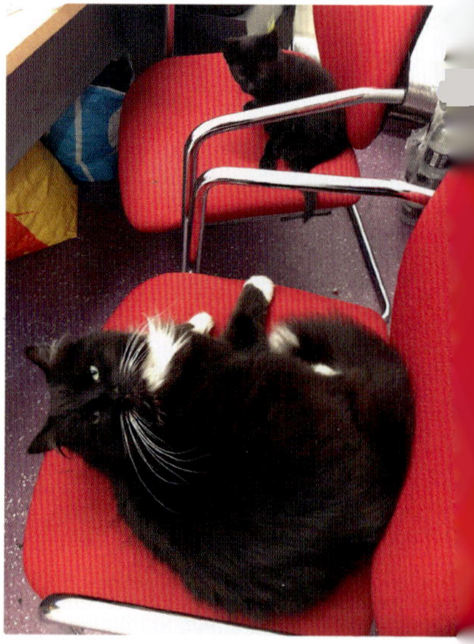

Letztlich dauerte es nicht lange, und die beiden Katzen wurden dicke Freunde

Bolt und Jacqui beim Kuscheln

Es klang allerdings nicht bei allen so melodisch. Wenn Kinder auf den Tasten herumklimperten oder betrunkene Idioten sich damit auf dem Heimweg einen Scherz erlaubten, gab es einen fürchterlichen Rabatz.

»Grauenhaft!«, grummelte Gruppenleiter Geoff bei solchen Gelegenheiten und schüttelte den Kopf angesichts all dessen, was er zu erdulden hatte.

Was Felix anging, so schien sie seine Abneigung gegenüber den schlechten Spielern zu teilen. Katzen haben ein sehr feines Gehör – sie können Töne bis zu einer Frequenz von 65 000 Hertz wahrnehmen, wohingegen das Hörvermögen von uns Menschen auf Töne bis zu 20 000 Hertz beschränkt ist –, und daher war der Lärm für Felix sogar noch unerträglicher. Wenn jemand am Piano saß, machte sie jedes Mal einen großen Bogen darum.

Als es angeliefert worden war, hatte sie das Klavier jedoch einer gründlichen Untersuchung unterzogen und war sogar obendrauf gesprungen und dort entlanggeschlendert, wobei ihr schnippender Schwanz wie ein Metronom wirkte. Obwohl es eine hübsche Geschichte abgegeben hätte, sah das Team sie nie über die Tasten laufen – so lustig es auch war, sich vorzustellen, dass Felix nachts dort eigene Kompositionen entwarf, um vielleicht gar in die Fußstapfen ihres großen Namensvetters Felix Mendelssohn-Bartholdy zu treten. Das hinderte Angela Dunn jedoch nicht daran, wurde sie gefragt, ob Felix etwas mit dem Klavier anfangen könne, scherzhaft zu sagen: »O ja, sie spielt ausgezeichnet Mozart!«

Im Oktober jenes Jahres waren auf dem Bahnhof eher traurige Lieder angesagt. Es war immer ein sehr emotionaler Moment, wenn ein allseits beliebtes Mitglied der Belegschaft zu neuen Ufern aufbrach, und nun ging hinter den Kulissen eine

Karte herum, mit der sich das Team von Chris Bamford verabschieden wollte, dessen letzte Schicht für den 23. Oktober 2017 geplant war. Er hatte bei Felix' Aufstieg zum Ruhm eine entscheidende Rolle gespielt, und sowohl die Katze als auch ihre menschlichen Gefährten würden ihn schmerzlich vermissen. Obwohl der Bahnhof tagein, tagaus Schauplatz unzähliger Abschiede war, wurde es für das Team nie einfacher, sich von Kollegen zu verabschieden, die nichts Geringeres als ein Teil der Familie geworden waren.

Mitte Oktober machte bei der Huddersfielder Bahnhofsbelegschaft eine andere Karte die Runde – diesmal für Karl, der nach seiner Rückkehr aus dem Urlaub krank geworden war. Er war ins Krankenhaus eingeliefert worden, und das Team beeilte sich, einem ihrer Lieblingskollegen gute Besserung und baldige Genesung zu wünschen.

Als Angela Dunn am Samstag, den 14. Oktober, zur Arbeit kam, war sie ein wenig mies drauf; sie hatte gerade eine Woche Urlaub auf Malta verbracht, und viereinhalb Tage davon hatte es geregnet. Als sie den Bahnhof betrat, hielt sie Ausschau nach Karl, der gleichzeitig mit ihr Urlaub gehabt hatte. Sie hatten vorher im Scherz gewettet, wer von ihnen mehr Sonnenschein abbekommen würde. Nun wollte Angela ihm mitteilen, dass er auf jeden Fall gewonnen hatte! Doch Karl war nirgendwo zu sehen.

Im Büro angelangt, sah sie die Karte mit den Genesungswünschen auf ihrem Schreibtisch liegen.

»Wer ist denn krank?«, fragte sie.

»Karl«, sagten ihre Kollegen. »Es geht ihm nicht gut. Er ist schon seit ein paar Tagen im Krankenhaus.«

»Oh, der Arme«, sagte Angela mitfühlend und schrieb: »Gute Besserung, Karl! Alles Liebe, Ange.« Dann wandte sie sich der harten Realität ihrer ersten Schicht nach dem Urlaub zu. Und diesmal schaffte es nicht mal Felix, dass die Arbeitszeit schneller verging.

Keine zwei Stunden später kam die Arbeit auf dem Bahnhof jedoch abrupt zum Erliegen. Der diensthabende Gruppenleiter David Jackson rief alle ins Büro und sagte ihnen, sie sollten stehen und liegen lassen, was sie gerade taten. *Was ist denn jetzt los?*, fragte sich Angela. Für Chris Bamfords Abschied war es noch viel zu früh, und im Dienstplan war kein Meeting eingetragen.

David trat vor seine Kolleginnen und Kollegen. Er war kreidebleich und wirkte entsetzt. Sekunden später waren es alle anderen auch.

»Es tut mir sehr leid, euch das mitteilen zu müssen«, sagte er. »Karl ist heute Morgen verstorben.«

Schweigen. Die Nachricht schien alle Worte und allen Sinn aus der Welt vertrieben zu haben. Im ersten Moment verstanden die Eisenbahner nicht, was David da sagte. Erst nach ein, zwei Minuten brach der Bann, und die Steinstatuen, in die sie sich bei der Nachricht von Karls Tod verwandelt hatten, begannen sich langsam wieder zu bewegen. Ein Kollege brach in Tränen aus, dann ein zweiter. Das Team stand unter Schock und wusste nicht, was es sagen oder tun sollte. Die Nachricht traf sie mit brutaler Härte. Karl war jedermanns Freund gewesen: ein warmherziger, liebevoller, lustiger, hilfsbereiter, *junger* Mann, der seinen Job bei der Eisenbahn geliebt hatte. Ihre restliche Schicht verbrachten Angela und die anderen wie benommen in einem Zustand der Fassungslosigkeit. Angela dachte immer wieder nur: *Warum?* Man hatte sie ja gerade erst informiert, dass er krank war, und jetzt war er plötzlich tot. Es war sehr schwierig, damit klarzukommen.

Karl würde allen sehr fehlen. Jeder erinnerte sich an einen Scherz von ihm oder wie er einmal etwas Besonderes unternommen hatte, um sie zum Lächeln zu bringen. Er war erst neunundzwanzig Jahre alt gewesen und kaum ein Jahr in Huddersfield dabei, und doch hatte er auf den ganzen Bahnhof eine enorme Wirkung ausgeübt. Er hatte sein ganzes Leben noch vor sich gehabt. Er hatte so viele Zukunftspläne geschmiedet. Und jetzt war all das dahin.

Sara, Karls beste Freundin, die an diesem Morgen keinen Dienst hatte, erfuhr es von Andy Croughan, dem Bahnhofschef. Da er wusste, wie nah sich die beiden standen, rief er Sara an, gleich nachdem Karls Familie ihm die Nachricht übermittelt hatte. Sara war gerade im Begriff, ihren Freund im Krankenhaus zu besuchen, wie sie es in der vergangenen Woche fast jeden Tag getan hatte, doch als sie Andy sagen hörte, sie solle erst mit Karls Verlobter sprechen, bevor sie aus dem Haus ging, las sie gewissermaßen zwischen den Zeilen. Dort lauerte eine schreckliche Wahrheit, die dadurch, dass sie unausgesprochen blieb, irgendwie noch schlimmer wurde. Daher beharrte sie darauf, dass Andy ihr mehr dazu sagen sollte, und so kam es, dass er ihr die Nachricht überbrachte.

Es war ein schwerer Schock für sie. Ein schrecklicher Schlag. Karl war ihr allerbester Freund. Jeden Tag hatten sie miteinander gesprochen. Und jetzt war er für immer verstummt.

Sara war fassungslos. Es kam so plötzlich und unerwartet, dass sie es überhaupt nicht verarbeiten konnte. Sie blieb an diesem Tag zu Hause, war ohnehin zu fast nichts in der Lage, zwang sich aber am Montag wieder, zur Arbeit zu gehen. Dort war sie zwar körperlich anwesend, aber ihre Gedanken schweiften unablässig ab. Es war schrecklich, auf den Bahnsteigen zu stehen, auf denen Karl immer neben ihr gestanden hatte, und einem anderen Kollegen dabei zuzusehen, wie er versuchte, an Karls Stelle zu treten.

Sara brach bei der Arbeit immer wieder in Tränen aus. Alle waren sehr lieb zu ihr, da sie ja wussten, wie nah Karl und sie sich gestanden hatten, doch diese Freundlichkeit machte es in gewisser Weise nur noch schlimmer. Das Einzige, was sie tröstete, waren die Schmuseeinheiten mit Felix. Die Katze schien, wie früher auch schon bei anderen, ihre Trauer zu spüren. Und wenn Felix sich auf ihrem Schoß zusammenrollte, um sich streicheln zu lassen, oder sich, wenn sie weinte, einfach nur zu ihr setzte, empfand Sara das als sehr beruhigend. Felix war immer für sie da … und jemand anderer ebenso.

Karls Tod war auch für Dan ein schwerer Schlag. Die beiden waren eng befreundet gewesen, und da Karl nur ein Jahr älter war als Dan, empfand er dessen Tod wie einen Hieb in die Magengrube. Dan war zu jung, um fast gleichaltrige Freunde zu Grabe zu tragen – doch eben das stand ihm nun bevor.

Einige Tage nach Karls Tod gingen Dan und Sara nach Feierabend noch etwas trinken. Normalerweise wäre auch Karl mitgekommen, hätte erst mal eine Runde »Jägerbomben« bestellt, um die Stimmung auf Touren zu bringen, und hätte mit seiner fröhlichen Art und seinem Gelächter alle in gute Laune versetzt. Nun aber war Lachen das Letzte, wonach Sara und Dan zumute war, nachdem sie am Tresen etwas bestellt und sich dann mit ihren Getränken an einen Tisch zurückgezogen hatten. Stattdessen weinte Dan über den Tod seines Freundes. In einem Pub zu weinen, war zwar alles andere als cool, aber er konnte nicht anders. Sara nahm seine Hand und hielt sie schweigend. Er brauchte nichts zu sagen; sie wusste genau, was er durchmachte. Sie war einfach nur für ihn da – so wie auch er für sie da war.

Seit Monaten, überlegte Sara, hatte sie es nun schon vor sich hergeschoben, Dan zu sagen, was sie für ihn empfand. Dafür ist noch Zeit genug, hatte sie immer wieder zu Karl gesagt; sie würde es ihm gestehen, wenn der richtige Moment gekommen war.

Karls plötzlicher Tod machte ihr aber klar, dass Zeit keine unerschöpfliche Ressource war. Warum hatte sie bloß gezögert? Worauf wartete sie?

Was Dan anging, so sah er viele Aspekte seines Lebens nach Karls Tod in einem anderen Licht. Das Leben war kurz. Zu kurz. Man wusste nie, wie viel Zeit einem noch blieb – das machte ihm Karls tragischer Tod mit Nachdruck klar. Und wenn er mit Sara glücklich sein könnte – und er glaubte, er könnte es, *sollte* es vielleicht sogar –, warum um alles in der Welt ließ er dann seinen Gefühlen keine Taten folgen?

Es gab keinen offiziellen Moment, an dem sich die Dinge änderten. Dan fragte nie: »Möchtest du mit mir zusammen sein?«, und Sara lud ihn nie auf ein Date ein. Da Karl erst kürzlich verstorben war, war es nicht der richtige Zeitpunkt für derlei triviale Dinge. Was zwischen ihnen geschah, war irgendwie tiefer; es hatte kein Etikett nötig, musste nicht ausgesprochen werden, und es gab dabei keinen alles entscheidenden Augenblick. Es war eher so, dass sich ihre Freundschaft in diese Richtung entwickelte, und keiner der beiden unternahm etwas, um das von Karl längst vorhergesehene Erblühen ihrer Liebe zu bremsen. Vielmehr berührten sich ihre Hände nun immer häufiger, wenn sie im Pub saßen, und wenn sie sich begrüßten, währten ihre Umarmungen ein wenig länger, als üblich war. Wenn sie bei der Arbeit im Büro des Gruppenleiters über Felix' Herumtollen auf dem Boden lachten, lächelten sie einander anschließend noch lange an, nachdem die lustige

Situation vorbei war. Ja, Felix war wahrscheinlich die Erste, die mitbekam, was zwischen den beiden vor sich ging.

Nur gut, dass sie eine Meisterin darin war, Geheimnisse zu hüten.

Dass sie ein Paar wurden, hatte jetzt jedoch etwas schrecklich Bittersüßes an sich. Denn es war ja einfach so: *Das hätte Karl noch erleben müssen.* Er, der so viel für sie beide getan hatte, wäre begeistert gewesen, sie so glücklich zu sehen. Doch sosehr sie es sich auch anders gewünscht hätten: Karl war nicht mehr da.

Zeit, Abschied zu nehmen

Karls Bestattung fand an einem kalten, trockenen Tag im November 2017 statt. Die Kälte wirkte ernüchternd, was die Mitglieder des Bahnhofsteams aber wirklich nicht nötig hatten. Alle, die an diesem Morgen zur Arbeit kamen, wussten, was an diesem Tag bevorstand. In gedämpfter, respektvoller Stimmung schritten sie die Freitreppe vor dem Bahnhof hinauf und gingen damit den gleichen Weg, den Karl immer gegangen war und nun nie mehr gehen würde.

Die Treppe nahmen an diesem Morgen die TPE-Kolleginnen und -Kollegen, die, wie beispielsweise Angela Dunn, an den Fahrkartenschaltern tätig waren und die sich freiwillig bereit erklärt hatten, die Schichten des Bahnsteigpersonals zu übernehmen. Letztere kannten Karl am besten und nahmen an seiner Bestattung teil. Sie hatten an diesem Tag natürlich dienstfrei. Die große Familie der Eisenbahner hatte Strippen gezogen und Schichten getauscht, damit alle, die wollten, Karl auf seinem letzten Weg begleiten konnten.

Wenn die Eisenbahn einen der Ihren verliert, ist das eine Tragödie, die das ganze Streckennetz erschüttert. Und da Karl vor seiner Zeit auf dem Bahnhof Huddersfield beim Schienenersatzverkehr tätig gewesen war, kannten ihn viele, viele Eisenbahner. Und sie alle wollten sich von ihm verabschieden, selbst wenn sie am Tag seiner Bestattung arbeiten mussten. Auch Karls Familie wollte, dass ihr Junge Abschied nehmen konnte von dem Ort, den er so lange geliebt hatte. Und so ersann man für diesen ganz besonderen Menschen eine ganz besondere Verabschiedung. Sie erwies sich als so einmalig, dass niemand, der dabei war, es jemals vergessen würde.

Am 6. November, gegen dreizehn Uhr, kam Karl ein letztes Mal zum Bahnhof Huddersfield. Es hatte sich herumgesprochen, und Leute aus dem ganzen Streckennetz reisten an, um ihm die letzte Ehre zu erweisen. Sie kamen allein, zu zweit oder in kleinen Gruppen – Lokführer und Schaffner und sogar einige Führungskräfte aus der Firmenzentrale. Mit schweren Herzen schritten sie durch die Zugangssperren. Die Huddersfielder Bahnhofshalle war oft Schauplatz liebevoller Wiedersehen zwischen Freunden und Verwandten, die einander in die Arme fielen, wobei die Freude, wieder zu Hause zu sein, alles andere überwog, an diesem Morgen aber war wenig Überschwang unter den anreisenden TPElern zu spüren. Die Kolleginnen und Kollegen schlossen einander kurz in die Arme, schüttelten sich die Hände oder nickten einander knapp zu, aber es war kein freudiges Wiedersehen. Denn der Mann, der sie alle hier zusammengeführt hatte, hatte in ihrer Mitte eine schmerzliche Lücke hinterlassen.

Am Fahrkartenschalter mühte sich Angela Dunn durch ihre Schicht. Dann, zur vereinbarten Stunde, schloss sie ihren

Schalter. Nun wurde auf dem gesamten Bahnhof die Arbeit eingestellt. Ehe sie den Bürobereich verließ, legte Angela zu ihrer marineblauen Dienstkleidung einen scharlachroten Paschmina-Schal an; alle waren gebeten worden, am heutigen Tag für Karl etwas Rotes zu tragen, zu Ehren seines geliebten Fußballteams Manchester United. Angela hatte sich vorgenommen, den roten Schal den ganzen Tag nicht mehr abzulegen. Es war für sie ein schönes Gefühl, ihren Kollegen auf diese bescheidene Weise zu ehren, auch wenn sie an der Beerdigung nicht teilnehmen konnte. Einige Kunden fragten, warum sie den Schal trage, und wenn sie es ihnen erzählte und Karls Namen aussprach, war das ein kleiner Trost, als helfe es, die Erinnerung an ihn lebendig zu erhalten.

Als Angela nun in ihrer Mittagspause auf die Freitreppe hinaustrat, sah sie, dass alle der Bitte nachgekommen waren: Sämtliche TPE-Kolleginnen und -Kollegen, die sich dort eingefunden hatten, alles in allem über fünfzig Personen, trugen etwas Rotes, seien es Mützen, Hüte, Schals, Jacken oder Pullover. Die Treppe war proppenvoll. Die farbenfrohen Kleidungsstücke wirkten unpassend heiter, was dem Ernst des Tages zu widersprechen schien. Andererseits aber passte das irgendwie auch perfekt zu dem Mann, um den sie alle trauerten und der immer alle hatte aufmuntern können, egal was sie bedrückte.

Obwohl sie so viele waren, breitete sich schnell Stille unter den Versammelten aus. Dann tauchte auf der Straße hinter dem Taxistand ein großer schwarzer Leichenwagen auf und bog auf den Sandsteinboden des Bahnhofsvorplatzes ein. Feierlich langsam fuhr der Wagen vor der Bahnhofstreppe vor und blieb dort stehen.

Die Geräusche auf dem Platz verstummten. Selbst die an den Springbrunnen vor sich hin pickenden Tauben schienen innezuhalten. Karls Sarg war über und über mit Blumen geschmückt; am eindrucksvollsten war ein herzförmiges Gesteck aus pinkfarbenen Rosen von seiner Verlobten.

Angela Dunn versuchte die Tränen zurückzuhalten. Es war ein sehr emotionaler Moment. Karl war so jung gewesen und sein Tod so plötzlich gekommen, und er war so ein wunderbarer, freundlicher Kerl. Es war wirklich ein tragischer Verlust, der allen die Sprache verschlug.

Und daher nahmen alle, die dort auf der Freitreppe standen, einander, ohne etwas zu sagen, bei den Händen und verneigten sich einfach nur. Sara war dabei und Dan und Chrissie und Amanda vom Fahrkartenschalter. Alle wollten Karl die letzte Ehre erweisen. Das sprach Bände über Karl und seinen Charakter – darüber, wie vielen Menschen er in seiner zu kurzen Lebensspanne etwas bedeutet hatte. Dann standen sie alle schweigend da, schauten zu Karls Sarg in dem Leichenwagen hinüber, hielten einander bei den Händen und dachten an ihn. Sie weinten über den Verlust eines allseits beliebten Kollegen, der viel zu früh aus ihrer Mitte gerissen worden war.

Für Sara war es ein sehr eigenartiger Moment. Denn obwohl sie tief betrübt war, spendete ihr das Wissen, dass Karl von seinen Kollegen umgeben war, doch eine seltsame Form von Trost. Es war ein Trost zu wissen, wie beliebt er gewesen war. Und seine Anwesenheit auf dem Bahnhof ließ ihn in gewisser Weise ein letztes Mal Teil des Teams sein. Dies war die letzte gemeinsame Schicht, die ihnen vergönnt war.

Schließlich aber – und viel zu früh – kam der Moment, da Karl weiterfahren musste, damit im Krematorium die Trauerfeier für ihn beginnen konnte. So viele Eisenbahner nahmen daran teil, dass TPE einen Bus dafür bereitstellte, und Sara, Dan und die anderen gingen los und nahmen darin Platz. Angela Dunn und diejenigen, die sich bereit erklärt hatten, an diesem Tag Schichten zu übernehmen, blieben auf der Freitreppe zurück, bereit, Karl auf seiner letzten Reise nachzuwinken, wie er in seiner Zeit auf dem Bahnhof unzähligen Fahrgästen nachgewinkt hatte.

Als der Leichenwagen davonfuhr, hob Angela zum Abschied die Hand und salutierte einem Kollegen, der dem Bahnhof sehr viel gegeben hatte und der, wie sie alle wussten, noch viel mehr zu geben gehabt hätte.

Karls Bestattung markierte natürlich nicht das Ende der Trauer um ihn. Sie bot Gelegenheit, ihn zu ehren und sich von ihm zu verabschieden, doch der Verlust war hinterher immer noch ebenso schmerzlich. Es war unmöglich, auch nur zu versuchen, zur »Normalität« zurückzukehren. Ja, Sara wusste nicht mal, ob sie diesen Schmerz einmal nicht mehr spüren wollte, wenn sie bei winterlichem Wetter ohne Karl draußen auf den Bahnsteigen stand. Die Trauer erinnerte sie immerhin an ihn. Aber wem wollte sie da etwas vormachen? Wohin sie auch blickte, gab es Dinge, die sie an ihn erinnerten.

Dan vermisste Karl am meisten in den Nachtschichten. Zwar hatten die Gruppenleiter und einzelne Mitglieder des Bahnsteigpersonals nur selten gleichzeitig Dienst, aber ihm war nur allzu bewusst, dass bei ihrer nächsten regulären gemeinsamen Schicht ein anderer Kollege an Karls Stelle treten würde, und dieser Gedanke hinterließ bei Dan ein sehr ungutes Gefühl in der Magengegend.

Wie sie es schon bei vielen ihrer Kolleginnen und Kollegen getan hatte, half Felix Dan darüber hinweg. Die Katze hatte wirklich einen sechsten Sinn dafür, wenn Menschen seelisch angeschlagen waren. Nach Billy Bolts Tod war es Felix gewesen, die ihre Kolleginnen und Kollegen über den schweren Verlust hinweggetröstet hatte. Und wie damals war Felix auch diesmal zur Stelle, als ihr Team sie brauchte. Der Tod hatte der Huddersfielder Bahnhofsfamilie ein weiteres Mitglied entrissen, aber Felix war fest entschlossen, für die Hinterbliebenen da zu sein. Karl war von ihnen gegangen, aber Felix konnte sich, da Karl das nun nicht mehr selbst tun konnte, um seine Freundinnen und Freunde kümmern.

Dan fand es besonders tröstlich, wie Felix zu ihm kam, um ihn zu begrüßen, als wäre überhaupt nichts geschehen. Wenn er an seinem Schreibtisch saß und es nicht schaffte, sich zu konzentrieren, hockte sich Felix auf die Papiere vor ihm und tätschelte ihm mit der Pfote sanft das bärtige Gesicht. Die Krallen hatte sie dabei eingefahren, sodass er nur ihre samtweichen Ballen zu spüren bekam.

Wenn er nicht reagierte, beugte sie sich vor und nagte vorsichtig ein wenig an seinen Augenbrauen, als wollte sie sagen: »Ich bin hier, Dan. Vergiss mich jetzt nicht!«

Als ob er das je könnte.

Auch diesmal noch nicht

Die Zeit tat, was sie nun mal zu tun pflegt: Sie verging – so unaufhaltsam wie der Lauf der Jahreszeiten. Bald schon schleppte Dave Chin wieder einen Weihnachtsbaum den Bahnsteig entlang, und Chrissie schmückte ihn wieder mit Lichtern und Kugeln. Felix verpasste das alles, verschlief es auf ihrer Heizkörperliege. Und als sie dann doch noch in der Bahnhofshalle auftauchte und einen Blick auf den hell erleuchteten Baum warf, zeigte sie, was sonst gar nicht ihre Art war, kein allzu großes Interesse daran. Und zum ersten Mal in ihrem Leben kletterte Felix in jenem Jahr nicht den Baumstamm hinauf.

Immerhin ging sie zu dem Baum hinüber; sie war ja schließlich eine Katze. Aber sie setzte sich einfach nur davor und schlug gegen ein paar Christbaumkugeln. Die Zeiten, da sie sich sportlich von Zweig zu Zweig geschwungen hatte, lagen hinter ihr. Das war nichts mehr für sie; dazu fehlte ihr nun die nötige Energie. Lieber ruhte sie unter dem Baum, wo es schön ruhig und dunkel war, auf einem Lager aus Tannennadeln, und ließ die Adventszeit an sich vorüberziehen.

Angela Dunn beobachtete ihre flauschige Freundin vom Fahrkartenschalter aus. Wenn Felix unter dem Weihnachtsbaum lag, war sie viel »zugänglicher« als je zuvor. Aber Felix war inzwischen auch viel toleranter all denen gegenüber, die sie treffen wollten. Das Team hatte im Laufe des vergangenen Jahres eine deutliche Veränderung in ihrem Wesen bemerkt; es wirkte, als wäre Felix nun allmählich in ihre Rolle hineingewachsen. Die zunehmende Zahl ihrer Fans, die sie seit Erscheinen des Buchs besuchen kamen, schien ihr peu à peu jegliche Angst vor Fremden genommen zu haben. Früher hatte Felix Ähnlichkeit mit einem Teenie-Schwarm gehabt: Sie hatte es gemocht, verehrt zu werden, solange alles nach ihren Vorstellungen verlief, und hin und wieder hatte sie einen Wutanfall bekommen und war davongestürmt. Inzwischen aber ähnelte sie eher einem Nationalheiligtum: entspannt in ihrer Berühmtheit – komme, was wolle. Im Großen und Ganzen war sie seelenruhig, wenn sie Leute empfing, und manchmal saß sie stundenlang in der Bahnhofshalle und strahlte eine enorme Entspanntheit aus. »Die Königin ist anwesend. Ihr dürft sie streicheln.«

Ihre neue Reife fiel auch Mark Allan auf, sowohl persönlich, da er ja immer noch jeden Wochentag als Pendler den Bahnhof frequentierte, als auch auf den Fotos von Felix' Begegnungen mit ihren Fans, die Angela Dunn ihm für die Facebook-Seite schickte. Felix war es inzwischen sichtlich gewohnt, Fremden zu begegnen, und schien sie auch mit größerer Geduld zu ertragen als früher.

Jean Randall vom Fahrkartenschalter glaubte, dass auch Felix' zunehmende Faulheit eine Rolle dabei spielte. Denn in Felix' Bereitschaft, an Ort und Stelle zu verweilen, damit weitere Leute sie treffen konnten, entdeckte Jean auch einen unschlagbaren Vorteil für die Bahnhofskatze. Felix' schläfrig blickende, halb geschlossene Augen vermittelten ihr zufolge die Botschaft: »Wenn du glaubst, dass ich mir die Mühe machen werde, mich von der Stelle zu bewegen, hast du dich getäuscht, Freundchen. Wenn du also ein Foto willst, dann knips halt eins, aber ich werd mich dafür keinen Millimeter rühren.«

Leider arbeitete Jean in jener Adventszeit nicht auf dem Bahnhof. Sie hatte im Sommer einen schrecklichen Unfall gehabt, als sie sich bei einem Sturz im Garten Splitterbrüche im rechten Arm zugezogen sowie den Ellbogen und das linke Handgelenk gebrochen hatte. Die Ärzte hatten ihre Frakturen mit dem Ergebnis verglichen, das man erhält, wenn man eine Porzellantasse aus anderthalb Meter Höhe auf einen Betonboden fallen lässt. Sie musste eine ganze Reihe von Operationen über sich ergehen lassen, und anschließend steckten beide Arme monatelang in Gips. Da sie in diesem Zustand unmöglich arbeiten konnte, war sie lange krankgeschrieben.

Etwa einmal im Monat kam sie aber dennoch vorbei, um sich von Andy Croughan auf den neuesten Stand bringen zu lassen. Und dann legte sie jedes Mal großen Wert darauf, Felix zu sehen, auch wenn die Katze verwirrt war angesichts der Gipsverbände an Jeans Armen, die sie daran hinderten, ihre flauschige Freundin zu streicheln. Eine Zeit lang durfte sich die Katze nicht mal auf Jeans Schoß niederlassen, was für sie beide ganz schrecklich war. Jean stellte fest, dass ihr die Katze wirklich sehr fehlte.

Felix schien instinktiv zu wissen, dass Jean verletzt war. Und Jean sah ihre eigene traurige Miene darüber, dass sie nicht miteinander kuscheln konnten, in Felix' Blick widergespiegelt. Seit Felix ein kleines Kätzchen gewesen war, hatte Jean sich immer mal wieder Zeit für sie genommen, sei es, um ihr ein wenig Zuneigung zukommen zu lassen oder um dafür zu sorgen, dass sie mal eine Zeit lang ihre Ruhe hatte – je nachdem, was die Katze gerade wollte. Nun war es an Felix, sich mal um Jean zu kümmern – und sie tat es, so gut sie konnte. Sie rieb ihren Hals an Jeans Beinen entlang und streichelte sie auf diese Weise, da Jean sie nicht mehr streicheln konnte. Sie trabte auch neben ihr her und leistete ihr Gesellschaft, wohin Jean auch ging. Mit ihrer rücksichtsvollen Aufmerksamkeit brachte sie Jean zum Lächeln, und trotz all der Schmerzen, unter denen sie litt, ging es ihr gleich ein bisschen besser. In mancher Hinsicht war Felix wirksamer als jedes Schmerzmittel – und sie hatte auch keine Nebenwirkungen.

Einige Wochen vor Weihnachten wurde Jean einer der beiden Gipsverbände abgenommen. Sie genoss es sehr, ihre so lange eingegipsten Finger wieder bewegen zu können, und kraulte bei ihrem nächsten Besuch auf dem Bahnhof die auf ihrer Heizkörperliege ausgestreckte Felix erst mal gründlich unterm Kinn. Felix schnurrte wie eine kleine Lokomotive, so froh war sie, dass Jean dazu wieder in der Lage war. Und als Jean dann mit den Fingern durch Felix' weiches Fell fuhr, hätte sie am liebsten auch selbst losgeschnurrt.

Felix war inzwischen zwar viel toleranter ihren Fans gegenüber, brauchte aber dennoch immer mal wieder eine Auszeit. Es gab noch immer Gelegenheiten, bei denen sich das Bahnhofspersonal bei hoffnungsfrohen Besuchern entschuldigen und ihnen mitteilen musste, dass die Queen indisponiert sei.

Das hatte auch zur Folge, dass Eva – das kleine Mädchen mit der großen pinkfarbenen Brille – ein weiteres Mal enttäuscht wurde, als sie in jenem Dezember vorbeikam, um Felix zu sehen. Denn Felix war an diesem Tag für Besucher nicht zu sprechen.

Eva schob ihre Brille das Stupsnäschen hoch und seufzte tief. Ihre Mutter Helen und sie hatten im Laufe des vergangenen Jahres schon einige Male versucht, Felix zu Gesicht zu bekommen, und hatten den Bahnhof nach irgendwelchen Anzeichen von ihr abgesucht, doch vergebens. Für Eva, die immer noch oft am Küchentisch saß und Felix zeichnete und die Katze überhaupt für eine ihrer besten Freundinnen hielt, war das eine bittere, schwer zu ertragende Enttäuschung. Tränen traten ihr in die großen blauen Augen, und Helen hatte Mühe, sie zum Verlassen des Bahnhofs zu bewegen, denn Eva hätte dort am liebsten so lange gewartet, bis Felix irgendwann auftauchte. Doch nach einer guten halben Stunde voller Tränen und tiefer Traurigkeit zeigte sich die vierjährige Eva wieder von ihrer quirligen Seite. Ihre Hoffnung ließ sich einfach nicht erschüttern. »Nächstes Mal klappt es bestimmt, Mami! Wann können wir es wieder versuchen?«

Eva war steif und fest davon überzeugt, dass es nur eine Frage der Zeit sei, bis sie Felix treffen würde. Sie bat immer wieder darum, auf den Bahnhof zu gehen und nach der Katze suchen zu dürfen. »Eines Tages werden wir sie sehen«, sagte sie immer wieder zu ihrer Mutter.

Der 9. Dezember 2017 war dann schließlich auch nicht der große Tag, brachte aber bei Evas Suche nach Felix eine neue Wendung der Ereignisse. Bis dahin hatten Helen und sie sich bei ihrer Suche darauf beschränkt, das Bahnsteigpersonal um Hilfe zu bitten. Diesmal standen sie, wie der Zufall es wollte, am Fahrkartenschalter, um für einen Familienausflug Tickets nach Stalybridge zu kaufen, und daher fragte Helen die Dame am Schalter, ob Felix eventuell gerade Zeit habe.

Nun, das hatte sie zwar nicht – aber was brachte die Dame ihnen denn da? Zu Evas großer Freude drückte ihr die TPE-Angestellte eine kostenlose Felix-Postkarte mitsamt passendem Stift in die Hände.

Wie von Angela Dunn in jenem Sommer vorhergesehen, bildeten diese Geschenke eine schöne Entschädigung dafür, dass es Eva ein weiteres Mal nicht gelungen war, Felix zu treffen. Das kleine Mädchen starrte freudig und verblüfft das schöne Bild von Felix an. Unten auf der Postkarte stand: »Schnurrige Grüße!«

»Mami, schau mal!«, rief Eva begeistert. Sie war außer sich vor Freude. »Das nehme ich in den Kindergarten mit! Dann kann ich den anderen davon erzählen!« Dann aber kam sie auf eine andere Idee. »Mami, das stelle ich in meinem Zimmer auf, in einem Rahmen. Hast du vielleicht einen Rahmen, den du mir leihen kannst, Mami? Bitte! Das mache ich sofort, wenn wir nach Hause kommen!«

Und genau das tat sie dann auch. Helen schenkte ihrer Tochter einen schönen weißen Bilderrahmen, der Felix' ebenholzfarbenes Fell bestens zur Geltung brachte. Noch an diesem Abend erhielt die gerahmte Postkarte einen Ehrenplatz auf der Fensterbank in Evas hübschem pinkfarbenen Kinderzimmer. Sie stellte sie neben ein gerahmtes Foto ihres geliebten Großvaters, der einige Monate zuvor verstorben war.

Eva und er hatten sich sehr nahegestanden; er hatte sie immer »Opas kleines Mädchen« genannt. Viele Stunden lang hatten sie gemeinsam gepuzzelt, wobei Eva durch ihre Brille spähte und trotz der Klappe vor dem gesunden Auge versuchte, die fehlenden Teile zu entdecken, während ihr Opa Peter ihr das blonde Haar aus der Stirn strich und sie mit liebevoller Besorgnis betrachtete. Ihr Opa war es auch gewesen, der als Erster ihre Augenprobleme bemerkt und nach Abhilfe gesucht hatte. Vielleicht war es in gewisser Weise ein Segen, dass er nicht mehr miterlebte, dass Evas Sehvermögen nicht mehr besser wurde – sondern im Gegenteil nur noch schlechter.

Vorerst aber konnte Eva ihren Opa auf dem gerahmten Foto auf ihrer Fensterbank noch sehen. Es war eins der letzten gemeinsamen Bilder der beiden, und es zeigte sie während eines Familienurlaubs auf Malta beim Autoskooterfahren – und daher war es eine besondere Kostbarkeit.

Als Eva sich an diesem Abend unter ihre Bettdecke kuschelte, die mit dem lächelnden Gesicht einer Comic-Katze bedruckt war, guckte sie vor dem Einschlafen noch einmal zwischen dem Schnappschuss ihres Großvaters und der neuen gerahmten Postkarte ihrer weltbesten Freundin hin und her. Und sie beschloss, ein neues Abendritual zu begründen.

»Gute Nacht, Opa«, flüsterte sie dem Bild des lächelnden Mannes zu. Sanft berührte sie sein Gesicht und blickte dann mit beiden Augen, dem guten und dem schlechten, wieder zu der flauschigen schwarz-weißen Katze hinüber. Nun lächelte sie, weil sie sehr froh war, es ihr ins Gesicht sagen zu können. »Gute Nacht, Felix.«

Perfekte Partner

Es war der Morgen danach auf dem Bahnhof Huddersfield … der Morgen nach der betrieblichen Weihnachtsfeier, die diesmal bei einem örtlichen Italiener stattgefunden hatte. Es gab gut zu essen und zu trinken – und Enthüllungen … Denn Sara und Dan bekannten sich endlich zu ihrer Liebe, nachdem sie ihre Beziehung bis dahin geheim gehalten hatten (nur Felix war eingeweiht). Sie hatten damit warten wollen, bis ihr Verhältnis auf solidem Fundament stand, und auch dann zogen sie zuallererst Andy Croughan ins Vertrauen, nur für den Fall, dass irgendetwas gegen eine Beziehung zwischen Arbeitskollegen sprach.

Dan hatte schon einiges getrunken, als er die Sache schließlich seinem Vorgesetzten gegenüber ansprach. Es war eine jener Situationen, in denen er im Grunde eher um Verzeihung als um Erlaubnis bat. »Übrigens, es ist etwas geschehen, und ich hoffe, es ist in Ordnung, weil: Jetzt ist es schon passiert …«

Andy hatte jedoch absolut nichts dagegen. »Ich freue mich für euch«, sagte er zu Dan. »Aber macht bitte im Dienst kein dummes Zeug.«

In Wahrheit war für den Bahnhofschef schon seit einiger Zeit nicht mehr zu übersehen gewesen, dass es zwischen den beiden gefunkt hatte – und wer war er, sich wahrer Liebe in den Weg zu stellen?

Wahre Liebe war es auch, die in jenem Dezember einen Hund auf dem Bahnhof umtrieb; bloß dass seine Zuneigung leider nicht erwidert wurde. Sein Name war Charlie, und er war der hübscheste, freundlichste und … sentimentalste Cockerspaniel der Welt. Nur leider stand Felix, die Bahnhofskatze, so gar nicht auf ihn.

Eines Abends in jenem Dezember trafen Charlie und sein Frauchen Julie Swift mit einem Zug aus Sheffield auf dem Bahnhof ein, wo Julie einen Hundepflegekurs gegeben hatte, bei dem Charlie ihr mustergültig brav als Modell gedient hatte. Er war ein so herziges Kerlchen, dass er sich von jedem einzelnen Teilnehmer des Kurses geduldig mit bloßen Händen von abgestorbenem Unterhaar hatte befreien lassen. Die Schüler hatten dabei unter Julies Anleitung ganze Arbeit geleistet, und Charlies prachtvolles goldfarbenes Fell hatte nun einen seidigen Glanz, der in den Lichtern des Bahnhofs bestens zur Geltung kam.

Julie trug einen hochgeschlossenen Wintermantel mit Kunstpelzkragen. Sie war eine zierliche, dunkelhaarige Dame von Mitte vierzig, die sich gern als verrückte Hundefriseurin mit einem noch verrückteren Hund bezeichnete. Charlie genoss den kleinen Abendspaziergang, nachdem sie an Gleis 2 aus dem Zug gestiegen waren und nun den Bahnsteig 1 entlang in Richtung Bahnhofsausgang liefen. Er trottete an einer blau gemusterten Leine einher, die an seinem blauen, mit Pailletten besetzten Halsband befestigt war, und schnupperte eifrig in der Winterluft herum.

Charlie war ein sehr, sehr freundlicher Hund, einer der liebsten Hunde, die Julie je gekannt hatte, ein absoluter Schatz. Begegnete er einem Menschen, so wedelte er mit dem Schwanz. Begegnete er einem Hund, so wedelte er mit dem Schwanz. Erblickte er aber eine Katze, so wurde er schlichtweg närrisch.

Das lag daran, dass einer von Charlies allerbesten Freunden ein Kater namens Ludo war. Er hatte schwarz-weißes Fell, einen schwarzen Schwanz mit weißer Spitze und gestattete Charlie regelmäßig, ihn mit seiner nassen Zunge zur Begrüßung abzuschlecken. Wenn Charlie ihn erblickte, signalisierte er seine Begeisterung jedes Mal mit hektischem Schwanzwedeln, das stumm zum Ausdruck brachte: »*Ja!* Da ist Ludo!« Dann begrüßten sich die beiden Tiere herzlich: Ludo legte sich auf den Rücken und streckte alle viere von sich, und Charlie sabberte ihn begeistert mit seiner langen Zunge voll.

Julie hatte noch einen weiteren Kater, River, der das weniger gern sah. Doch jedes Mal, wenn River Charlie eine Ohrfeige verpasste und ihm damit sagte: »Zisch ab!«, schien Charlie das eher als Liebkosung aufzufassen und schleckte auch diesen Kater ab. Charlie liebte Katzen einfach, und immer wenn er einer begegnete, streckte er ihr sein großes, dummes, sabberndes Gesicht hin, um Hallo zu sagen. Und seine eifrige Begrüßung umfasste stets auch erregtes Schwanzwedeln und plötzliches Abschlabbern mit seiner großen, nassen Zunge.

Als daher Julie an diesem Dezemberabend Felix, die Bahnhofskatze, ein Stückchen weiter den Bahnsteig hinab sitzen sah, wie sie in aller Ruhe die kühle Abendluft genoss, beschloss sie, ihr viel Zeit zu geben, um dem Cockerspaniel aus dem Weg zu gehen, sollte sie das wollen. Um zum Ausgang zu gelangen, mussten Julie und Charlie an der Katze vorbei – einen anderen Weg gab es nicht –, aber Julie hoffte, wenn sie ein wenig langsamer ginge, würde Felix den Wink verstehen und sich aus dem Staub machen, damit sich ihre Wege gar nicht erst kreuzten. Denn Julie hatte keine Ahnung, wie die Bahnhofskatze auf einen so überaus freundlichen Hund reagieren würde.

Felix sah die beiden tatsächlich kommen. Doch entsprechend ihrer neuen Entspanntheit bewegte sie auch dann noch keinen einzigen Muskel, als der verrückte Cockerspaniel immer näher kam. Es war für Felix natürlich nicht das erste Mal, dass sie auf dem Bahnhof einem Hund begegnete; sowohl Angela Dunn als auch Dave Chin hatten sie bereits dabei beobachtet. Meist warf sie diesen mit ihren smaragdgrünen Augen einen bösen Blick zu – und diese Warnung genügte in der Regel, damit sich der jeweilige Kläffer eilends vom Acker machte. Der Bahnhof war ja schließlich Felix' Revier und Hoheitsgebiet, und von so minderen Kreaturen wie Hunden ließ sie sich von dort nicht vertreiben. Felix sah Hunde generell als Feinde an, wobei sie allerdings im Allgemeinen der selbstbewusstere Aggressor war. Sie würde sich niemals dazu herablassen, an Kampfhandlungen teilzunehmen, sondern regelte diese Dinge lautlos über diplomatische Kanäle, eine Verfahrensweise, die ihr bisher immer genau das gebracht hatte, was sie wollte – nämlich, dass die Köter Leine zogen.

Als sie nun also Charlie näher kommen sah, der ganz aufgekratzt über den kalten Betonboden hüpfte und überall herumschnüffelte, blieb Felix seelenruhig.

Julie bemerkte, dass sich die Katze nicht von der Stelle rührte. *Dann gehe ich halt noch ein bisschen langsamer,* dachte sie. *Vielleicht hat sie ihn noch nicht gesehen. Sie kann ihn jeden Moment entdecken und dann die Biege machen – dann bleibt ihr der ganze Cockerspaniel-Sabber erspart …*

Während Julie Felix längst bemerkt hatte, bekam Charlie trotz all seines jagdhundmäßigen Rumgeschüffels überhaupt nicht mit, dass direkt voraus die flauschige schwarz-weiße Bahnhofskatze saß. Aber es gab dort ja auch so viele andere Dinge, auf die er sich konzentrieren musste! Die Pflanzen in ihren Kübeln! Die Fahrräder in ihren Ständern! All die Menschen, die vorübergingen! Mehr seine Nase als seine Augen nutzend, gab er sich hedonistisch all den neuen Gerüchen hin und sah Felix daher erst, als er schon fast bei ihr angelangt war.

Doch sobald er sie erblickt hatte, schaltete sein Schwanz auf Schnellgang. »Oh!«, schien das zu besagen. »Da ist ja eine *Katze!* Ich *liebe* Katzen! O Gott, o Gott, o Gott, o Gott!«

»Charlie«, sagte Julie, angesichts seiner sichtlichen Vorfreude darauf, gleich eine neue Freundin kennenzulernen, in besänftigendem Ton. »Schön brav sein, ja? Und ganz vorsichtig. Denk dran: Das ist nicht Ludo. Vielleicht mag sie es nicht, wenn du …«

Charlie befolgte ganz gehorsam diese Anweisung. Vorsichtig trat er an Felix heran, als wäre sie ein krankes kleines Mädchen und er eine Nachtschwester, die auf der Station nach ihr sah. Julie machte sich keine Sorgen, dass er Felix etwas zuleide tun könnte – Charlie war durch und durch ein herzensgutes Tier, und jegliche Aggressivität lag ihm fern.

Felix blieb auch dann noch die Ruhe selbst, als der Hund ihr sehr nahe kam. Sie lief nicht weg, ja, erhob sich nicht mal. Vielmehr blieb sie einfach dort sitzen und sah ihn mit unbeeindruckter Miene an. »Wer bist du denn?«, höhnte ihr Blick lautlos. Sie bedachte ihn mit dem abschätzig-ausdruckslosen Gesichtsausdruck, den sie Hunden gegenüber stets aufsetzte – bloß dass dieser Blick auf Charlie, die kleine Dumpfbacke, keinerlei Wirkung zu haben schien.

Julie, die die beiden aufmerksam beobachtete, war schwer beeindruckt, wie cool die Bahnhofskatze blieb. Andere Katzen hatte sie schon vor Angst ausrasten sehen, wenn ihnen ein Hund so nahe kam, Felix aber ließ sich zu keinerlei Reaktion herab. Sie fixierte Charlie lediglich mit ihren gelangweilt blickenden grünen Augen. »Ich rühre mich nicht von der Stelle«, schien sie damit zu sagen. »Also, warum zum Teufel stehst du immer noch da?«

Charlies goldfarbener Schwanz begann noch schneller zu wedeln. »Oh, oh, oh!«, schien er damit aufgeregt zu bekunden. »Ich werde dich jetzt begrüßen, kleine Katze!«

Und damit trat er dümmlich grinsend direkt vor Felix hin. Dann senkte er den Kopf, bis die beiden Tiere auf gleicher Nasenhöhe waren. Und schließlich … fuhr er mit seiner nassen Zunge einmal quer über Felix' flauschiges schwarzes Gesicht!

Felix wirkte absolut entsetzt. Ein angewiderter Laut entrang sich ihrer Kehle. Augenblicklich verpasste sie Charlie einen kräftigen Nasenstüber, als wäre sie eine strenge Zuchtmeisterin, die eine Prügelstrafe verabreichte.

Charlie wich verblüfft zurück.

Doch so leicht ließ er sich nicht ins Bockshorn jagen. Zwar hatte Ludo ihn nie geschlagen, River aber manchmal schon. Vielleicht, dachte er womöglich, ist das einfach die Art mancher Katzen, Hallo zu sagen.

Nun, in diesem Fall wollte Charlie keinesfalls zurückstehen! Nach einer kurzen Unterbrechung begann sein Schwanz erneut begeistert zu wedeln, und eine erregte, tänzerische Energie erfasste seine vier Pfoten. »Hallo, Hallo, Hallo!«, schien er zu sagen, während er mit jedem Schritt fröhlicher hüpfte. »Ich wollte dir Hallo sagen!« Er schoss wieder auf Felix zu und leckte ihr mit seiner langen Zunge erneut quer übers Gesicht.

Sie wirkte außer sich vor Wut. »Wie kannst du es *wagen!*«, fauchte der empörte Blick ihrer grünen Augen ihn lautlos an. Sie war Queen Felix – verstand diese dämliche Töle nicht, dass die königliche Etikette vorschrieb, dass sie von minderen Lebewesen keinesfalls berührt werden durfte? *Einmal* war ja schon schlimm genug gewesen, aber *zweimal?!* Was bildete sich diese hirnlose Flohschaukel eigentlich ein?

Felix verpasste Charlie noch einen Hieb auf die Nase, und zwar mit Schmackes, wartete diesmal aber nicht ab, bis es womöglich zu einem dritten unerwünschten »Kuss« kam. Noch etwas benommen vom Schock der hündischen Zuneigung, schritt sie ganz ruhig von dannen. Es war, als wollte sie ihm keinesfalls zu der Genugtuung verhelfen, sie weglaufen zu sehen; hoch erhobenen Hauptes legte sie einen würdigen Abgang hin.

»Charlie!«, sagte Julie tadelnd, als der Hund traurig der Bahnhofskatze hinterhersah, wobei sich seine Nase nach den beiden gut platzierten Hieben von Felix doch recht ramponiert angefühlt haben dürfte. »Das hast du davon, wenn du anderen Leuten zu nahetrittst, die das nicht mögen! Wann wirst du das endlich mal lernen?«

Die Antwort darauf lautete, wie Julie sehr wohl wusste: Nie. Charlie war einfach ein viel zu freundlicher Hund. Und während er Felix nachsah, bemerkte er auch zwei TPE-Mitarbeiter, die ganz in der Nähe standen und herzlich darüber kicherten, wie kompetent Felix ihn abgefertigt hatte.

Augenblicklich waren alle Gedanken an die Katze verflogen. Hastigen Schritts und Julie mit sich ziehend, lief er zu den Eisenbahnern. »Dann lasse ich mich halt von euch streicheln«, schien sein beflissenes Herbeieilen zu besagen – und die beiden kamen dem gerne nach.

Es war eine Weihnachtszeit voller Gekuschel. Charlie und jeder, der ihn streicheln mochte ... Dan, der seine Sara nach alter Sitte unter dem Mistelzweig küsste ... Und auch Felix fand ihre perfekte Partnerin. Sie hatte zwar keinen Galan, der sie umworben hätte, aber dafür hatte sie Angela Dunn: Ihre Hofdame war ihr von Katzenkindesbeinen an eine treue Begleiterin gewesen – und jetzt nahm ihre lebenslange Freundschaft auch noch festlichen Charakter an. Denn die beiden perfekten Partnerinnen hatte beschlossen, die Weihnachtsfeiertage gemeinsam zu verbringen. Freunde, Liebhaber, Ehemänner waren überbewertet. Dieses Weihnachtsfest war einzig und allein der wahren Liebe zwischen Mensch und Katze gewidmet.

Ein sehr frohes Weihnachtsfest

Wenn sie nicht gerade auf dem Bahnhof tätig war, lebte Angela in einer geräumigen Doppelhaushälfte in einem Dorf gleich außerhalb von Huddersfield. Sie wusste wirklich nicht, was Felix von alldem halten würde, als sie die Katze am 22. Dezember 2017 über die Feiertage mit zu sich nach Hause nahm. Obwohl die beiden schon lange befreundet waren, war Felix noch nie bei Angela zu Gast gewesen, denn schließlich hatte Angela, seit Felix sechseinhalb Jahre zuvor als kleines Kätzchen auf den Bahnhof gekommen war, über Weihnachten immer das Haus voll Familie gehabt, und das wäre der Katze gegenüber nicht fair gewesen. Und in den letzten Jahren, als im Zuge ihrer Scheidung so viel in Angelas Leben drunter und drüber gegangen war, wäre sie überhaupt nicht auf die Idee gekommen, ihre flauschige Freundin über Weihnachten zu sich einzuladen. Dieses Jahr aber schien es genau das Richtige zu sein.

Angela stand ein weiteres Weihnachtsfest bevor, das sie ganz allein verbringen würde. Unmittelbar nach ihrer Scheidung hatten ihr Freundeskreis und ihre Verwandten sich um sie geschart, hatten sie ausgeführt oder zu sich eingeladen, sodass sie nie alleine war. Aber man konnte ja nicht erwarten, dass das ewig so weiterging; ihre Kinder hatten inzwischen selbst Familie und ein eigenes Leben, und Angela wollte ihnen nicht zur Last fallen. Sie hatte es so arrangiert, dass sie ihren Sohn am ersten und ihre Tochter am zweiten Feiertag für ein paar Stunden sehen würde, den Rest der Zeit aber würde sie alleine Weihnachten feiern. So wäre es zumindest gewesen. Doch das hatte sich ja nun geändert: Nun kam Felix über Weihnachten mit zu ihr.

Angela hoffte, dass Felix sich leicht bei ihr einleben würde, machte sich aber Sorgen, dass die ungewohnte Umgebung die Katze einschüchtern könnte. Auf dem Bahnhof hatte sie es tatsächlich geschafft, Felix in ihre Transportbox zu bekommen, was schon mal das erste Erfolgserlebnis war – denn Felix war immer noch so reiseunlustig wie eh und je. Die anfangs noch hechelnde Katze kam auf der Fahrt bald zur Ruhe, während Angela hektisch an der Klimaanlage herumdrehte, um die genau richtige Temperatur für Felix zu finden (die indessen stoisch in ihrer Box auf dem Beifahrersitz saß). Allerdings war es eine Sache, es sich in der Transportbox gemütlich zu machen, und eine ganz andere, sich in einer neuen, fremden Umgebung wohlzufühlen.

Leicht beklommen stellte Angela die Box in ihrem Wohnzimmer ab und öffnete die Klappe. Da sie Felix nicht bedrängen oder ängstigen wollte, überließ sie es ihr herauszukommen, wann sie wollte. Angela wich auf Zehenspitzen zurück und tat, was sie nur konnte, um die Bahnhofskatze nicht zu erschrecken.

Doch so etwas hatte Angela noch nie gesehen: Queen Felix stieg aus der Transportbox, als würde sie dem Fond eines Chauffeur-gesteuerten Jaguars entsteigen. Während sie in Angelas gemütlichem Zuhause umherblickte, richtete sie ihren Schwanz kerzengerade empor und schnurrte anerkennend, als wollte sie sagen: »Ja, das ist genehm. Für ein Weilchen halte ich's hier aus.« Sie hatte keine Angst, war nicht schüchtern und ging auch nicht unter irgendwelchen Möbelstücken in Deckung. Sie fühlte sich augenblicklich wie zu Hause.

Bald schon brach sie zu einem Rundgang durch das ganze Haus auf, und es dauerte nicht lange, und ein Zimmer nach dem anderen erhielt das Felix-Gütesiegel. Sie mochte den Wintergarten nach hinten hinaus, von dem aus man in Angelas Garten schaute – inklusive des plätschernden mehrstufigen Wasserspiels dort, das auch gern von Vögeln besucht wurde. Ihr gefiel auch das Wohnzimmer nach vorne hinaus, in dem ein bequemes braunes Ledersofa stand, auf dessen Rückenlehne sie sich gerne ausstreckte und dann nach vorn zu all den Nachbarn hinausschaute – Felix, so stellte sich heraus, war neugierig wie ein Fenstergucker, was draußen auf der Straße vor sich ging. Und sie mochte auch das Gästezimmer im Obergeschoss, wo, wie sie feststellte, Angela eine Heizkörperliege für sie angebracht hatte; da sie wusste, wie sehr Felix ihre Liege auf dem Bahnhof liebte, hatte sie eine zweite gekauft, auf der es sich Felix bei ihr zu Hause gemütlich machen konnte. Die Bahnhofskatze wirkte in dieser häuslichen Umgebung alles andere als fehl am Platz, sie fügte sich vielmehr sofort ein. Es gab nur eine Sache in Angelas Wohnung, die sie vollkommen überraschte …

Angela folgte Felix auf ihrem Rundgang durch die Wohnung und achtete darauf, dass sie nicht in Schwierigkeiten geriet. (Die Geschichte, wie Felix einige Jahre zuvor an Weihnachten bei Jean zu Hause beinahe durch den Schornstein entfleucht wäre, war inzwischen legendär.) Daher folgte Angela ihr auch auf dem Fuße, als Felix schließlich den grauen Schieferboden der Küche betrat und verblüfft stehen blieb.

Felix runzelte verwirrt die Stirn. Dank ihrer Erkundungsgänge wusste sie bereits, dass sich keine weitere Katze in der Wohnung aufhielt … Wer also war diese spektakulär aussehende Schönheit, die ihr da entgegenblickte? Sie sah sich die schwarz-weiße Katze, die sich in der Ofentür spiegelte, etwas genauer an … und ihre Artgenossin schaute auch bei ihr genauer hin. Sie blinzelte, als Felix blinzelte. Sie zuckte mit den Ohren und schniefte.

Felix blieb dort eine ganze Zeit lang sitzen – zunächst eher erschrocken, später einfach nur ihr Spiegelbild bewundernd. Dabei putzte sie sich nicht etwa, sondern schien ganz mit sich zufrieden zu sein. »Die Katze da sieht echt gut aus … Wir bleiben hier noch ein Weilchen, ja, Angela?«, schien sie zu sagen. Und sie saß dort so lange, dass Angela fortschleichen und ihr Handy holen konnte, um ein Bild von der Bahnhofskatze zu knipsen, wie sie sich am Anblick ihrer Doppelgängerin erfreute. Felix war offenbar der Meinung, noch nie eine so schöne Katze gesehen zu haben!

Das war nicht das einzige Foto, das Angela in jenen Weihnachtsfeiertagen schoss. Sie hatte Felix auch deshalb mit zu sich genommen, damit sie ihre Fans via Facebook auf dem Laufenden halten konnte. Angela wusste aus eigener Erfahrung, wie viel Felix manchen Leuten bedeutete, die an Weihnachten allein waren, und die wollte sie mit Schnappschüssen der Katze bei weihnachtlichem Schabernack erfreuen. Außerdem war es eine nette Freizeitbeschäftigung. Also knipste sie

Felix, wie sie neben einem prachtvollen Truthahnbraten stand, der so groß war wie die Katze selbst; und am Tag darauf versuchte sie sogar, sie dabei zu fotografieren, wie sie die Fernsehansprache der Queen verfolgte. (Es brauchte ein Weilchen, aber schließlich gelang es ihr!)

Vor allem aber wollte Angela, dass sich Felix über Weihnachten bei ihr entspannen konnte. Die Adventszeit auf dem Bahnhof war ziemlich stressig gewesen: Felix hatte erneut Geld für *Cash for Kids* gesammelt, diesmal durch den Verkauf einer neuen Kuscheltierversion von sich. Statt eines Superheldenumhangs trug das Kuscheltier diesmal allerdings Felix' berühmte Signalweste, deren Original ja schon vor längerer Zeit verschwunden war. Die beiden Angelas sammelten unterdessen rund 3500 Pfund für *Dementia UK*, indem sie eine Felix-Weihnachtskugel kreierten, die ihre Fans sich an den Baum hängen konnten. Die begeisterte Reaktion darauf hatte sie wirklich berührt.

Als Angela darüber nachdachte, was die Bahnhofskatze in jenem Jahr alles erreicht und erlebt hatte, verschlug es ihr den Atem. Felix hatte inzwischen über 120 000 Facebook-Follower, das Buch über sie war ein Bestseller, sie hatte Hunderttausende Pfund für wohltätige Zwecke gesammelt und das Leben unzähliger Fans bereichert. Bloß dass allein schon das Zusammentreffen mit ihnen sehr anstrengend für Felix war – sie wurde aus ihren Nickerchen herausgerissen und traf tagein, tagaus irgendwelche fremden Leute –, und Angela dachte, sie könnte ein wenig Ruhe und Frieden wahrscheinlich gut vertragen. Sie war ja schließlich auch nicht mehr die Jüngste, und Angela wollte, dass sie etwas Zeit für sich bekam, um sich zu regenerieren. Wenn Angela mal alles zu viel wurde, übernahm jemand anderes ihre Schicht, doch für Felix gab es, da sie ja die einzige Bahnhofskatze dort war, keine Vertretung. Die arme alte Mieze. Es war wirklich eine Menge Arbeit für eine einzige Katze …

Nach einiger Zeit ließ Felix die Schönheit, die offenbar im Backofen lebte, dann doch allein und kam ins Wohnzimmer zurück. Bald hüpfte sie auf dem Sofa herum, als wäre es ein Trampolin. Ihren Augen war die Freude anzusehen, ein so weiches und bequemes Plätzchen zum Sitzen und Entspannen zu haben … und das tat sie dann auch, zufrieden schnurrend.

Angela ließ sich, ähnlich vergnügt, neben ihrer Kollegin auf dem Sofa nieder. »Das ist doch gar nicht mal so übel, oder, meine Süße?«, fragte sie die Katze und fuhr mit den Fingern durch Felix' flauschiges schwarzes Fell. Felix schnurrte laut, wie um ihr beizupflichten.

Während sie so gemütlich beisammensaßen und gemeinsam ein wenig Fernsehen schauten, blickten Angela und Felix sich im Wohnzimmer um. Sie sahen das weiche Sofa, das breite Fenster … und den schönen Weihnachtsbaum, der stolz in einer Ecke stand. Er war mit bunten Kugeln und Lichterketten geschmückt. Tatsächlich hatte Angela in diesem Jahr nicht nur einen, sondern gleich drei Bäume in ihrem Haus aufgestellt: einen kleinen im Eingangsbereich, einen großen im Wohnzimmer und einen künstlichen im Wintergarten. Und während Felix und sie so fernsahen, fiel ihr Blick auch auf zwei Puppen, die den Weihnachtsmann und seine Frau darstellten und die wie zwei schmerbäuchige Soldaten unter dem Bildschirm Wache hielten. Mit diesen reizenden und liebevollen Details, die es überall im Haus gab, wirkte Angelas Heim zugleich festlich und spaßig.

Das war eine große Veränderung – und das nicht nur gegenüber der Nicht-Weihnachtszeit. Im Vorjahr hatte sich Angela überhaupt nicht die Mühe gemacht, ihr Haus zu schmücken, da sie ja sowieso die Einzige gewesen wäre, die es gesehen hätte. Dieses Jahr aber war alles anders. Dieses Jahr verbrachte sie Weihnachten mit jemand ganz Besonderem: Felix, der Bahnhofskatze. Und die sollte es schön haben. Felix war den ganzen Aufwand wert. Zwar hatte Angela es so arrangiert, dass sie über die Feiertage auch ihre Kinder sehen würde, aber schließlich würde Felix diejenige sein, die die ganze Zeit bei ihr bleiben und mit der sie am Weihnachtsmorgen aufwachen würde. Und um ehrlich zu sein, war es auch Felix gewesen, die ihr geholfen hatte, das vergangene, ziemlich schwierige Jahr zu überstehen.

Doch nicht nur Angelas Haus hatte sich in den vergangenen zwölf Monaten verändert. Auch sie selbst fühlte sich anders: Sie sah wieder zuversichtlich in die Zukunft und war insgesamt positiver gestimmt. Und sie wusste, dass das Felix' Verdienst war. Angela hatte der Katze viel zu verdanken.

In einer österreichischen Studie hatte man 2003 ermittelt, dass eine Hauskatze ein emotionales Äquivalent zu einem geliebten Partner sein kann. Das aber sah Angela ganz anders. Es war ihrer Meinung nach überhaupt kein Äquivalent. Eine Katze war eindeutig viel, viel besser. Und mit Felix an ihrer Seite wurde es das schönste Weihnachtsfest, das Angela seit vielen Jahren erlebt hatte.

Neues Jahr, neue Felix

Gut gemacht, Felix!«, sagte Mark Allan, Felix' Facebook-Manager, eines Morgens im Januar 2018. Dann senkte er sein Smartphone, mit dem er gerade Fotos der Bahnhofskatze geknipst hatte, und kraulte sie erst mal ordentlich hinter den Ohren. Zum Dank für das Kompliment neigte sie den Kopf und reckte ihn seiner Hand entgegen – dabei war sie vor der Kamera immer so umwerfend, dass es eigentlich keiner Erwähnung mehr bedurfte …

Mark steckte sein Handy schweren Herzens ein und streichelte Felix noch ein bisschen. Sein Zug fuhr in wenigen Minuten, und er wollte die Zeit, die ihm mit der Katze noch blieb, so gut wie möglich nutzen.

Felix ahnte nichts davon, aber dieser Tag markierte das Ende einer Ära. Mark war innerhalb seines Unternehmens versetzt worden und arbeitete künftig in London. In den letzten drei Jahren hatten Felix und er sich jeden Werktagsmorgen getroffen; das war eine tägliche Verabredung, die Felix nur sehr selten verpasst hatte. Sie trug zwar keinerlei Zeitmesser bei sich, aber das TPE-Team hätte die Uhr nach ihr stellen können, denn Felix kam zu ihren Treffen mit Mark jedes Mal absolut pünktlich. Stets wartete sie bereits an »ihrer« Bank auf ihn. Doch von morgen an würde sie dort vergebens warten.

Mark fand nicht die richtigen Worte, um sich von ihr zu verabschieden. Der einzige Vorteil an der Sache war, dass er freitags meist auch weiterhin dort im Norden tätig sein würde. Seine Vorgesetzten hatten ihm die Möglichkeit eingeräumt, an diesem Tag von zu Hause aus zu arbeiten – aber Mark hatte den leisen Verdacht, die Aussicht, Felix zu treffen, würde bedeuten, dass er diese Möglichkeit nicht wahrnahm. Viel lieber würde er sie besuchen kommen, wenn er sich auf den Weg zu seinem Büro in Manchester machte – und so kam es dann auch. Er genoss seine Zeit mit Felix so sehr, dass er einen »kalten Entzug« einfach nicht ertrug, auch wenn *cold turkey* das war, was alle anderen in den ersten Tagen des neuen Jahres aßen.

Glücklicherweise schien Felix es ihm nicht nachzutragen, als er seine Arbeit in London aufnahm und sich vier Tage hintereinander nicht blicken ließ. Sie wartete dennoch immer freitags auf ihn, wenn er von Huddersfield aus den Zug nach Manchester nahm. Bemerkenswerterweise erwartete sie ihn an seinem Geburtstag sogar draußen auf der Eingangstreppe des Bahnhofs, um ihn dann hineinzugeleiten, als ob sie wüsste, dass es ein besonderer Tag war. (Vielleicht hatte sie irgendwo unter ihrem Fell neben einer kleinen Uhr auch einen kleinen Kalender versteckt.) Mark stellte fest, dass ihm der tägliche Umgang mit ihr wirklich fehlte – aber auch, dass die kürzere Zeit, die sie nun miteinander verbrachten, dadurch zu etwas ganz Besonderem wurde. Die Liebe wächst ja schließlich mit der Entfernung, und so erging es auch Mark, der trotz seines Jobwechsels auch weiterhin die Facebook-Seite leitete (wobei ihm die Bahnhofsbelegschaft allerdings ein wenig zur Hand ging).

Nicht nur wusste er seine Zeit mit Felix mehr zu schätzen, es fielen ihm auch kleine Einzelheiten auf, die ihm sonst vielleicht entgangen wären, wie etwa eine Neuerung bei ihrer Namensplakette. Da die Telefonnummer des Gruppenleiters – die für den Fall, dass Felix sich einmal verlief und nicht mehr nach Hause fand, auf der Rückseite der Plakette eingraviert war – sich kürzlich geändert hatte, hatte Gruppenleiterin Jacqui eine neue Plakette für Queen Felix in Auftrag gegeben. Natürlich musste diese ein glamouröses Design haben. Jacqui hatte sich für etwas Prachtvolles entschieden: einen runden silbernen Anhänger mit einem glitzernden pinken Pfotenabdruck vorne drauf und Felix' Namen, Heimatadresse (»Bahnsteig 1«) und der neuen Telefonnummer auf der Rückseite.

Felix gefiel die neue Plakette auf Anhieb, und sie posierte damit sogleich in ihrer unverkennbaren Manier für Fotos. Wenn man sie so sah, wie sie sich in Pose warf und die Lichter des Bahnhofs den Glitter an ihrem Hals zum Funkeln brachten, hatte sie etwas von einer Diva, die im Licht der Discokugeln über eine Tanzfläche glitt. Und Mark sorgte dafür, dass jeder einzelne spektakuläre Schritt, den sie dabei tat, festgehalten wurde.

Bei seinen freitäglichen Besuchen auf dem Bahnhof bemerkte Mark auch, dass es bei Felix' berühmter Katzenklappe in der Bahnhofshalle eine Veränderung gegeben hatte. Dabei handelte es sich allerdings bedauerlicherweise nicht etwa um eine Verschönerung, ausgelöst von Felix' zunehmender Berühmtheit. Vielmehr war die ursprüngliche Katzenklappe, die mit Felix' Namen und einer cartoonartigen Zeichnung von ihr versehen war, kürzlich einem Akt des Vandalismus zum Opfer gefallen. Eines Samstagnachmittags kurz vor Weihnachten hatte ein wütender Mann der Kunststofftrennwand einen kräftigen Stiefeltritt verpasst, was einen großen Riss zur Folge hatte; Felix war zu diesem Zeitpunkt glücklicherweise nicht vor Ort. Das Team hatte die Wand notdürftig mit Klebeband geflickt, und der Wartungstechniker Dave Chin wurde beauftragt, sie zu reparieren.

Er kam jedoch nicht gleich dazu, und letztlich waren ein halbes Dutzend Schwarzfahrer schneller. Ein Trupp junger Männer, die sich eine Gratisfahrt ergaunern wollten, kletterten, statt durch die Zugangssperren zu gehen, über die Trennwand, die Felix' persönlichen Zugang einfasste. Ihr gemeinsames Gewicht gab, zusammen mit der vorherigen Beschädigung, der Trennwand den Rest. Sie wurde ausgetauscht, enthielt nun aber »nur« eine handelsübliche Katzenklappe, schlicht und braun, ohne jede Verzierung und ohne dass der Name der berühmten Bahnhofskatze darüber prangte.

Felix schenkte allerdings diesem »minderwertigen« Ersatz ebenso viel Beachtung wie dem Original – nämlich gar keine. Sie hatte die Klappe sowieso nie benutzt – hatte sich lieber mühsam an den Seiten der Trennwand vorbeigezwängt, statt die Saloontür in deren Mitte zum Schwingen zu bringen – und würde auch jetzt nicht mehr damit anfangen. Die ungenutzte Katzenklappe diente nichtsdestotrotz weiterhin als nicht allzu geheimes Anzeichen dafür, dass hier eine Bahnhofskatze zu Hause war.

Und ehrlich gesagt waren, als das Jahr 2018 begann, solche Anzeichen mehr und mehr nötig. Es war vielleicht Dave, der als Erster diese Veränderung an Felix bemerkte. Da er nicht täglich nach Huddersfield kam, fiel ihm eher auf, wie Felix allmählich ihre Gewohnheiten änderte. Wenn er in früheren Zeiten auf den Bahnhof gekommen war, war Felix immer draußen gewesen: Sie saß – ein ulkiger Anblick – in einer leeren Gießkanne der *Friends of Huddersfield Station*, pirschte sich auf einem der Bahnsteige an eine Taube heran oder verschnaufte einfach nur auf einer der Metallbänke. Sie schien immer auf den Bahnsteigen unterwegs zu sein und die frische Luft und all die Abenteuer zu genießen, die die Eisenbahn ihr bot. In diesen Tagen hätte Dave in Huddersfield keine Arbeit in Angriff nehmen können, ohne dass Felix herbeigekommen wäre, um zu sehen, was er da trieb. Ob er hämmerte oder schraubte, ob er etwas anschloss oder etwas abriss – ihre neugierigen grünen Augen sogen alles auf, und sie war fasziniert von allem, was er tat – von allem, was irgendwer tat.

Doch als das neue Jahr begann, fiel Dave auf, dass Felix sich seit geraumer Zeit anders verhielt. Ihre sechs Jahre auf dem Bahnhof hatten sie gelehrt, was die einzelnen Personen dort so trieben, weshalb sie sich nun die Mühe sparte, es herauszufinden.

Wozu noch Adam Taylor hinterherlaufen, wenn er die Pflanzen goss? Das hatte sie doch alles schon gesehen. Weshalb Dave hinterherlaufen, wenn er mit einer Leiter loszog, um eine Glühbirne zu wechseln? Sie war helle genug, um zu wissen, dass es Zeitverschwendung wäre. Viel lieber schlummerte sie auf ihrer luxuriösen »Chaiselongue« in der Damenumkleide.

Es war tatsächlich inzwischen ein seltenes Ereignis, wenn Dave sie tagsüber draußen auf den Bahnsteigen sah. Er stellte fest, dass er einen ganzen Arbeitstag auf dem Bahnhof verbringen konnte, ohne sie auch nur ein einziges Mal zu Gesicht zu bekommen, wohingegen er sie in früheren Jahren ständig gesehen hatte. Wenn er jetzt mal kurz mit der Bahnhofskatze kuscheln wollte, musste er sie, wie alle anderen auch, auf ihrer königlichen Heizkörperliege aufsuchen. Meistens schlief sie dann, und Dave schlich auf Zehenspitzen wieder aus dem Raum und ließ sie in Ruhe.

Als er die Verhaltensänderung der Katze Angie Hunte gegenüber ansprach, konnte sie dem nur beipflichten. Sie hatte auch bemerkt, dass Felix in letzter Zeit viel lethargischer geworden war. Katzen schlafen ja ohnehin schon durchschnittlich vierzehn Stunden am Tag, Felix aber überbot dieses Pensum inzwischen deutlich. Zu ihren Gunsten sei aber gesagt, dass sie auch weiterhin lebhafte Phasen hatte, in denen sie Tauben nachstellte oder sich vom diensthabenden Gruppenleiter zu Jagdspielchen animieren ließ, und dann war sie für kurze Zeit immer noch ausgesprochen munter und beweglich. Sobald sie aber genug davon hatte, zog sie sich zurück und legte sich wieder hin – und damit war ihr Bedarf an Abenteuern für den Rest des Tages gestillt.

Auch Jean Randall bemerkte bei ihren seltenen Besuchen, dass Felix längst nicht mehr so lebhaft und verspielt war. Aus Katzenspielzeug hatte sie sich ohnehin nie viel gemacht, doch jetzt schien sie jegliches Interesse daran verloren zu haben. Und wenn Felix dann doch mal tagsüber auf die Bahnsteige hinausging, ließ sie sich nur irgendwo nieder und sah zu, wie die Welt an ihr vorüberzog, scheinbar ohne jede Neigung, mit anderen in Kontakt zu treten. Es kam nur noch ganz selten vor, dass sie den Wildblumengarten hinter dem weißen Lattenzaun am Ende von Bahnsteig 1 erkunden ging – von ausgedehnteren Exkursionen ganz zu schweigen. Felix war neuerdings meist gut auffindbar, wenn Angela Dunn sie suchen ging, um sie mit einigen ihrer Fans bekannt zu machen – bloß war sie nicht immer in der Stimmung, eine Audienz zu gewähren. Dass sie tagsüber zu einem Patrouillengang aufbrach, war inzwischen eher ungewöhnlich. Viel lieber hielt sie sich in der Nähe ihres Zuhauses auf – was so weit ging, dass sie nur noch sehr selten einen Jagdausflug in Billys Garten auf Bahnsteig 4 unternahm. Dieser Garten war früher einer ihrer Lieblingsorte gewesen, nun aber ließ sie sich nur noch sporadisch dort blicken, obwohl er sich gleich auf der anderen Seite der Gleise befand.

Doch »gleich auf der anderen Seite der Gleise« konnte ziemlich weit weg sein, wenn man, wie es nun auf Felix zutraf, körperlich langsamer wurde. Und im Februar 2018 kam es zu einem Zwischenfall, der das mit herzzerreißender Deutlichkeit vor Augen führte.

Es war ein typischer feuchter Wintertag. Die durch die Zugangssperren strömenden Fahrgäste sahen, nachdem sie auf dem Weg zum Bahnhof Wind und Regen getrotzt hatten, ganz abgekämpft aus. Pendler warfen verärgert kaputte Regenschirme weg, die den kräftigen Böen auf dem St George's Square zum Opfer gefallen waren, und berufstätige Frauen trauerten um ihre hübschen Frisuren, mit denen sie aus dem Haus gegangen waren. Das schlechte Wetter hielt den ganzen Tag lang an, weshalb die Bahnsteige klatschnass waren, als sich Felix nachmittags dazu durchrang, in der Öffentlichkeit zu erscheinen.

Zum ersten Mal nach längerer Zeit wollte sie Billys Garten wieder einen Besuch abstatten. Dem schlechten Wetter trotzend, überquerte sie die Gleise und schnupperte dann dort drüben im hohen Gras herum. Dale Woodward, der gerade auf den Bahnsteigen tätig war, verfolgte das mit Interesse, da er sie lange nicht mehr den Garten hatte erkunden sehen.

Als dann für Bahnsteig 1 die Einfahrt eines Zugs angekündigt wurde, wandte er sich wieder seiner Arbeit zu. Im Augenwinkel bekam er mit, dass Felix wieder aufs Gleisbett hinuntersprang und sich in Richtung Fahrradständer aufmachte. Er achtete aber nicht groß darauf; sie war inzwischen Expertin darin, die Gleise zu überqueren, und kannte den Fahrplan auswendig, und daher wusste er, dass sie sich nicht in Gefahr begeben würde.

Und tatsächlich ging Felix, als sie unter der Bahnsteigkante von Gleis 1 angelangt war, in die Hocke und sprang dann aufwärts. Am Anfang des Bahnsteigs fuhr in diesem Moment der Zug ein, und Dale bewunderte Felix' Timing: Sie sprang gerade noch rechtzeitig, um den sicheren Bahnsteig zu erreichen, bevor der Zug dort ankam.

Doch irgendwas ging diesmal schief. Lag es daran, dass der Bahnsteig nass und rutschig war? Oder hatte Felix, die ewig schläfrige Felix, einfach nicht mehr die nötige Kraft für diesen Sprung?

Wie dem auch sei – Dale bemerkte jedenfalls, dass Felix nach ihrem Sprung nicht auf dem Bahnsteig aufgetaucht war. Er schaute zu ihr hinüber, und sein Herz begann zu pochen. Denn das Einzige, was er von ihr sah, war ihr kleines Gesicht, das über die Bahnsteigkante spähte, und ihre beiden Vorderpfoten, mit denen sie sich daran festklammerte. Sosehr sie es auch versuchte, sie schaffte es nicht, sich hochzuziehen. Sie hing dort an der Bahnsteigkante wie an einer Klippe, und ihre Hinterbeine baumelten unter ihr in der Luft und versuchten verzweifelt, aber vergeblich, Halt zu finden.

Dale ging auf sie zu, und Panik schoss ihm in die Glieder. Und in diesem Moment ließen Felix ihre Kräfte im Stich. Erst verschwand ihr Kopf außer Sicht, dann, als sie die Bahnsteigkante losließ, ihre weißen Pfoten. Obwohl sie alle Kraft aufgeboten hatte, hatte sie sich nicht mehr halten können.

Felix war aufs Gleisbett hinabgefallen. Und der Zug kam immer näher.

Die Bahnhofskatzenseniorin

Dale riss den Kopf herum, um nach dem Zug zu sehen. Wie lange hatte Felix noch? Konnte er, Dale, noch rechtzeitig bei ihr sein? Hatte der Lokführer sie gesehen? In Bahnkantinen landauf, landab gab es einen alten »Scherz«, den Lokführer gerne brachten: »Wenn ich diese Katze überfahren würde, wäre mein Leben hinterher keinen Pfifferling mehr wert!« Das wirkte in diesem Moment überhaupt nicht mehr lustig.

Doch glücklicherweise fuhr der Zug im Schneckentempo. Dale nahm an, dass der Lokführer die Katze gesehen hatte. Zugbesatzungen waren generell wachsam, wenn sie in Huddersfield einfuhren, denn sie alle wussten von Felix und was für eine besondere Katze sie war. Der Lokführer konnte das traurige Schauspiel eigentlich nicht übersehen haben, wie Felix sich, mit den Hinterbeinen strampelnd, verzweifelt an der Bahnsteigkante festhielt.

Was Felix anging, so sprang sie, noch ehe Dale bei ihr angelangt war, bei einem zweiten Versuch aus dem Gleisbett herauf. Wie eine schon für tot gehaltene Actionheldin, die im letzten Moment plötzlich doch wieder zur Stelle war, flog sie mit einem triumphalen Sprung empor. Und diesmal schaffte sie es und landete sicher auf dem Bahnsteig.

Das ganze Martyrium hatte nur Sekunden gewährt, aber Dale war dennoch von Furcht gepackt. Felix dagegen schien das alles kaltzulassen. Beiläufig schlenderte sie von der Bahnsteigkante fort, als wäre nichts geschehen. Vielleicht versuchte sie auch nur, es mit Lässigkeit zu überspielen.

Auch wenn es diesmal gerade noch glimpflich abgegangen war, war doch nicht mehr zu bestreiten, dass Felix älter wurde. Sie wurde in jenem Mai sieben Jahre alt, was einem menschlichen Alter von ungefähr 44 Jahren entspricht. Damit hatte sie zwar noch viele, viele Jahre vor sich, musste aber, ganz ähnlich wie ein Mensch mittleren Alters, feststellen, dass sie nicht mehr ganz so rüstig war wie früher. Sie konnte immer noch vom Gleisbett auf den Bahnsteig hochspringen, musste sich dabei aber jedes Mal ein bisschen mehr anstrengen und war hinterher ein bisschen erschöpfter als früher. Daher war es nicht verwunderlich, dass sie Billys Garten anschließend nur noch selten besuchte. Viel wohler fühlte sie sich augenscheinlich, wenn sie sich an ihren Lieblingsplätzen auf dem Bahnsteig 1 aufhielt. Felix erinnerte Angela Dunn an eine große alte Dame – nicht mehr das verspielte Kätzchen, das überall herumgetollt war, sondern eine reife, unabhängige Frau, die weiß, was sie will, und sich verdammt noch mal nicht reinreden lässt.

An Felix' Geburtstag war es wieder Angela Dunn, die all die Geschenke und Karten öffnete, die aus aller Welt eingetroffen waren. Felix' Facebook-Seite hatte inzwischen über 130 000

Fans, und viele von ihnen hatten sie großzügig mit Geschenken bedacht. Der Glanz der Katzendame schien nicht im Mindesten zu verblassen; und nur ein oder zwei Monate zuvor war Felix auf wirklich außergewöhnliche Weise geehrt worden, als bekannt wurde, dass in der Huddersfield-Sonderausgabe von Monopoly ein Platz nach ihr benannt werden würde. Bei einem Wettbewerb darum, welche englische Stadt als nächste eine eigene Version des klassischen Brettspiels bekommen sollte, hatten, so munkelte man, Felix' Fans das Zünglein an der Waage gespielt, indem sie in großer Zahl für Felix' Heimatstadt stimmten. Es war ein Zeichen dafür, wie hell ihr Stern immer noch strahlte – wovon Angela Dunn sich persönlich überzeugen konnte, als sie am 17. Mai eine Glückwunschkarte nach der anderen öffnete.

Während sie damit beschäftigt war, kam Gruppenleiter Geoff ins Büro hinter den Fahrkartenschaltern geplatzt. »Sind die alle für Felix?«, fragte er verärgert. »Ich hab heute auch Geburtstag, verdammt noch mal …«

Angela tauschte einen Blick mit Chrissie, die an diesem Tag auch dort tätig war.

»Nein, Geoff«, erwiderte Angela, »die hier ist für dich.« Und damit überreichte sie ihm eine von der gesamten Belegschaft unterschriebene Karte – und dazu eine Flasche Rotwein. Angela hatte nicht vergessen, wie verärgert er im Vorjahr darüber gewesen war, dass Felix, wie er sich ausgedrückt hatte, seinen Geburtstag »geklaut« hatte, und so war sie in der Mittagspause kurz einkaufen gegangen, um dafür zu sorgen, dass auch Geoff nicht zu kurz kam.

Es geschah nicht oft, dass Geoff die Worte fehlten, aber mit dieser netten Geste hatte Angela das offenbar bewirkt.

»Äh …«, sagte er. »Oh. Vielen Dank.«

Dann kicherte er ein wenig vor sich hin, und eine leichte Röte stieg ihm in die Wangen. Und obwohl er weiter nichts mehr dazu sagte, merkte Angela, dass er sich sehr freute.

Als Felix jedoch anlässlich ihres Geburtstags bei der alljährlichen Kontrolluntersuchung beim Tierarzt war, gab es keinen Anlass zur Freude. Sehr zu ihrem Missfallen teilte nämlich der Arzt dem Bahnhofsteam mit, dass Felix nun nicht mehr als »adulte« Katze in der Blüte des Lebens einzustufen sei, sondern als »Seniorin«.

»Ach, Felix, meine Liebe«, sagte Angela Dunn, als sie das hörte. »Dann wird's ja bald Zeit, dass du bei der TPE deine Rente einreichst!«

Besonders gegen den Strich ging Felix, dass die neue Alterseinstufung auch mit der Empfehlung einherging, ihre Ernährung umzustellen. Bei älteren Katzen können die Nieren nicht mehr so viel Protein verarbeiten wie bei jüngeren, weshalb Katzenfutterhersteller ein eigenes Sortiment für »Senioren« anbieten, das weniger Protein enthält und auch kalorienärmer ist. Ältere Katzen – das ließ sich bei Felix ja bereits beobachten – bewegen sich viel weniger und sind viel fauler, und daher benötigen sie auch weniger Kalorien. Wenn man die wissenschaftlichen Gründe dafür kennt, erscheint das logisch und sinnvoll – bloß dass Felix leider, trotz ihrer vielen Talente, auf diesem Gebiet eine kleine Bildungslücke hatte.

Als man ihr das verordnete Seniorenfutter dann vorsetzte, rümpfte Felix lediglich die Nase – genauso wie wir Menschen womöglich angesichts unseres fortschreitenden Alters die Nase rümpfen und in irgendeinem Formular nicht zugeben wollen, dass wir eine bestimmte Altersgruppe hinter uns gelassen haben oder in die nächste Lebensphase eingetreten sind. Felix weigerte sich strikt, auch nur einen Bissen davon zu sich zu nehmen. Da man sie ja schlecht hungern lassen konnte, verabreichte ihr das Team daraufhin noch eine Zeit lang weiter das Erwachsenenfutter. Man verkleinerte die Portionen, damit sie weniger Kalorien zu sich nahm, und allen war klar, dass es keine langfristige Lösung sein konnte. Sie vertagten damit diese Auseinandersetzung nur.

Und es war ja auch nicht so, dass Felix überhaupt keine Bewegung mehr bekam. Weit gefehlt. Dass sie tagsüber kaum noch zum Dienst erschien, bedeutete nicht, dass sie ihrer Tätigkeit überhaupt nicht mehr nachkam. Sie hatte sich lediglich für einen bestimmten Aktivitätsschwerpunkt entschieden und verlegte sich fast ausschließlich auf die Nachtschicht.

Dabei ließ sie sich vielleicht von ihrem alten Kollegen Dale inspirieren, der sein ganzes Berufsleben lang nachts gearbeitet hatte und dies sehr mochte. Er schlief tagsüber wie ein Baby und genoss nachts, wie ruhig und friedlich es auf dem Bahnhof war. In stillen Nächten konnte man sogar von Bahnsteig 1 aus das Gras in Billys Garten im Wind rascheln hören. Es klang wie Getuschel, das sich von einem Ende des Gartens bis zum anderen ausbreitete. Felix lauschte auch gern den Geräuschen der Züge, die zum Übernachten auf den Bahnhof kamen. Nachdem sie den ganzen Tag lang Fahrgäste hin und her befördert hatten, klangen sie tatsächlich müde, und das Kratzen ihrer Bremsen und Räder auf den Gleisen hörte sich fast an wie das Seufzen alter Leute, die sich aus einem Sessel hochkämpften und müde die Treppe hinaufschlurften, um sich schlafen zu legen.

Nachts wurde der Bahnhof nicht wie tagsüber von den Pendlern bevölkert, sondern von den Lokführern mit ihrer orangefarbenen Signalkluft und ihren weißen Schutzhelmen und von den Putzkolonnen mit ihren Reinigungsmittelkanistern. Felix hörte gerne zu, wie sie einander über die Gleise hinweg etwas zuriefen oder bei der Arbeit ein Liedchen pfiffen. Sie lauschte auch dem Klirren der Flaschen, wenn die Reinigungskräfte den Müll zum Container brachten, und dem Rumpeln des Staubsaugers »Henry the Hoover«, den sie hinter sich herzogen. Doch Lauschen war in der Nachtschicht nur die eine Hälfte ihrer Tätigkeit.

Felix absolvierte abends gern eigene Patrouillengänge, wie um nachzusehen, was die Menschen tagsüber auf ihrem Herrschaftsgebiet so angestellt hatten. Im Gegensatz zu den Schwierigkeiten, die sie bei Tageslicht beim Springen aus dem Gleisbett hatte, war sie, wenn sie nachts allein durch die Dunkelheit schlich, sehr viel trittsicherer. Aufmerksam untersuchte sie jede neue Entwicklung, wie beispielsweise eine Pfütze, die sich tagsüber nach einem kurzen Regenguss auf dem Bahnsteig gebildet hatte. Felix trottete auf trockenem Grund einmal drum herum und überprüfte die nasse Stelle dann vorsichtig mit der Pfote. Anschließend nickte sie wissend, als hätte sich ihr Verdacht bestätigt, und sprang dann, jeden weiteren Wasserkontakt vermeidend, beherzt über die Pfütze hinweg.

Wenn Dale allabendlich um halb eins die große blaue Eingangstür des Bahnhofs schloss und sie mit einer langen Messingstange verriegelte, war Felix oft dabei.

»So, jetzt sind die Schotten dicht«, verkündete er dann, und Felix sah ihn vom Boden aus mit ihren großen grünen Augen mit einem Ausdruck wohlüberlegter Zustimmung an.

In der Nachtschicht war Felix manchmal wieder ganz die Alte. Sie begleitete ihre Kolleginnen und Kollegen bei den Sicherheitskontrollen, begrüßte draußen auf der Freitreppe die Fahrgäste der Nachtzüge und beaufsichtigte auch die Anlieferung der Gratiszeitung *Metro*, die werktags jeweils gegen drei

Uhr früh erfolgte. Der Zusteller schleppte große Zeitungsbündel herein, die in braunes Packpapier gehüllt und von Plastikbändern gehalten waren. Diese trennte er mit seinem Cutter auf, um die einzelnen Zeitungen sodann in die dafür vorgesehenen pinkfarbenen Metallkästen zu stopfen. Felix saß dabei stets neben diesen Kästen und inspizierte die Arbeit des Mannes. Der fand, sie verhalte sich dabei erheblich professioneller als etwa die getigerte Bahnhofskatze im nahe gelegenen Todmorden, die, so erzählte er, gern in die Kästen hineinstieg und ihn so daran hinderte, die Zeitungen darin abzulegen. Felix war natürlich viel zu sehr Profi, um sich derartigen Albereien hinzugeben.

Was aber nicht hieß, dass für sie die Zeit der Spielchen gänzlich vorbei gewesen wäre. So stiftete sie beispielsweise Dan im Frühjahr 2018 gelegentlich dazu an, in der Bahnhofshalle mit ihr Verstecken zu spielen. Mit schelmischer Miene, mit der sie wieder ganz wie die alte Felix aussah, verbarg sie sich hinter den Broschüren, die die *Friends of Huddersfield Station* in den dafür vorgesehenen Ständern hinterlegt hatten. Dan, der nie zuvor mit Felix Verstecken gespielt hatte – sie hatte das früher meist mit Andrew McClements betrieben, als er noch Gruppenleiter war –, war zunächst von ihrem Verhalten verwirrt gewesen. Jedes Mal, wenn er sich um den Broschürenständer herumbewegte, versteckte sie sich auf der jeweils anderen Seite und duckte sich so tief, dass er sie nicht sehen konnte. Er brauchte ein paar Minuten, bis ihm klar wurde, dass sie das absichtlich machte. Und danach fand Felix – war sie einmal wieder in der Stimmung, sich nachts ein wenig auszutoben – in ihm stets einen bereitwilligen Mitspieler.

Für Dan war es vielleicht sowieso eine gute Übung, sich mit solchen Kinderspielen wieder vertraut zu machen, denn in seiner Beziehung zu Sara gab es eine neue Wendung, die es recht wahrscheinlich machte, dass er sie künftig häufiger spielen würde. Sara war schwanger. Ein TPE-Baby war unterwegs.

Die Schwangerschaft mochte für Sara und Dan überraschend kommen, denn sie waren ja noch nicht lange zusammen, aber sie freuten sich wahnsinnig darüber. Sara kehrte bald zu ihrem alten Job am Fahrkartenschalter zurück, da ihre Tätigkeit auf den Bahnsteigen es mit sich brachte, dass sie Rampen herumwuchten und Gepäck schleppen musste, und diese körperliche Arbeit war für sie nun nicht mehr ratsam; außerdem litt sie sehr an Morgenübelkeit. Neben der körperlichen Erleichterung entlastete es sie womöglich auch emotional, nicht mehr auf den Bahnsteigen tätig zu sein, auf denen sie so viel Zeit mit ihrem besten Freund Karl verbracht hatte.

Er fehlte ihr immer noch sehr, jeden einzelnen Tag. Und sie wünschte sich, er hätte diese tolle Neuigkeit noch mitbekommen. Er wäre überglücklich für sie beide gewesen und wäre der beste Onkel Karl geworden, den ihre Tochter sich nur hätte wünschen können. Es war sehr bitter zu wissen, dass ihr Kind ihn nie kennenlernen würde, aber Sara nahm sich vor, ihrer Tochter alles über ihn zu erzählen. Karl bedeutete ihr so viel, dass sie lange mit Dan darüber diskutierte, ihr Kind auf irgendeine Art und Weise nach ihm zu nennen. Letztlich sagten ihr aber ihre Instinkte, dass Karl das nicht gewollt hätte.

Sie sah ihn vor sich, wie er sie mit seinen braunen Augen liebevoll und fürsorglich anzwinkerte. »Tu das nicht, bloß weil du mich vermisst«, hätte er, klug wie ein großer Bruder, gesagt und sie dann brüderlich in die Arme geschlossen. »Nenn sie so, wie *du* sie nennen willst.« Letztlich einigten sich Sara und Dan lange vor der Geburt auf den Namen Maisie.

Eines Tages, kurz nachdem sie dem Team die frohe Kunde überbracht hatten, fand Sara Felix in der Damenumkleide vor, als sie zur Arbeit kam. Wie sie es gerne tat, setzte sie sich und gestattete Felix, auf ihren Schoß zu springen. Auch wenn die Katze hin und wieder ein wenig mürrisch war, ging Sara immer das Risiko ein, mit ihr zu schmusen, denn Felix war wie das kleine Mädchen in dem Kinderlied: Wenn sie brav war, war sie sehr, sehr brav.

Normalerweise ließ sich Felix, wenn sie in Stimmung war, schnell auf Saras Schoß nieder und gern von ihr streicheln. An diesem Tag aber guckte sie irgendwie fragend, als sie ihrer Kollegin näher kam, und setzte sich auf ihrem Schoß nicht hin. Vielmehr bebte ihr Samtnäschen, als nehme sie einen neuen Geruch wahr. Ganz, ganz vorsichtig legte sie ihre weißen Vorderpfoten an Saras Bauch.

Maisie war in Saras Bauch zu diesem Zeitpunkt ungefähr zwölf Wochen alt. Man sah Sara die Schwangerschaft noch nicht an, aber es schien, als wüsste Felix dennoch, dass etwas anders war mit ihr. Es war, als wüsste sie, dass dort drin eine neue Kollegin schlief, die sie unbedingt begrüßen wollte.

Und daher hob Felix ganz, ganz vorsichtig eine Vorderpfote und setzte sie dann ganz, ganz sacht wieder an Saras Bauch. Dann tat sie das Gleiche mit der anderen Vorderpfote. Und auf diese Weise tappte Felix mit einer schönen, fürsorglichen Gewissenhaftigkeit an Saras Bauch, als würde sie mit ihren Pfoten eine Nachricht im Morsecode übertragen – eine Nachricht, die nur für Maisie bestimmt war.

Die malade Mieze

Nach diesem Tag fiel Sara auf, dass sich Felix ihr gegenüber nie mehr divenhaft gab. Es war, als wollte sie sich so gut wie möglich benehmen. Sie war freundlicher. Umgänglicher. Maisies bevorstehende Geburt schien die Bahnhofskatze dazu zu bringen, sich ihre gelegentlichen Anfälle von Grimmigkeit zu verkneifen und sich von ihrer mütterlichen Seite zu zeigen – eine Seite, die Angie Hunte schon sehr lange nicht mehr bei ihr beobachtet hatte, nicht seit Felix viele Jahre zuvor ihren braunen Schmusebären im Maul mit sich herumgetragen hatte.

Auch Angie Hunte selbst bekam in jenem Sommer ziemlich mütterliche Gefühle, als ihre Gruppenleiterkollegin und Freundin Jacqui im Juni mit einem nicht zu bändigenden Lächeln im Gesicht und einer Reihe von Schnappschüssen auf ihrem Handy zur Arbeit kam, die sie Angie unbedingt zeigen wollte.

»Schau mal, Mrs H, wer bei mir eingezogen ist«, sagte Jacqui schwer begeistert.

Auf dem Display war ein winziger schwarz-weißer Kater zu sehen. Er war acht Wochen alt und supersüß, ein neuer kleiner Bruder für die drei Katzen, die Jacqui bereits besaß.

»Das«, sagte Jacqui voller Mutterstolz, »ist Romeo.«

»Oh, Jacqui …«, seufzte Angie. »Er ist *wunderschön* …«

Mag sein, dass Jacqui bei diesen Worten eine gewisse Wehmut heraushörte. Mag auch sein, dass einfach nur eins zum anderen kam. Jedenfalls fragte sie Angie, während die beiden über den Neuankömmling plauderten, unvermittelt: »Hast du mal daran gedacht, noch eine zweite Katze auf den Bahnhof zu holen?«

»O ja, das habe ich«, antwortete Angie aufrichtig, denn sie liebte Katzen. »Aber das Unternehmen war bei Felix schon so großzügig – da will ich mein Glück nicht überstrapazieren. Wir haben ja damals im Leben nicht damit gerechnet, dass sie uns erlauben würden, auch nur eine Katze zu halten! Und was für ein Glück ist es doch, dass wir Felix haben.«

Jacqui nickte. Das war in der Tat ein Glück.

»Es ist aber schade«, meinte Jacqui leichthin. »Ich glaube nämlich, es wäre wirklich gut für Felix.«

Jacqui wusste, wie sehr ihre vier Katzen die Gesellschaft der anderen schätzten, und im Vergleich dazu kam ihr Felix ein bisschen einsam vor. Außerdem stand sie, da die Verantwortung für die Schädlingsbekämpfung ganz allein auf ihren schmalen Schultern ruhte, womöglich ziemlich unter Druck.

Doch ob es nun gut für Felix wäre oder nicht – Angie musste sich diese Idee aus dem Kopf schlagen. Sie hatte in diesem Sommer andere Sorgen – und an erster Stelle ging es auch dabei um Felix.

Der Sommer 2018 war glühend heiß – der heißeste Sommer in England seit Beginn der Wetteraufzeichnung. Für Felix in ihrem flauschigen Pelzmantel war die Hitze kaum zu ertragen. Angie beobachtete sie voller Besorgnis; alles schien eine enorme Anstrengung für sie darzustellen. Die Bahnhofskatze schlief noch mehr als ohnehin schon, wirkte sehr lethargisch und schien überhaupt keine Energie mehr zu haben. Nachts war sie zwar noch unterwegs, aber tagsüber beschränkten sich ihre Ausflüge auf das Allernötigste. Und wenn sie sich dann doch mal aus ihrem langen Schlaf erhob, bevorzugte Felix, statt draußen zu sitzen, wo die Hitzewelle wütete, das kühlere Klima des Korridors im Bürotrakt oder der Damenumkleide. Früher hatte Felix ihrem Wassernapf meist keine Beachtung geschenkt; nun aber war es so heiß, dass sie diesen, wie Angie bemerkte, immer häufiger aufsuchte. Und Angie achtete darauf, dass der blaue Plastiknapf immer mit frischem Nass gefüllt war.

Manchmal saß Felix auch an einem ihrer alten Lieblingsorte: auf dem grauen Teppichboden in dem kleinen Vorraum des ehemaligen Auskunftsschalters. Dort war es schön schattig, und es schien in diesem Sommer der einzige Ort draußen zu sein, an dem Felix sitzen konnte, ohne vor Hitze zu vergehen. Dort fanden ihre Fans sie, wenn sie Felix besuchen kamen. Dass die Katze kaum noch die Kraft aufbrachte, die Besucher richtig zu begrüßen, schien diese dabei nicht groß zu stören.

Die Vorschrift, dass ihre Besucher Felix nicht mehr füttern durften, war im vergangenen Jahr verhängt worden, wurde aber leider nicht durchgehend befolgt. Lethargisch, wie sie war, war Felix froh, dass sie keine Pfote zu rühren brauchte, um gefüttert zu werden; während sie dort auf dem Teppichboden lag, schoben ihr die Leute die Leckerli direkt ins Maul – wie eine Göttin im alten Griechenland, die, in eine Toga gewandet, von einem Diener geschälte Weintrauben kredenzt bekam. Felix war hocherfreut und behielt dieses Geheimnis für sich – nur ihr anschwellender Taillenumfang verriet sie …

Dann waren die heißen Tage fürs Erste vorbei. In Russland trat das englische Nationalteam bei der Fußballweltmeisterschaft an, und der Torwart Jordan Pickford wurde einer der Stars der Mannschaft. Nur ein Jahr zuvor hätte Felix ihm vielleicht noch die Show stehlen können, inzwischen aber war gar nicht mehr vorstellbar, dass sie überhaupt noch mal auf der Jagd nach dem Ball durch die Bahnhofshalle schlittern würde. Sie wurde immer unbeweglicher. Ging immer seltener auf Erkundungstour. Und wenn Angie nachschaute, ob sie geneigt war, Fans zu treffen, war Felix immer öfter nur dazu bereit, wenn die Fans zu ihr kamen; sie bewegte sich dazu nicht mehr auf den Bahnsteig hinaus. Besucher machten einen Hofknicks vor ihrer Heizkörperliege, und Felix gestattete ihnen, sie ein paar Minuten lang zu streicheln, ehe sie wieder die Augen schloss und wegdämmerte. Immer öfter kam es vor, dass sie, wenn Angie hereinkam, nicht mal aufwachte oder nur knurrte, weil sie geweckt worden war, sodass ihrer Kollegin nichts anderes übrig blieb, als auf Zehenspitzen wieder aus dem Raum zu schleichen, zu den hoffnungsvollen Besuchern zurückzukehren und Felix wegen Unpässlichkeit zu entschuldigen. Es kamen einfach zu viele Besucher, als dass Felix dem gewachsen sein konnte. *Wenn es doch bloß jemanden gäbe,* dachte Angie, *der Felix ein bisschen was abnehmen könnte …*

Und noch jemand beobachtete Felix in jenem Sommer mit Besorgnis. Wenn er sie mit Gebrüll aus seinem Büro verscheuchte und dabei spielerisch mit dem Fuß aufstampfte, als wäre es ein Startschuss für ein neues Spiel, bemerkte Gruppenleiter Geoff besorgt, dass Felix überhaupt nicht darauf reagierte. Sonst hatte sie dieses Geplänkel mit ihm immer geliebt. Normalerweise brachte sie das auf Trab: Sie rannte, wenn er die Stimme erhob, begeistert den Korridor hinab, um gleich anschließend zurückzukehren und das Spielchen von Neuem zu beginnen. Sie liebte es, Geoff zu necken, indem sie hin und her flitzte, während er sie ausschimpfte, und stachelte ihn damit geradezu an, als wäre sie entzückt zu erleben, dass ihr trotz ihrer Berühmtheit noch jemand Paroli bot. Sie neckte ihn auch gern, indem sie durch die weit nach unten reichende Glasscheibe in der Bürotür zu ihm hineinspähte. Obwohl sie ja wusste, dass er sie während seiner Schicht nicht im Gruppenleiterbüro duldete, legte sie ihre schneeweißen Vorderpfoten auf den unteren Rand der Glasscheibe und schaute sehnsüchtig hindurch, wie ein kleines Mädchen am Schaufenster eines Süßwarenladens, das von Zitronenbonbons oder Schokotörtchen träumt. Da konnte Geoff brüllen, so viel und so laut er wollte – sie hielt sich ja schließlich an die Regeln … und erinnerte ihn zugleich daran, wer hier wirklich das Sagen hatte. Neuerdings aber, wenn er seinen gereizten Tonfall aufsetzte und ihren Namen schrie, blinzelte sie nur träge zu ihm hinüber und regte keinen Muskel.

»Der Katze geht's nicht gut«, sagte er besorgt zu Angie. »Sie ist nicht mehr wie früher. Ich glaube, sie hat wieder Übergewicht. Ich sage dir, irgendwas stimmt nicht mit ihr.«

Aufgrund des dynamischen Charakters ihrer gemeinsamen Spiele merkte Geoff oft als Erster im Team, wenn es Felix nicht gut ging, und daher hörte Angie aufmerksam zu, als er nun Alarm schlug. Und am 19. Juni 2018 bewahrheitete sich seine düstere Prognose.

Glücklicherweise hatte Angie gerade Dienst, als es geschah. Mitten am Tag erreichte sie die Nachricht, dass Felix sich im Korridor des Bürotrakts erbrochen habe. Terry vom Bahnsteigteam zog den Kürzeren und ging los, die Sauerei aufzuwischen.

Kurz darauf kam er kreidebleich zu Angie. »Angie«, sagte er. »Weißt du das schon …?«

»Was soll ich wissen?«, fragte sie zurück.

»Dass da ein bisschen Blut in Felix' Erbrochenem ist?«

»Was?!«, schrie Angie und setzte sich, ihre Arbeit vergessend, auf.

Terry eröffnete ihr behutsam, dass das Erbrochene der Katze rot vor Blut war – und es war nicht nur ein kleiner Fleck. Es war alles rot. Felix war allem Anschein nach schwer krank.

Angie fühlte sich, als würde ihr der Boden unter den Füßen weggerissen. Ihrer Felix konnte doch nichts geschehen; es erschien ihr gänzlich undenkbar, dass ihr einmal etwas zustoßen könnte. Ohne zu zögern, sprang sie auf und lief zum Büro des Bahnhofschefs.

»Andy!«, rief sie aus voller Kehle.

Der Dienststellenleiter blickte erschrocken von seiner Büroarbeit auf. »Was ist denn los?«, fragte er.

Angie spürte, dass die Panik kurz davor war, sie zu übermannen, und sie kämpfte dagegen an. »Es geht um Felix«, platzte sie hervor. »Sie ist krank, Andy! Sie muss sofort zum Tierarzt! Sie hat Blut erbrochen! Ach du meine Güte – *sie hat Blut erbrochen!*«

Andy hob beschwichtigend eine Hand, um Angies ängstlichen Redeschwall zu bremsen. »Kümmere dich drum und leite alles Nötige in die Wege!«, sagte er. Felix' Wohlergehen hatte stets Vorrang.

Somit vom Dienst befreit, brauste Angie sofort mit Felix zum Tierarzt. Sie kamen gleich dran, obwohl sie keinen Termin hatten. Der Arzt untersuchte die Katze gründlich und rief recht bald Angie wieder herein, um die Diagnose mit ihr zu besprechen. Ängstlich schlich sie in den sterilen, von Neonlicht erhellten Raum, und fast kam es ihr vor, als würde sie selbst dort auf dem OP-Tisch liegen. Würde ihr der Arzt gleich mit einem Skalpell das Herz aufschlitzen – oder sie wiederbeleben?

»Das Wichtigste zuerst«, sagte er. »Es geht ihr gut. Sie wird wieder vollkommen gesund.«

Angie stieß den Atem aus, den sie, ohne es zu merken, angehalten hatte. *Gott sei Dank.*

»Sie hat keine inneren Blutungen«, fuhr der Tierarzt fort. »Falls sie sich weiter erbricht, sollten Sie sie noch mal herbringen, damit wir weitere Untersuchungen anstellen können, aber ich glaube nicht, dass das nötig sein wird.«

»Was war es denn?«, fragte Angie besorgt. »Was hat sie so krank gemacht?«

»Nun, das lässt sich nicht mit Sicherheit sagen«, antwortete der Tierarzt. »Wahrscheinlich hat sie irgendwas gefressen, das nicht gut für sie war – vielleicht irgendwas, das auf dem Bahnhof herumlag und das sie nicht hätte fressen sollen.«

Angie nickte und erinnerte sich an die geöffneten Thunfischdosen und orangefarbenen Käseflips …

»Oder es könnte eine Maus gewesen sein, die sie gefangen hat und die vielleicht irgendein Gift intus hatte«, fuhr er fort. »Es kann im Grunde alles Mögliche gewesen sein, das ihr einfach nicht bekommen ist, da kann ich Ihnen leider nichts Konkretes sagen.«

»Und was können wir jetzt tun? Wie kriegen wir sie wieder gesund?«

»Nun«, sagte der Tierarzt, »ich werde ihr ein Medikament verschreiben, das ihr helfen wird, wieder auf die Beine zu kommen, und dann möchte ich, dass Sie ihr ein spezielles Futter geben. Sie darf die nächsten zwei Wochen wirklich *nichts* anderes fressen, und daher empfehle ich Ihnen, sie nicht nach draußen zu lassen. Ginge das?«

»Ja, natürlich«, sagte Angie und war erleichtert, dass es nichts Schlimmeres war. Zugleich aber dachte sie: *Das wird Felix gar nicht gefallen*.

Damit sollte Angie recht behalten. Mit der Umstellung ihrer Ernährung kam die Katze unerwarteterweise noch recht gut zurecht. Der Tierarzt hatte ihr spezielle Magen-Darm-Kekse verschrieben, bei denen es sich um knusprige braune Kugeln handelte. Als man sie ihr das erste Mal vorsetzte, schnupperte Felix vorsichtig daran. Früher hätte sie nie im Leben derartiges Trockenfutter angerührt und hatte immer auf Nassfutter bestanden, nun aber sah Angie zu ihrem Erstaunen, dass Felix die Kekse nach anfänglicher Zurückhaltung gierig aus ihrem weißen Porzellannapf hinunterschlang und sich sogar mit ihrer kleinen rosa Zunge zufrieden die Lippen ableckte. Ihr sichtlich guter Appetit verhalf den trockenen Keksen unbestreitbar zum königlichen Felix-Gütesiegel. Vielleicht bildete sich bei ihr dank ihres reiferen Gaumens auch ein feinerer Geschmack heraus.

Komplett gegen den Strich aber ging ihr das verschriebene Medikament. Es handelte sich um eine Flüssigkeit, die mittels einer Spritze einem ebenfalls vom Tierarzt verschriebenen speziellen Nassfutter beigegeben werden musste. Und Felix' Widerwillen gegen die Einnahme ihrer Medizin führte bald zu dem größten Problem bei der ganzen Sache: dem Bemühen, Felix nicht vor die Tür zu lassen.

Man hätte ja eventuell annehmen können, dass sie sich an der neuen Regel, sich nur noch drinnen aufzuhalten, nicht allzu stören würde – verschlief sie doch inzwischen ohnehin einen Großteil des Tages auf ihrer Heizkörperliege. Doch wie es wohl auch unsereinem ergangen wäre, gab es für Felix ab dem Moment, da man ihr sagte, dass sie nicht mehr nach draußen *durfte*, keinen dringenderen Wunsch mehr auf der Welt. Drinnen eingesperrt, blieb Felix nichts anderes übrig, als ihre Medizin einzunehmen. Draußen hingegen stand ihr buchstäblich die ganze Welt offen – verbotene Leckerli von Passanten inklusive. Und so dauerte es nicht lange, und Felix war fest entschlossen, sich ihre Freiheit zurückzuerobern.

Das wuchs sich aus zu einem geistigen Kräftemessen zwischen Angie Hunte und ihr. Dabei machte Felix den ersten Zug. Sie lag im Korridor des Bürotrakts auf der Lauer und wartete darauf, dass ein Kollege kam und nichts ahnend die Tür öffnete.

Angie war ihr jedoch einen Schritt voraus. Sie hatte an beiden Seiten der Tür, die auf den Bahnsteig 1 hinausführte, unübersehbare Plakate angebracht, auf denen zwei große Augen dazu aufforderten, auf die Bahnhofskatze zu achten. Der Text dazu lautete: »Bitte passt auf und achtet auf Felix, wenn ihr hier durchgeht. Sie versucht zu fliehen, weil sie ihre Medizin nicht mag, also seid bitte sehr vorsichtig. *Lasst Felix nicht raus!*«

Als Reaktion darauf legte Felix bei ihren Fluchtbemühungen noch eine Schippe drauf. Statt deutlich sichtbar im Korridor zu lauern, ging sie dazu über, sich hinter dem großen Reservierungsdrucker zu verstecken, der in der Nähe des Ausgangs stand. Dank seiner schwarzen Seitenverkleidung war sie mit ihrem ebenholzfarbenen Fell dort bestens getarnt. Aus diesem Versteck heraus raste sie, wenn die Tür geöffnet wurde, wie eine Irre darauf zu.

Sie versuchte es auch noch mit einer anderen Finte. Angie glaubte also, dass sie über den Bahnsteig 1 türmen würde, ja? Nun, wenn dem so war, würde Felix eben eine andere Route einschlagen. Sie trieb sich ganz unschuldig in der Nähe der Kantine herum, deren Tür sich praktischerweise direkt neben der Tür zum Büro hinter den Fahrkartenschaltern befand. Wenn die Schalter geöffnet waren, hatte Felix, wie sie nur zu gut wusste, von dort freien Zugang zur Bahnhofshalle. Sobald also die Tür zu diesem Büro geöffnet wurde, schoss sie auf die Lücke zu und flitzte mit einer Schnelligkeit hindurch, die man seit Monaten nicht mehr bei ihr gesehen hatte. Angie musste also feststellen, dass sie hier gleichzeitig an zwei Fronten kämpfte.

Doch das Team kam der gerissenen Katze schnell auf die Schliche. Angie brachte auch an der Tür, die zu den Fahrkartenschaltern führte, Plakate an, woraufhin Felix auch diese Ausweichroute versperrt war.

Obwohl das Team sich größte Mühe gab, gelang es Felix dennoch hin und wieder, die Belegschaft zu überlisten. Dann jedoch, auch dies ein Zeichen der Zeit, fiel der Triumph der Ausbrecherkönigin eher gedämpft aus. Wenn ihr die Flucht gelang, bewegte sich die Bahnhofskatze nie weiter als bis auf den Bahnsteig 1. Dort ließ sie sich auf einer der Bänke nieder – ein Zeichen dafür, dass sie Aufmerksamkeit wollte. Mit einem Seufzer legte sie sich hin und blieb dort liegen wie eine Dame im viktorianischen Zeitalter, die sich, von der Schwindsucht ermattet, auf ihre Chaiselongue sinken lässt und sich eine bleiche Hand an die fiebrige Stirn legt. Die Leute kamen herbei zu der berühmten Katze, und Felix betrachtete sie mit einem Ausdruck innigsten Selbstmitleids.

Zu Felix' großer Enttäuschung widerstanden jedoch so ziemlich alle ihren Überzeugungskünsten – da konnte sie ihre Fans mit noch so flehentlichen Blicken traktieren. Felix verstand überhaupt nicht, was da los war.

Ohne dass sie etwas davon ahnte, hatte sich ihr alter Freund Dan mal wieder an die Öffentlichkeit gewandt. Dan, der es kaum erwarten konnte, Vater zu werden, wenn später in jenem Jahr seine Tochter Maisie zur Welt kommen würde, stellte fest, dass er da gar nicht mehr zu warten brauchte, sondern seine väterlichen Instinkte in der Zwischenzeit ja dazu nutzen konnte, sich um Felix zu kümmern. Daher griff er zum Schutz der Bahnhofskatze zu Stift und Papier und fertigte für die seltenen Gelegenheiten, bei denen Felix während ihres zweiwöchigen Hausarrests tatsächlich mal der Ausbruch gelang, einen Aushang an.

Felix und die Bahnhofsbelegschaft brauchen ein wenig Mithilfe, damit unsere Celebrity-Katze auch künftig gesund und munter bleibt, schrieb er in einer Bekanntmachung, die überall auf dem Bahnhof ausgehängt wurde. *Felix hat leider in letzter Zeit ein wenig gekränkelt, und der Tierarzt hat ihr eine spezielle Diät verschrieben, die hoffentlich dafür sorgen wird, dass es ihr bald wieder bestens geht. Verboten sind ihr verständlicherweise Leckereien aller Art und auch jegliche Essensreste … Wenn Sie Felix sehen, geben Sie ihr bitte nichts zu fressen, auch wenn Sie glauben, Sie wären der einzige Mensch, der das tut. Das wären Sie nämlich mit ziemlicher Sicherheit nicht. Es ist momentan sehr wichtig, dass Felix' Mahlzeiten genau kontrolliert werden – damit sie gesund bleibt und bald wieder ihre treuen Fans empfangen kann … Vielen Dank für Ihre Mithilfe bei der Betreuung unserer Katzendame!*

Damit stand es nun zwischen der Bahnhofsbelegschaft und Felix zwei zu eins.

Felix, verwandelt

Dans Aushang war mehr als berechtigt. Zwar gab der Tierarzt bald Entwarnung, was Felix' Magen-Darm-Probleme anging – weitere Untersuchungen waren nicht nötig, und sie erbrach sich auch nicht mehr –, aber er teilte dem Bahnhofsteam mit, dass Felix' Gewicht zusehends problematische Züge annahm. Im Sommer 2018 hatte sie fast ein Kilo Übergewicht, so viel wie nie zuvor.

Ihr bewegungsarmer Lebenswandel spielte dabei natürlich auch eine Rolle. Dale merkte an, dass er Felix schon eine ganze Weile keine Mäusegaben mehr für das Team hatte hinterlassen sehen; wo sie früher regelmäßig auf Mäusejagd gegangen war, ließ sie es nun auch mit der Schädlingsbekämpfung sehr viel langsamer angehen. Auch ihr Alter war ein Faktor dabei, und in diesem Sommer musste Felix feststellen, dass die Umstellung auf kalorienarmes Seniorenfutter nicht mehr verhandelbar war, da sowohl der Tierarzt als auch das Team darauf bestanden, dass sie im Interesse ihrer Gesundheit Opfer bringen müsse.

Fairerweise sei gesagt, dass der Tierarzt ihr, von dem Übergewicht mal abgesehen, eine recht robuste Gesundheit attestierte. Ihr weltberühmtes flauschiges Fell war dicht und glänzend. Ihre smaragdgrünen Augen waren klar. Sie hatte sich auch eine gute Beweglichkeit bewahrt – wenn sie sich denn mal die Mühe machte, vor die Tür zu gehen. Übergewicht kann bei Katzen aber langfristig zu Gesundheitsproblemen führen, unter anderem zu Arthritis, Diabetes und Herzerkrankungen. Es lag in Felix' wohlverstandenem Interesse, sich frühestmöglich darum zu kümmern. Auch nachdem die Katze sich wieder frei auf dem Bahnhof bewegen durfte, ließen Dan und Angie die Bekanntmachungen in der Bahnhofshalle hängen, mit denen Besucher aufgefordert wurden, ihr nichts zu fressen zu geben.

Angie Hunte machte sich in diesem Sommer große Sorgen um ihr nicht mehr ganz so kleines Mädchen. Sie konnte die Vorstellung nicht ertragen, dass Felix etwas geschehen könnte. Sie war so eine besondere Katze; sie war unersetzlich. Wenn es doch nur eine Möglichkeit gäbe, grübelte Angie, dass sie sich mal ein wenig schonen, sie ein wenig kürzertreten könnte …

Auch Angela Dunn beobachtete, wie die dicke, flauschige Katze in diesen heißen Sommertagen nur noch lethargisch herumlag. Angela war neuerdings für Felix' Besuche beim Katzenfriseur zuständig, und sie beschloss, dass es Zeit war, die Katze mit einer Schur von einem Teil ihres dicken Fellmantels zu befreien. Es war schon das zweite Mal, dass sie Felix in diesem Sommer der Hitzerekorde damit helfen wollte, sich ein wenig abzukühlen. Felix war Anfang Juni schon einmal bei der Katzenfriseurin gewesen, die aber leider keine allzu gute Arbeit geleistet hatte.

In dem Wissen, wie fürchterlich warm der Katze war, hatte Angela sie ausdrücklich gebeten, sich Felix wirklich gründlich vorzunehmen, sie von der abgestorbenen Unterwolle zu befreien, die ihren Pelz aufbauschte, und auch all den Filz und all die Knoten aus ihrem Fell zu entfernen. In dem Salon angekommen, hatte die Diva Felix jedoch ein solches Theater veranstaltet, dass sie damit sozusagen säckeweise Sand ins Getriebe von Angelas sorgfältig ausgearbeiteten Plänen streute.

»Sie war heute ziemlich ungnädig«, sagte die Katzenfriseurin schmallippig, als sie Angela die Transportbox wieder überreichte, »aber wir haben getan, was wir konnten.«

Das Ergebnis war leider weit von dem entfernt, was Angela sich erhofft hatte. Sie konnte es gar nicht fassen, als Felix daheim auf dem Bahnhof langsam aus der Transportbox stieg und ihre neue Frisur herzeigte. Dann ging die Katze mit dem gequälten Gesichtsausdruck einer Frau umher, die nicht recht weiß, wie sie ihrer besten Freundin beibringen soll, dass ihr dieser neue Look ganz und gar nicht gefällt. Und ehrlich gesagt, sah die einst so wunderschöne Katze geradezu entstellt aus: Sie hatte eine schmale Hüftseite, an der die Friseurin eine verfilzte Fellpartie recht radikal abgeschoren hatte, und eine ausladende Hüftseite, an die Felix die Friseurin nicht herangelassen hatte. Das Schlimmste aber war, dass ihr Fell immer noch so dicht und verfilzt und verknotet und von Gleisschmutz verklebt war wie zuvor. Die arme alte Felix. Ihr Glamourmiezen-Look gehörte der Vergangenheit an. Sie war wirklich in einem beklagenswerten Zustand.

Angela hatte sich sofort auf die Suche nach einem anderen Katzenfriseur gemacht – dann aber war Felix krank geworden, und alle Überlegungen, sich um ihr Aussehen zu kümmern, wurden hintangestellt, bis es ihr wieder besser gehen würde. Als der Tierarzt jedoch Entwarnung gab, wurde es Zeit, die Sache von Neuem anzugehen.

Und so betrat Angela Ende Juni eines Tages die Damenumkleide und teilte Felix mit, dass sie nun zu einem neuen Katzenfriseur fahren würden. Wie stets achtete Angela sehr darauf, dass Felix die Transportbox erst im allerletzten Augenblick zu Gesicht bekam. Wenn man der Bahnhofskatze die Box zu früh zeigte, kriegte man sie nie hinein, denn dann war sie im Handumdrehen über alle Berge.

Früher war Dave Chin der Einzige gewesen, der Felix in ihre Box bugsieren konnte. Angela war allerdings keine Freundin davon, Felix, wie Dave es zu tun pflegte, mit beiden Armen schwungvoll vom Boden hochzuheben, und musste sich daher eine eigene Methode zurechtlegen.

Die erste Grundregel bestand darin, dass man sich morgens ganz genau überlegte, was man anzog. An manchen Tagen zog sich Angela noch dreimal um, bevor sie zur Arbeit aufbrach, weil sie das am besten geeignete Outfit finden musste: Sachen, die nicht für Laufmaschen anfällig waren, nicht leicht verrutschten und auch nicht viel Haut frei ließen, nur für den Fall, dass Felix kratzen würde. Die zweite Grundregel war, alles in der richtigen Reihenfolge zu tun, damit sich Felix nicht verdünnisierte. Und die dritte Grundregel lautete: Alles schön langsam und bedächtig, um bei der Katze möglichst keinerlei Unruhe aufkommen zu lassen.

Als Angela jedoch die Transportbox im Zeitlupentempo von ihrem üblichen Aufbewahrungsort oben auf den Spinden herunternahm, erhob sich Felix, »Grundregeln« hin oder her, und wich langsam zurück. Angela stellte die Box überaus behutsam auf dem Fußboden ab und öffnete die abnehmbare Tür, doch Felix blickte so angsterfüllt, als sollte sie ins Maul eines Wals steigen und nicht ins Innere eines Plastikkorbs, der mit einer flauschig-weichen Decke ausgelegt war.

Aber Angela wusste ja um Felix' Abneigung gegen die Transportbox. Sie hatte kürzlich eine neue für sie gekauft – eine graue mit einer Drahtgittertür vorne dran –, und zwar mit einem Gutschein, den einer von Felix' Fans ihr zum Valentinstag geschenkt hatte. Die neue Box war größer als die alte, und Angela hatte gehofft, dass sich Felix darin, weil sie so geräumig war, wohler fühlen würde. Doch ob groß oder klein: Felix hatte einfach einen Hass auf Transportboxen.

Und als Angela die neue Box an diesem Morgen von den Spinden herabnahm, zog Felix den Kopf ein und versuchte sich damit auf dem Fußboden der Damenumkleide gewissermaßen unsichtbar zu machen – fast wie ein Kleinkind, das beim Versteckspiel glaubt, wenn es die Augen schließt, könnten die anderen es auch nicht mehr sehen.

Als Felix klar wurde, dass ihr ausgefuchster Plan gescheitert war, machte sie kehrt und floh auf die Damentoilette. Ihr allzu flauschiger Schwanz schnippte gereizt hin und her, als wollte sie signalisieren: »Nein, ich geh da nicht rein!«

Und als ob sie spürte, dass ihr Schwanzschnippen für diese besonders heikle Situation nicht nachdrücklich genug wirkte, ließ sie nun auch ihre Stimme erklingen. Felix wurde überhaupt immer sehr gesprächig, wenn es darum ging, dass sie in ihre Box hinein sollte. Sie fauchte und jaulte und kreischte und knurrte … und das alles nur, weil Angela die Box anhob und ganz langsam einen kleinen Schritt damit auf die Bahnhofskatze zuging.

»Na, komm, Felix«, forderte Angela sie auf. »Bitte geh rein.«

»Miau!«, rief die Katze laut und schrill.

»Geh einfach rein, dann hast du's hinter dir«, ermunterte Angela sie. »Komm, Schätzchen …«

Doch Felix flitzte an ihr vorbei und schnurstracks zur Tür der Damenumkleide, vor der sie stehen blieb und laut maunzte in der Hoffnung, jemand würde ihr zu Hilfe eilen.

»Du kommst hier nicht raus, Felix«, sagte Angela. »Es sei denn, du gehst *hier rein.*«

Irgendwann schaffte Angela es schließlich, Felix zu ergreifen und in die Box zu befördern. Die Bahnhofskatze gab noch ein letztes leises Jammern von sich, und dann herrschte Stille. Als Angela die Drahtgittertür schloss, huschte Felix sofort dorthin und drückte ihr flauschiges schwarzes Gesicht an das Gitter. Sie wirkte damit fast wie eine Strafgefangene, und ihre grünen Augen schauten tieftraurig hinter den schwedischen Gardinen hervor. Lustigerweise gab sie jedoch, nachdem die Schlacht geschlagen war, schnell Ruhe und freundete sich recht bald mit ihrer neuen Situation an. Als Angela ihre Sonnenbrille aufgesetzt und ihre Autoschlüssel hervorgeholt hatte, saß die Katze schon zufrieden in der Box und betrachtete durch das Gitter den Lauf der Welt. Angela wusste, dass Felix nach dem ganzen Theater nun gar nicht mal ungern die Reise im Auto zu der neuen Katzenfriseurin unternehmen würde.

Die Sonne brannte erbarmungslos auf Angela und Felix herab, als sie über den St George's Square zum Parkplatz gingen. Es herrschten an diesem Tag über dreißig Grad, und sowohl Angela als auch Felix brachte die Hitze ein wenig zum Keuchen. Als Angela dann die Klimaanlage in ihrem Wagen voll aufdrehte, um sie beide zu kühlen, fragte sie sich, was Felix wohl von dem neuen Etablissement halten würde, das sie aufgetan hatte. Sie war wirklich gespannt – denn so etwas hatte Felix noch nie gesehen.

Felix spähte durch die Gittertür ihrer Transportbox, während der Wagen einen Hang hinauffuhr. Sie waren nun seit ungefähr zwanzig Minuten unterwegs und befanden sich auf dem Lande außerhalb von Huddersfield. Auf den Hügeln und in den Tälern ringsumher sah man unter der heißen Sommersonne viel saftiges grünes Gras.

Als Angela dann hielt und um den Wagen herumging, um Queen Felix den Schlag zu öffnen, merkte Ihre Majestät neugierig auf. Durch die geöffnete Tür strömten aus der Außenwelt plötzlich alle möglichen ihr unbekannten Gerüche auf sie ein. Wohin hatte Angela sie denn diesmal gebracht?

Angela hob die Katze in ihrer Transportbox-Sänfte aus dem Wagen, und da schaltete Felix' Näschen in den Schnellgang. Was waren das für neue Gerüche – und neue Anblicke und neue Geräusche? Wo war das vertraute Getöse der Züge und das Rumpeln der Rollkoffer auf Bahnsteig 1 abgeblieben? Und was um alles in der Welt gab einen Laut von sich wie *den da?*

»Muh!«, hörte Felix.

Felix, die Bahnhofskatze war zum ersten Mal in ihrem Leben auf einem Bauernhof.

Es war ein Rinderzuchtbetrieb, und Felix' Näschen bebte aufgeregt, als die erdigen Aromen von Jauche, Mist und Tierfellen zu ihr drangen. Als Stadtkatze, die den Gestank von Motorenöl gewohnt war, war das hier für sie ein vollkommen anderes Geruchspanorama. Ihre grünen Augen spähten eifrig hinter der Gittertür hervor, und sie versuchte aus dem, was sie da sah, schlau zu werden.

Felix sah, dass sie sich auf einer Anhöhe befand. Eine Trockenmauer säumte den Weg, den Angela und sie hinaufgefahren waren, und dahinter ging es steil bergab. Angela hatte vor einem traditionellen Bauernhaus gehalten, mit enteneiblauen Türen und farbenfrohen Blumenkübeln; und auf der anderen Seite des Wegs befanden sich Ställe, Scheunen und Garagen. Heu lag über den Hof verstreut, und weiter den Weg hinauf standen schlammverkrustete Schubkarren und Traktorenschaufeln.

Etwas weiter entfernt hörte Felix einen Hund aufgeregt bellen, der wohl ihren Wagen hatte kommen hören. Dann tauchte eine weiß getigerte Katze auf und strich in besitzergreifender Manier um die Blumenkübel vor dem Bauernhaus. Sie achtete jedoch kaum auf Felix, da sie das Kommen und Gehen von Tieren hier gewohnt war.

Felix' Näschen bebte immer noch. Ein Stückchen weiter den Weg hinauf waren die Rinder, die sie schon gerochen hatte: eine Herde hellbrauner Tiere, die stumpf das grüne Gras der umliegenden Weiden mampften. Und jetzt roch sie auch noch etwas anderes: einen ihr noch unbekannten Menschen, der herbeikam, um Angela zu begrüßen.

»Guten Morgen!«, sagte eine fröhliche Frauenstimme.

»Auch dir einen wunderschönen guten Morgen!«, erwiderte Angela. »Ich bin dir wirklich sehr dankbar, dass du gleich bereit warst, sie zu nehmen – obwohl sie ja den Ruf genießt, eine ziemliche Diva zu sein! Ich hab dir ja schon am Telefon erzählt, dass sie dringend Hilfe braucht, die Arme. Ihr Fell ist total verfilzt und verknotet, und auch die ganze abgestorbene Unterwolle muss raus. Kannst du ihr da weiterhelfen?«

Die Frau – sie war Anfang vierzig, hatte kurzes blondes Haar und ein gewinnendes Lächeln – strich sich den roten Kittel glatt. »Ich werde mein Bestes geben«, sagte sie. Dann bückte sie sich, und Felix und sie sahen einander durch das Gitter der Transportbox an, als taxierten sie sich gegenseitig. »Hallo, Felix!«, sagte die Frau sehr freundlich. »Ich bin Louise. Herzlich willkommen!«

Louise war die Cousine einer Freundin von Angela und war ihr als Tierfriseurin wärmstens empfohlen worden. Da sie eher schüchtern und bescheiden war, hatte sie für ihre Dienste nie Reklame gemacht, hatte aber dennoch allein aufgrund von Mundpropaganda im Laufe der vergangenen fünfundzwanzig Jahre einen sehr erfolgreichen Tiersalon aufgebaut, nachdem sie gleich nach dem Schulabschluss mit dieser Tätigkeit begonnen hatte. Louise war zwar mehr auf Hunde als auf Katzen spezialisiert, hatte aber, als Angela sie telefonisch fragte, ob sie sich Felix einmal gründlich vornehmen könne, gleich zugesagt. Katzen waren ihr auch sehr vertraut – zwei lebten offiziell bei ihnen auf dem Hof, aber im Laufe der Jahre hatten sie dort auch vielen weiteren Katzen Unterschlupf gewährt, einmal sogar zwölf gleichzeitig, da Streuner oft den steilen Weg heraufkamen und sich in den Nebengebäuden des Hofs einnisteten. Louise und ihre Familie hatten es nie übers Herz gebracht, sie wieder vor die Tür zu setzen.

Angela freute sich sehr zu sehen, dass Louise eine angenehme, ruhige Art hatte. Felix brauchte, das wusste Angela, eine feste Hand, zugleich aber auch eine freundliche Ansprache – hart, aber herzlich, sozusagen. Und Angela hoffte, dass sie mit Louise genau die Richtige für diesen Job gefunden hatte.

Als Louise ihr die Katzenbox abnahm und dann mit ihrer neuen Kundin ihren »Salon« betrat, wurde Angela immer zuversichtlicher, was das betraf. Denn »Salon« war wirklich nicht das richtige Wort dafür. Es war weder eine pseudoschicke Nullachtfünfzehnbude noch ein klinisch wirkender, nach Chemikalien riechender Raum, sondern Louise arbeitete in einer kleinen, aber geschickt eingerichteten Garage, die an das Haupthaus angebaut war. Trotz des Betonbodens wirkte das Ganze geradezu heimelig, und es roch dort unverkennbar nach Tieren. Auf einer Seite stand ein schwarzer Tisch für die Pflege, auf der anderen eine weiße Badewanne, die mit dunkelgrünen Kacheln eingefasst war, und dann gab es auch noch ein paar Käfige für wartende Tiere, die gegenwärtig aber leer standen. Es war so ziemlich das Gegenteil eines piekfeinen Pudelsalons; eher ein praktischer Ort, an dem Louise einfach nur ihrer Arbeit nachging. Angelas Ansicht nach war es genau das, was Felix brauchte.

»Also, ich lasse euch beide dann mal allein«, sagte Angela. Dann bückte sie sich vor der Transportbox und sah Felix in die Augen. »Sei bitte schön brav, mein Mädchen!«

Felix sah ihr noch nach, wie sie hinausging, und wandte sich dann mit einem argwöhnischen Blick Louise zu. Die mochte ja die liebenswürdigste Frau der Welt sein – aber Felix fühlte sich sehr unbehaglich und betrachtete es als unerträgliche Demütigung, wenn jemand in ihrem herrlichen Fell herumfuhrwerkte. Schon als Louise die Drahtgittertür vorn an der Box zu öffnen begann, fing Felix an zu knurren. Und als sie schließlich aus der Box heraus war, befand sie sich vollends im Panther-Modus und fauchte, schnappte und kratzte.

»Ganz ruhig!«, sagte Louise in beschwichtigendem Ton. »Alles wird gut. Ich tu dir nicht weh. Ich will dich nur mal kurz anschauen.«

Felix ließ sie widerwillig gewähren. Und Louise sah, dass sie sich da eine Menge Arbeit aufgehalst hatte. Felix war so langhaarig, dass ihr Fell leicht verfilzte, und überdies hatte sie etliche dicke Knoten darin. Besonders ihr Bauch, der immer über die Schienen strich, wenn sie die Gleise überquerte, war schmutzig. Die beiden Angelas baten die jeweiligen Friseurinnen zwar immer, ihr Bauchfell auf eine praktische Länge für ihre Abenteuer auf dem Gleisbett zu trimmen, aber die letzte derartige Schur lag nun schon eine ganze Weile zurück, und daher war ihr Fell dort unten wieder lang und starrte vor Schmutz. Und da ihr letzter Friseurbesuch ja ein recht abruptes Ende genommen hatte, war ihr Pelz insgesamt ausgesprochen lang und buschig und wirkte geradezu wild.

Als Louise Felix' Gesäß betrachtete, wo das Fell rings um ihren Intimbereich besonders verfilzt war, fragte sie sich, ob schon jemals jemand den Mut aufgebracht hatte, die Diva dort zu striegeln. Angenehm überrascht aber war Louise, als sie feststellte, dass Felix gar nicht so fürchterlich schmutzig war; sie hatte angenommen, dass eine Bahnhofskatze jede Menge Öl und Schmiere im Fell haben würde, aber dem war anscheinend gar nicht so.

Felix knurrte während der gesamten Untersuchung vor sich hin; es klang fast wie ein kehliges Schnarchen. Sie schien Louises Interesse als Affront aufzufassen. Wie die meisten erwachsenen Katzen verbrachte Felix gut die Hälfte ihres wachen Lebens damit, sich zu putzen, und vielleicht empfand sie deshalb menschliche Eingriffe in diesem Bereich als unnötig, ja, geradezu übergriffig.

»So«, sagte Louise schließlich in entschiedenem Ton. »Dann fangen wir mal an. Jetzt nehme ich dir als Erstes mal das Halsband ab, und dann wirst du schön durchgekämmt.«

Louise verwendete dazu zwei verschiedene Kämme. Sie hatte einen, dessen Zinken so ähnlich wie Nägel aussahen und der sich gut dazu eignete, die Verfilzungen in Felix' Fell zu lösen, und einen anderen, der eher wie ein Menschenkamm aussah und dazu bestimmt war, das Fell anschließend zu glätten. Es war wichtig, das Fell zuallererst einmal durchzukämmen, damit man nicht anschließend Zeit damit vergeudete, abgestorbenes Fell zu waschen, das längst hätte entfernt werden sollen.

»Also gut, du kleiner Miesepeter«, sagte Louise zu der immer noch knurrenden Felix. »Dann wollen wir mal loslegen.«

Sie begann, Felix' Fell mit festen, regelmäßigen Strichen zu kämmen, konnte aber kaum einen dieser Striche vollenden, so verfilzt und verknotet war es. Louise musste sich mit jedem einzelnen dieser Knoten beschäftigen und ihn vorsichtig bearbeiten, damit sie nicht zu fest an Felix' Haaren zog – aber Felix ließ ihr nicht die nötige Zeit dazu.

Die Katze fauchte, schlug um sich und kratzte mit ihren entblößten scharfen Krallen.

»Mum!«, rief Louise über den Hof und hielt Felix dabei mit beiden Händen fest. »Ich hab hier eine ganz Wilde! Kannst du mal bitte kommen und mir helfen?«

Louises Mutter, eine sachlich-nüchterne Bäuerin mit kurzem grauem Haar und blitzmunteren Augen hinter ihrer Brille, kam in die Garage geeilt. Louise brauchte nur selten Hilfe bei ihrer Arbeit, aber nach einem Blick auf die Wildkatze auf dem Tisch verstand Margaret sofort, was zu tun war, und schnappte sich ihre dicken Tiefkühlhandschuhe.

»Das ist ja ein richtiger Panther, was?«, meinte sie. »Schau dir mal das Gebiss an!«

»Es ist alles bestens«, sagte Louise beschwichtigend zu der Katze. »Braves Mädchen. Beruhig dich, wir tun dir nicht weh.«

Doch Felix wollte nichts davon hören. Während Margaret die Katze festhielt und Louise sich ihren verfilzten Intimbereich vornahm, stieß Felix angesichts dieser Erniedrigung ein wütendes Gejaule aus.

»Wir sind schon fast fertig«, flötete Louise ihr zu und kämmte, so schnell sie konnte, ohne die Gründlichkeit zu vernachlässigen. Sie war verblüfft, wie viel lose Wolle ihr entgegenkam, als sie die Verfilzungen löste. »Bitte halt einfach still, Felix. Komm schon, Schätzchen. Alles ist gut, beruhige dich.«

Aber Felix wollte sich nicht beruhigen. Am Hintern und Bauch war ihr Fell besonders verfilzt, und sie konnte es nicht ertragen, dass Louise sie dort berührte. Sie stieß ein weiteres wütendes Knurren aus.

»Dad!«, rief Louise über den Hof, während sie gemeinsam mit ihrer Mutter die Katze festhielt. »Ich hab hier eine ganz Wilde! Kannst du mal bitte kommen und mir helfen?«

So kam nun auch noch Louises Vater in die Garage. Er war schon über siebzig – ein stämmiger, muskulöser Bauer mit kurzem, dunklem Haar. Er war ein unbeschwerter, freundlicher Mensch, der so schnell vor nichts zurückscheute, und als er das Wildkatzendrama sah, das sich in der Garage abspielte, krempelte er einfach die Ärmel hoch – nein, Moment: er krempelte sie herunter – und zog sich seine dicken, ellenbogenlangen Handschuhe an. Sie waren wahrscheinlich eher für den Umgang mit Falken gedacht, als um Felix zu bändigen, aber er erkannte auf den ersten Blick, dass sie nötig waren.

Louise hatte so etwas noch nie erlebt. Die wenigsten Katzen ließen sich gerne frisieren, und daran war sie gewohnt; Katzen waren da nicht so duldsam wie Hunde. Doch wie Felix sich aufführte, ging weit über das Übliche hinaus. Sie schien, wie in allen Belangen, fest entschlossen, alle anderen in den Schatten zu stellen; und so kam es, dass sich schließlich Louises ganze Familie um sie kümmerte, als wären sie ein Formel-1-Team und Felix ein kostbarer, teurer Rennwagen. Ihr beständiges Knurren klang jedenfalls schon mal nach einem Motor mit Turbolader bei 300 km/h.

Margaret war verblüfft über dieses divenhafte Gebaren. »Ich verstehe nicht, warum diese Katze so beliebt ist!«, sagte sie über Felix' Kopf hinweg zu ihrer Tochter, und zwar im Flüsterton, als wollte sie die Bahnhofskatze nicht noch weiter erzürnen. »Sie ist doch ein Albtraum!«

Aber die Drei-Mann-Operation trug allmählich Früchte. Während Louise geduldig Felix' Fell reinigte, indem sie all die Samen, Verfilzungen und Knoten daraus entfernte, bereitete sie damit einer neuen Felix den Weg. Bald schon saß ein viel schnittigerer Panther knurrig dort auf dem Tisch, und daneben lag ein großer Haufen grauer, alter Wolle, der aus ihrem Pelz hervorgeholt worden war. Louise tat ihr Möglichstes, um die Knoten nicht herausschneiden zu müssen, was empfindliche Lücken in Felix' Fell hinterlassen hätte. Vielmehr nahm sie sich die Zeit, das Fell noch mal und noch mal und noch mal zu kämmen, solange es eben dauerte, alle Verfilzungen zu lösen. Schließlich griff sie zur Schere und trimmte, wie von Angela erbeten, Felix' langes weißes Bauchhaar, damit sie wieder besser über die Schienen schreiten konnte.

»Schon gut, schon gut«, sagte sie zu Felix, die sich freizustrampeln versuchte. »Du wirst dich hinterher viel besser fühlen, das verspreche ich dir.«

Felix aber glaubte ihr kein Wort – nicht zuletzt, weil sie nach dem Durchkämmen geduscht wurde. Louise badete ihre Katzenkunden eher selten – wenn man Katzen zu oft badet, werden dabei die natürlichen Öle aus dem Fell gewaschen –, aber Felix brauchte diesmal wirklich das komplette Programm. Bei drei trugen Louise, ihre Mutter und ihr Vater die sich energisch sträubende Bahnhofskatze zu der weißen Badewanne und drehten die Duschbrause auf. Felix fixierte sie alle mit einem grimmigen Blick, den sie auch in den nächsten fünf bis zehn Minuten beibehielt, während Louise sie mit einem hypoallergenen Shampoo einschäumte, damit ihr Fell schön sauber wurde. Das Shampoo roch eigentlich nach nichts, da duftende Seifen für Tiere nicht geeignet sind, aber Felix rümpfte dennoch das Näschen.

Die Arme, aus ihrem Blick sprach wirklich tiefes Selbstmitleid, als das Wasser aus der Duschbrause ihr das Fell durchnässte. Katzen sind ja bekanntermaßen meist wasserscheu, und Felix war da keine Ausnahme. Sie war ein trockenes Leben gewohnt und wollte es auch gar nicht anders. Klatschnass und tief bedrückt hockte sie in der großen weißen Wanne, während Louises Eltern sie festhielten und Louise, so sanft sie nur konnte, den Duschschlauch schwang. Das Wasser drückte Felix' Fell nieder, bis sie eher wie eine ertrunkene Ratte aussah als wie die berühmte Facebook-Katze, die das Herz Abertausender Menschen erobert hatte.

Wenigstens bekam sie anschließend nicht auch noch eine Spülung. Da das Rückstände auf ihrem Fell hinterlassen hätte und Felix sich ja bald wieder mit der Zunge putzen würde, waren derlei Produkte für die Katzenpflege nicht geeignet. Doch sehr zu Felix' Missfallen war das ganze Prozedere immer noch nicht vorbei; denn nun kam noch das Föhnen dran.

Sie war eine derart flauschige Katze, dass es zwanzig Minuten dauerte. Louise arbeitete, eingedenk der Laune ihrer neuen Kundin, so schnell sie nur konnte, und föhnte Felix mit der langen Tülle ihrer Trockenhaube, während ihre Eltern die Bahnhofskatze hin und her drehten, damit ihr Pelz auch rundherum schön trocken wurde. Die weißen Pfoten trocknete Louise ganz zum Schluss mit einem Handtuch ab. Sie waren anschließend immer noch ein wenig feucht, würden aber recht bald von alleine trocknen, und es war besser, Felix so zu belassen, als ihr mit weiterem Föhnen noch mehr auf die Nerven zu gehen.

»Fast geschafft!«, verkündete Louise frohgemut. Felix starrte sie nur schmollend an. Ihr Formel-1-Team »fuhr« sie zurück auf den schwarzen Friseurtisch, und Louise kämmte ihr ein letztes Mal gründlich das Fell durch, um sicherzustellen, dass sie die gesamte abgestorbene Unterwolle und sämtliche Verfilzungen entfernt hatte. Zu Louises Erstaunen holte sie dabei immer noch etwas Flaum aus dem Fell der Bahnhofskatze heraus.

Vorsichtig kämmte sie Felix weiter – hob ihre Vorderpfoten an, um an ihre Achseln zu gelangen, glättete das Fell rings um ihren Intimbereich und bürstete ihr den flauschigen schwarzen Rücken. Nach all der sorgfältigen Arbeit boten sich dem Kamm nun keinerlei Hindernisse mehr. Felix' Pelz sah wunderbar seidig aus und strahlte im hellen Licht der Garage. Obwohl sie ununterbrochen dagegen angekämpft hatte, war Felix verwandelt worden. Der vormals schmuddelige Flauschknäuel war nun sauber und geschmeidig. Und das dicke, schwere Fell, das sie so niedergedrückt hatte, war fort.

Anderthalb Stunden nachdem sie Felix abgegeben hatte, kam Angela wieder, um sie abzuholen.

»Felix der Tiger ist abholbereit!«, hatte Louise ihr per Textnachricht mitgeteilt.

»O Gott!«, antwortete Angela, erschrocken über den Spitznamen. »Hoffentlich alles okay?«

»Alle Finger noch dran«, antwortete die Friseurin, »aber es war knapp!«

Als Angela die Garage betrat und Felix erblickte, war sie sprachlos angesichts des Unterschieds. Der Friseurtermin hatte geschlagene neunzig Minuten in Anspruch genommen, aber meine Güte, das waren wirklich mal sinnvoll verbrachte neunzig Minuten! Angelas eigentlicher Schock kam aber erst, als Louise ihr einen Plastikbeutel überreichte.

»Was ist das?«, fragte Angela verwirrt. Als sie in den Beutel schaute, traute sie ihren Augen nicht; Louise schien ihr eine reglose zweite Katze gegeben zu haben.

»Das«, sagte Louise, »ist das ganze Haar, das von ihr runtergekommen ist. Kein Wunder, dass ihr so heiß war. Sie hatte das Fell von mindestens zwei Katzen am Leib!«

Angela betrachtete noch mal vollkommen verblüfft die Unmenge an Haaren.

Als sie auf den Bahnhof zurückkam, konnte sie es kaum erwarten, Angie Hunte von alldem zu erzählen. Sie leerte den Plastikbeutel mit den Haaren auf dem Fußboden aus und stellte Felix daneben, damit Angie sehen konnte, wie gründlich Louise vorgegangen war.

»Mein lieber Schwan!«, rief Angie aus. »Das reicht ja für eine zweite Katze!«

Die beiden Frauen sahen einander voller Verwunderung an.

Doch während der große Haarhaufen natürlich Gesprächsstoff lieferte, drehte sich das eigentliche Gespräch auf dem Bahnhof um Felix. Und zwar nicht darum, wie wunderschön sie aussah – auch wenn dem natürlich so war. Es ging auch nicht darum, wie sehr sie körperlich geradezu verwandelt wirkte – obschon auch dem so war. Nein, es ging darum, dass Felix endlich wieder ganz die Alte war.

»Das Beste, was ihr je passiert ist«, sagte Angie Hunte freudig, »war, dass Angela sie zur Friseurin gebracht hat. Es war ein Unterschied wie Tag und Nacht, als sie wiederkam … Seit diese ›zweite Katze‹ aus ihr rausgekämmt wurde, geht sie wieder beschwingt durchs Leben. Es war, als hätte sie einen schweren Pelzmantel ausgezogen und wäre stattdessen in einen Anorak geschlüpft. Man konnte geradezu sehen, wie sie dachte: ›Puh! Gott sei Dank! Das wurde aber echt mal Zeit!‹«

Alle spürten den Unterschied – besonders Felix. Sie fühlte sich so viel besser, dass sich auch ihr Verhalten änderte. Ihr war zwar immer noch warm, aber sie war längst nicht mehr so lethargisch. Es war, als könnte sie wieder frei atmen. Sie lebte auf. Sie setzte ihre Schritte wieder sicher. Sie bewegte sich gewandter.

Die Bahnhofskatze war wieder ganz die Alte – und das genau zur rechten Zeit. Denn Felix würde bald gebraucht werden wie noch niemals zuvor.

Ein unvergesslicher Tag

Felix' Facebook-Fans waren überglücklich, dass sie wieder ganz die Alte war. Für viele von ihnen war der allmorgendliche Besuch ihrer Facebook-Seite inzwischen der Höhepunkt des Tages. Sie liebten es, sich neue Porträts der wunderschönen Katze oder ein neues Video von Dan aus seiner Serie »The Floof Files« anzusehen. Felix war eine unglaublich fotogene Mieze, und ein einziger Schnappschuss von ihr, wie sie über die Bahnsteige patrouillierte oder auf dem Pult des Fahrkartenschalters saß und die Ermäßigungskarte eines Kunden auf ihre Gültigkeit überprüfte, genügte, damit die Leute frohgemut und leichten Herzens in den Tag hinausgingen.

Ständig half sie Menschen – und das sogar über Tausende Kilometer hinweg. So stieß beispielsweise eine Frau von Mitte fünfzig, die in den Schweizer Bergen lebte, im Internet auf Felix, während sie noch um ihren schwarzen Kater Pauli trauerte, der im September 2017 im Alter von vierzehn Jahren verstorben war. Gisela vermisste Pauli so sehr, dass es sich für sie anfühlte, als wäre ihr das Herz aus dem Leib gerissen worden. Sie war untröstlich und vergoss viele Tränen, und in diesem Zustand befand sie sich immer noch, als sie acht Monate nach Paulis Tod zufällig Felix auf Facebook entdeckte.

Dann aber geschah etwas Sonderbares. Während sie Felix' Leben auf Facebook verfolgte, schien sich die Finsternis um sie her zu lichten. Gisela las Felix' Beiträge und die liebevollen Kommentare ihres weltumspannenden Freundeskreises, und dabei schien Licht in ihr verdunkeltes Gemüt zu dringen. Wenn sie Felix auf den Fotos in die Augen schaute, hatte sie das Gefühl, dass es für sie doch noch die Möglichkeit gab, aus all der Trauerschwere zu einer gewissen Leichtigkeit zurückzufinden. Sie war froh und dankbar, dass sie Mitglied in Felix' Fanclub sein durfte. Sie mochte es sehr, einer so warmherzigen und liebevollen Gemeinschaft anzugehören – in deren Mittelpunkt eine Katze stand, aus deren großen grünen Augen so viel Weisheit und Liebe zu sprechen schien.

Allmählich bekam Gisela das Gefühl, dass Felix ihr die Kraft zurückgab, die sie nach Paulis Tod verloren hatte. Ihre Nachbarn bemerkten, dass sie ein Leuchten in den Augen hatte, wenn sie ihnen Geschichten über die wunderbare Katze erzählte, die sie im Internet kennengelernt hatte. Und nach einiger Zeit bewirkte Felix bei ihr eine noch grundlegendere Veränderung. Gisela hatte geglaubt, dass sie nie wieder eine Katze bei sich aufnehmen könne, da Pauli einfach ein einmaliges, unersetzliches Tier gewesen sei. Dann aber wurde ihr zusehends klar, dass sie immer noch viel zu geben hatte. Felix brachte sie dazu, dass sie nun einer Katze aus dem Tierheim ein behagliches Zuhause bieten wollte, und bald war sie fest entschlossen, das zu tun. Schlicht und einfach gesagt, hatte Felix sie dazu gebracht, dass sie ins Leben zurückkehren wollte.

Was für ein großartiges Geschenk.

Eine andere Dame, die vollkommen hingerissen von Felix war, war Gloria aus Tiverton in Devon. Sie war schon immer eine große Katzenliebhaberin gewesen, auch wenn sie zu ihrem Bedauern nie selbst eine Katze gehabt hatte. Nachdem sie sich bei Facebook mit Felix angefreundet hatte, nahm sie sich schließlich vor, sie im Oktober 2018 zu besuchen – womit sie sich ein wenig selbst überraschte. Anfangs hatte sie gedacht, Felix sei »nur« eine Katze, und hatte nicht unbedingt das Bedürfnis verspürt, ihre Internet-Freundschaft auch im wahren Leben fortzusetzen. Die Vorstellung, eine fünfstündige Reise auf sich zu nehmen, nur um eine Katze zu treffen, wäre ihr damals ziemlich befremdlich erschienen. Doch im Laufe der Monate, in denen sie Felix auf Facebook folgte, war ihr die Katze allmählich ans Herz gewachsen, und ihr war klar geworden, was für ein ganz besonderes Tier sie war – bis ihr ein Treffen mit Felix nicht nur sinnvoll, sondern ausgesprochen wünschenswert, ja, absolut notwendig erschien. Sie jeden Tag online zu sehen – sie durch ihre Fotos, Bildunterschriften und karitativen Tätigkeiten kennenzulernen – hatte Felix zu einem festen Bestandteil von Glorias Alltag gemacht, und sie freute sich sehr auf ihren Besuch in Huddersfield. Am 2. Juli 2018 kam es jedoch in Glorias Leben zu einem fatalen, alles infrage stellenden Umbruch – der sich dementsprechend auch auf ihren Monate später geplanten Besuch auswirkte.

Gloria war an jenem Tag ins Krankenhaus gegangen, um, wie sie glaubte, eine routinemäßige Kontrolluntersuchung ihrer Lungenfibrose zu absolvieren. Dann aber hatte der behandelnde Arzt bei dem anschließenden Gespräch rundheraus zu ihr gesagt: »Wir sind am Ende des Weges angelangt, Gloria. Ich kann jetzt nur noch die Palliativversorgung für Sie organisieren.«

Gloria war geschockt. Sie wusste natürlich, dass sie krank war, aber ihr war nie gesagt worden, dass sie sich in einem lebensbedrohlichen Zustand befand. »Werde ich jetzt bald *sterben?*«, fragte sie den Arzt.

Er antwortete zunächst nicht direkt darauf, aber sie ließ nicht locker, und schließlich räumte er ein, dass dem so war.

»Wie lange habe ich noch?«, fragte Gloria wie benommen.

Es war nur noch eine Frage von Monaten.

Gloria war sprachlos. Wenn es noch mehr Zeit gewesen wäre, wäre sie besser damit klargekommen, glaubte sie. Diese Kurzfristigkeit war sehr beängstigend. Der Sturz ins große Nichts schien so schrecklich nah. Es zwang ihr Gehirn dazu, sich auf bestimmte Dinge zu konzentrieren, und führte ihr kristallklar vor Augen, was im Leben wichtig war. Und sie erkannte, dass das Einzige, was sie in der knappen Zeit, die ihr noch vergönnt war, unbedingt tun wollte, ein Besuch bei ihrer geliebten Felix war.

Sie schickte ihr auf Facebook eine private Nachricht. »Ich hatte ursprünglich vor, dich im Oktober zu besuchen«, schrieb sie. »Könnten wir das bitte vorziehen? Mir wurde heute mitgeteilt, dass ich kein Jahr mehr zu leben habe. Und ich will dich unbedingt treffen, solange ich noch kann.«

Sie dürfe auf keinen Fall sterben, sagte sie sich, solange sie Queen Felix nicht begegnet war.

Ihre Nachricht landete bei Angie Hunte und Angela Dunn. Die beiden steckten die Köpfe zusammen und schmiedeten – ähnlich wie beim Geschenktag im Jahr zuvor – einen Plan, wie sie Glorias Besuch zu etwas ganz Besonderem machen konnten – zu einem Tag, den weder Gloria noch Felix jemals vergessen würden.

Am 16. Juli 2018 saß Gloria im Zug in Richtung Norden und verspürte in jeder Faser ihres Körpers eine Aufregung, die sogar noch belebender wirkte als der Sauerstoff, der ihr durch eine Kanüle in die Nase strömte. Sie hielt die schwere schwarze Tasche mit dem portablen Sauerstoffgerät mit einer Hand an ihrer Seite fest, wusste sie doch, dass der Sauerstoff lebensverlängernd und kraftspendend wirkte und ihr überhaupt erst ermöglichte, diese ganz besondere Reise zu unternehmen, um die Bahnhofskatze zu treffen. Die Begegnung mit Felix stand ganz oben auf ihrer *Bucket List* – einer Liste der Dinge, die sie im Leben noch tun wollte, welche sie nach ihrer Prognose nur vierzehn Tage zuvor eilig zusammengestellt hatte.

Es gab noch weitere Punkte auf dieser Liste. Sie wollte einmal in einem Hubschrauber fliegen, einmal mit dem Orient Express fahren, einmal erste Klasse reisen und einmal die Blackpool Illuminations sehen. Felix aber hatte absoluten Vorrang. Gloria hatte das Gefühl, sie könnte sich dem, was auf sie zukam, nicht stellen, ohne vorher ihre flauschige Freundin getroffen zu haben.

Leicht nervös regulierte sie die Einstellungen an ihrem Sauerstoffgerät und lehnte sich für die lange Fahrt auf ihrem Sitz zurück. Sie war eine blasse Frau von Mitte fünfzig mit kurzem schwarzem Haar, und da sie in letzter Zeit einiges an Gewicht verloren hatte, war sie deutlich schlanker als zuvor. Zwar war es ungemein schwierig für sie gewesen, sich mit ihrer Prognose zu arrangieren, doch da dieser ganz besondere Tag nun gekommen war, ließ die Aufregung, die sie verspürte, das Gefühl der Verletzlichkeit, das seit dem Krankenhausbesuch ihr steter Begleiter gewesen war, in den Hintergrund treten. Diese Aufregung war ein schönes Gefühl, ein Gefühl, das Felix ihr eingeflößt hatte. Obwohl Gloria klar war, dass sie mit der

Bahnhofskatze nicht viel Zeit verbringen würde – anhand von Fotos, die vorherige Besucher gepostet hatten, wusste sie, dass sie bestenfalls fünf Minuten lang mit ihr würde kuscheln können, da die Bahnhofskatze, als einzige vor Ort, sehr gefragt war –, spürte sie dennoch in ihren müden Knochen, dass es die Mühe wert sein würde. Allein schon die Vorstellung, die Katze mit eigenen Augen zu sehen, erschien ihr als etwas ganz Besonderes. Und so wandte sie sich, während draußen vor dem Fenster die Landschaft vorbeisauste, an ihre Sitznachbarin, und aufgeregt sprudelte es aus ihr hervor.

»Ich werde heute Felix treffen!«, erzählte sie ihr unbekümmert. »Felix, die Bahnhofskatze von Huddersfield!«

Als sie sich das sagen hörte, klang es geradezu irreal – allzu sehr wie ein wahr gewordener Traum.

Ihre Sitznachbarin schenkte ihr ein mattes Lächeln – sie hielt sie offensichtlich für leicht verrückt –, aber Gloria ließ sich von ihrer Zurückhaltung nicht bremsen. »Sie bedeutet mir sehr viel«, gestand sie der Frau. »Und das ist etwas, das ich tun muss … solange ich dazu noch in der Lage bin.«

Fremde Leute anzusprechen war eigentlich überhaupt nicht Glorias Art, denn sie war im Großen und Ganzen eher schüchtern. Als sie daher auf dem Bahnhof von York eintraf – wo die beiden Angelas zugesagt hatten, sie in Empfang zu nehmen –, sah sie dem Treffen mit den beiden ihr fremden Frauen, die versprochen hatten, sie zu Felix zu bringen, mit Beklommenheit entgegen. Sie hielt sich an ihrem Sauerstoffgerät fest und ging mit langsamen Schritten den Bahnsteig hinab. Frustrierenderweise stellte sie fest, dass sie nicht allzu weit gehen konnte, ohne eine Pause einlegen zu müssen. Den eigenen Verfall so deutlich vor Augen geführt zu bekommen und zu wissen, dass das Ende naht, ist eine sehr, sehr schwierige Sache.

Ein Stückchen weiter den Bahnsteig hinab stupste Angela Dunn Angie Hunte an. »Ich glaube, das ist sie«, sagte sie und deutete auf Glorias schlanke Gestalt.

Die beiden gingen zu ihr und stellten sich vor, und Angie Hunte nahm Gloria das schwere Sauerstoffgerät ab, um es für sie zu tragen. »Dann mal nichts wie los nach Huddersfield!«, sagte die Gruppenleiterin frohgemut.

»Oh, da muss ich mir erst noch einen Fahrschein besorgen«, erwiderte Gloria. »Meiner war nur bis York gültig.«

Angie schenkte ihr ein herzliches Lächeln. »Machen Sie sich darum mal keine Sorgen, meine Liebe«, sagte sie. »Wir haben das alles für Sie geregelt.«

Und zu Glorias großem Erstaunen wurde sie als Ehrengast an Bord eines Zugs der TPE geleitet – ohne die Fahrt bezahlen zu müssen. Und nicht nur das: Die beiden Angelas führten sie zudem auch noch in die erste Klasse.

Gloria konnte es nicht glauben. Einmal erste Klasse zu reisen stand auf ihrer Liste! Das hier stellte sich als noch größeres Abenteuer heraus, als sie es sich ausgemalt hatte.

Auf der Fahrt nach Huddersfield saßen die drei Frauen zunächst schweigend da, wobei sich die beiden Eisenbahnerinnen nach Gloria richteten. Allmählich aber taute die Dame aus Tiverton auf. Schüchtern erzählte sie den beiden, sie würde sie aus dem Buch über Felix wiedererkennen, das sie sehr gerne gelesen hatte. Sie erzählte ihnen auch, wie krank sie war. Und sie verschwieg ihnen auch nicht, dass das Treffen mit Felix das Wichtigste war, was sie noch erleben wollte.

»Es ist nicht mehr weit, wir sind fast schon da«, sagte Angie in beruhigendem Ton zu ihr, als der Zug in den Hauptbahnhof von Leeds einfuhr. »Nächster Halt: Huddersfield.«

Gloria schaute wie gebannt aus dem Fenster. Nachdem sie das Buch über Felix gelesen hatte, war es, als würde eine Geschichte zum Leben erwachen, während sich der Zug Felix' Heimatstadt näherte. Da war der Fernsehturm Emley Moor, eine nationale Sehenswürdigkeit … Und da war auch schon das Wellblechdach des Bahnhofs, unter dem die Tauben hausten … Und da war schließlich das Bahnhofsschild von Huddersfield, das zeigte, dass sie am Ziel angekommen waren. Mit Schmetterlingen im Bauch stieg Gloria aus dem Zug, begeistert, nun die gleiche Luft zu atmen wie ihre Lieblingskatze.

Doch trotz ihrer Aufregung schaffte sie es nur mit vorsichtigen, unbeholfenen Schritten auf den Bahnsteig hinab. Sie atmete tief ein, aber ihre Lunge verließ sich mehr auf den Sauerstoff, der ihr durch die Nase zugeführt wurde, als auf die magische Luft, die sie nun endlich mit Felix teilte. Die beiden Angelas tauschten einen Blick. Statt sie direkt zu der Katze zu bringen, luden sie Gloria erst mal in die Erste-Klasse-Lounge ein.

Dort sagte Gloria, sie wolle sich kurz umziehen. Ihre zerrissene Jeans behielt sie an, aber ihr schwarzes Oberteil zog sie aus. Darunter kam ein weißes T-Shirt mit pinkem Schriftzug zum Vorschein, das sie extra hatte anfertigen lassen. Vorne drauf stand in großen Buchstaben: »THE BUCKET LIST LADY«.

Weder Gloria noch die beiden Angelas äußerten sich zu ihrer Kleidung. Angie Hunte spürte, dass Gloria keine Kommentare dazu hören wollte. Sie war sich sehr bewusst, dass Gloria sich nun darauf vorbereitete, Felix zu treffen – nicht nur kleidungsmäßig, sondern auch emotional –, denn Gloria strahlte nun eine nervöse Energie aus. Sie hielt sich immer wieder eine Hand vor den Mund, als traute sie sich nicht recht, etwas zu sagen, und als könnte sie nicht so ganz glauben, dass sie tatsächlich hier war und kurz davor, ihren Traum zu verwirklichen.

Als Angie den Eindruck hatte, dass Gloria ihre Vorbereitungen abgeschlossen hatte und nun bereit war, schenkte sie ihr ein strahlendes Lächeln. »Also gut«, sagte sie munter. »Dann wollen wir uns mal zur Audienz bei Ihrer Majestät begeben.«

Gloria erwiderte ihr Lächeln und verspürte eine geradezu überwältigende Vorfreude. *Wird Felix freundlich zu mir sein?*, fragte sie sich. *Wird zwischen uns irgendeine Verbindung entstehen?* Sie wurde wieder nervös und fürchtete, der Besuch würde womöglich nicht ihren Erwartungen entsprechen.

Die beiden Angelas führten die Bucket-List-Lady den Bahnsteig 1 hinab und dann durch eine Tür in den Bürotrakt hinein. Gruppenleiter Dan hatte gerade Dienst und begrüßte Gloria sehr herzlich. Aufgrund seiner fleißigen Mitwirkung an der Facebook-Seite wusste sie alles über ihn – bis hin zu dem Baby, das Sara und er erwarteten, denn sie hatten ihre Schwangerschaft auf Felix' Seite bekannt gemacht –, und daher war die Begrüßung auch von ihrer Seite aus sehr herzlich.

»Sie sind heute hier ein VIP, Gloria«, sagte Angie zu ihr. »Schreiben Sie uns doch bitte ein Autogramm in unser Besucherbuch.«

Angela Dunn – die für diesen Tag zur offiziellen Fotografin ernannt worden war – knipste Gloria dabei, wie sie im offiziellen TPE-Besucherbuch ihre Signatur hinterließ. Darin war Gloria als VIP vermerkt, die Felix besuchen kam. Und dann war es so weit.

Angela Dunn ging voraus, um nachzusehen, ob Felix bereit war. »Bitte lass Madame in der Stimmung für Besucher sein«, murmelte sie leise vor sich hin. Denn bei Felix wusste man nie, wie sich die Dinge entwickeln würden. Als einzige Bahnhofskatze vor Ort hatte sie sehr viel zu tun, und da sie nun auch älter wurde, verfügte sie nicht immer über die nötige Energie, um ihre Fans zu treffen. Doch als Angela die Tür zur Damenumkleide öffnete, lag Felix entspannt auf ihrer Heizkörperliege, und der Blick in ihren grünen Augen sagte ihrer Hofdame klipp und klar: »Ja, du darfst eintreten.«

»Gloria!«, rief Angela. »Sie ist jetzt bereit für Sie!«

Gloria betrat aufs Höchste gespannt den Raum, ohne recht zu wissen, was sie vorfinden würde. Als sie über die Türschwelle schritt und Felix auf ihrer Heizkörperliege sitzen sah, war es, als würde die Zeit stillstehen. Die ganze Nervosität, die sich in ihr aufgebaut hatte, löste sich in Luft auf. Alle Anspannung fiel von ihr ab. Stattdessen zog, als Gloria Felix ansah und Felix Gloria, eine allumfassende Ruhe in ihrer Seele ein.

Die Bahnhofskatze war größer, als sie erwartet hatte, mit all ihrem Fell und Flausch geradezu wuchtig, auch nach dem kürzlichen Friseurbesuch noch. Aber sie war auch viel freundlicher, als Gloria erwartet hatte. In ihren prächtigen grünen Augen lag ein anerkennender, geradezu einladender Blick. Die Augen fest auf ihre Katzenfreundin gerichtet, betrat Gloria nun vollends den Raum und ging auf Felix zu.

Sie war so auf die Katze konzentriert, dass sie es kaum mitbekam, als Angela Dunn einen Stuhl für die gebrechliche Frau holen ging. Der kam gerade rechtzeitig, als Gloria sich bückte, um sich neben der Bahnhofskatze niederzusetzen – sodass sich ihr Schoß beinahe unter Felix' Liege befand, wodurch die Katze fast auf ihren Knien zu sitzen schien.

»Oh, bist du hübsch«, flüsterte Gloria ihr zu, und als ihr Traum nun wahr wurde, versagte ihr fast die Stimme.

Felix hob den Kopf, um sie besser hören zu können.

»Ich bin so froh, dich zu sehen«, flüsterte Gloria. »Ich wollte dich schon immer mal treffen, Felix. Du bist einfach wunderschön, weißt du das? Und du bist sehr, sehr flauschig!«

Felix spitzte, während Gloria zu ihr sprach, die Ohren. Normalerweise reagierte sie auf eine solche Begrüßung nur mit kühlem Einverständnis. »Ja, ich bin wirklich wunderschön, nicht wahr? Das sehe ich ganz genauso …« Aber Angie und Angela, die alles genau beobachteten, bemerkten, dass Felix tatsächlich nicht mit ihrer üblichen Arroganz und Selbstgefälligkeit auf Gloria reagierte. Vielmehr hatten sie beide den Eindruck, dass augenblicklich eine tiefe Verbindung zwischen Felix und Gloria bestand.

Gloria spürte es auch. Es war sehr intensiv. Es war, als ob Felix spürte, dass Gloria anders war als die üblichen Besucher, als ob sie spürte, dass Gloria großen Kummer in sich trug. Später, nachdem Gloria wieder abgereist war, sagte Angie Hunte zu Angela Dunn: »Ich schwöre dir: *Felix hat es gemerkt*. Ich schwöre dir, sie hat gemerkt, dass die Frau todkrank ist.«

Dieser Gedanke war gar nicht mal weit hergeholt. Es gibt etliche gut dokumentierte Fälle von Katzen, die bei ihren menschlichen Gefährten Krebsgeschwülste oder andere verborgene innere Krankheiten erschnuppert haben, und es gibt den Fall des amerikanischen Pflegeheimkaters Oscar, der über die Fähigkeit zu verfügen scheint, den Tod von Patienten vorhersagen zu können. Er legt sich in ihren letzten Lebensstunden zu ihnen und spendet ihnen damit ein letztes bisschen Trost. Wissenschaftler mutmaßen, dass die überlegene »olfaktorische Sensibilität« der Katzen hinter diesem sechsten Sinn stecken könnte – aber Wissenschaft hin oder her: Gloria wusste nur, dass es ein unglaubliches Gefühl war, von Felix wirklich *gesehen* zu werden.

Ein irisches Sprichwort besagt: »Die Augen einer Katze sind Fenster, die uns in eine andere Welt blicken lassen.« Als Gloria an jenem Julinachmittag in Felix' Augen sah, hatte sie tatsächlich das Gefühl, einen Blick in eine andere Welt zu erhaschen, und vielleicht war es die Welt, die sie nur allzu bald erwartete. Doch irgendwie, durch ihre geistige Ruhe und großzügige Liebe, gab Felix ihr das Gefühl, es annehmen zu können.

Es war unglaublich beruhigend und tröstlich, mit ihr zusammen zu sein. »Therapeutisch« war das Wort, das es für Gloria später am besten zusammenfasste. Während sie die flauschige Katze streichelte und ihr süße Worte zuflüsterte, wurde ihr klar, dass sie sich noch nie im Leben so ruhig und entspannt gefühlt hatte. Es war, als würde Felix all das Negative, all die Angst und all die Zweifel von ihr nehmen und ihr ermöglichen, friedlich zu akzeptieren, was ihr bevorstand. Gloria sog ihren Anblick in sich auf, als wollte sie sich das ganze Erlebnis in allen Einzelheiten ins Gedächtnis einprägen. *Genau so* sah Felix aus, während sie sie mit bedingungsloser Akzeptanz anschaute. *Das* war die genaue Position des schwarzen Fellflecks neben ihrem Herzen, den sie Gloria zeigte, als sie sie einlud, ihr den Bauch zu kraulen. *Das* war die Reichweite ihrer langen weißen Schnurrhaare, und *genau so* fühlte sich ihr Fell an.

Während Gloria ihre Audienz bei der Bahnhofskatze genoss, standen die beiden Angelas schweigend daneben und warfen sich immer wieder erstaunte Blicke zu. Sie hatten nie zuvor gesehen, dass Felix sich so verhielt. Und ihr Erstaunen nahm noch zu, als Glorias Besuch gar kein Ende nehmen wollte und länger andauerte als je eine Audienz zuvor. Felix war zwar im Allgemeinen geduldig mit ihren Fans, gestand ihnen normalerweise aber nur eine begrenzte Zeitspanne zu, ehe sie dann signalisierte, dass die Besuchszeit nun vorbei sei – indem sie entweder davonging, einschlief … oder den Leuten übellaunig einen Hieb mit ihren geschärften Krallen verpasste. Bei Gloria jedoch ließ sie sich keinerlei Ungeduld anmerken. Angie Hunte traute ihren Augen nicht. Felix ließ Gloria so lange bei sich verweilen, wie Gloria wollte.

Angie konnte erkennen, dass der Besuch Gloria sehr viel bedeutete, so viel, dass Angie geradezu das Gefühl hatte, dabei zu stören. Vor ihren Augen wurde der Herzenswunsch einer todkranken Frau Wirklichkeit; es war eine sehr emotionale Szene. Gloria flüsterte Felix alles Mögliche zu, erzählte ihr, wie viel sie ihr bedeutete und dass sie es als große Ehre empfand, sie vor ihrem Tod noch treffen zu dürfen. Angie konnte es kaum ertragen. Es war eine sehr ernüchternde Erinnerung daran, dass man nie wusste, wie viel Zeit einem auf Erden noch vergönnt war, und dass man deshalb dankbar für alles Gute sein sollte, das einem widerfuhr. Angie entschied sich, Gloria und Felix allein zu lassen, und verließ leise die Damenumkleide. Gloria, die ganz in ihr Gespräch mit Felix vertieft war, bemerkte nicht einmal, dass sie hinausgegangen war.

Nur Angela Dunn blieb bei ihnen und hielt, worum Gloria sie gebeten hatte, das Treffen auf Fotos fest. Deshalb war sie auch dabei, als Gloria Felix mit leiser, bebender Stimme fragte: »Hat dich schon mal jemand besucht, der todkrank war?«

Darauf antwortete Angela für Felix, während die Katze weiterhin Gloria ansah und diese zu beruhigen versuchte, als sie sich so offen ihrer Prognose stellte.

»Nein«, sagte Angela leise. »Nein, Gloria – Sie sind die Erste.«

Da lächelte Gloria gequält, und der bittere Zug um ihren Mund sprach von verlorener Zeit und nicht genutzten Möglichkeiten. »Tja«, sagte sie, »dann werde ich ja vielleicht doch noch für irgendwas berühmt.«

Angela konnte die Tränen nicht mehr zurückhalten. »Ach, Gloria«, sagte sie hilflos. »Reden Sie bitte nicht so; Sie bringen mich zum Weinen.«

Gloria aber weinte nicht. Das Treffen mit Felix hielt sie irgendwie davon ab, sich selbst zu bemitleiden – obwohl sie genau damit seit dem Erhalt ihrer Prognose einen Großteil ihrer Zeit verbracht hatte. Ihr wurde nun klar, dass sie sich nicht mit ihrem Tod befassen sollte, sondern mit dem Leben, das ihr noch blieb.

Und so war es letztlich Gloria, die sich von Felix losriss. Die Bahnhofskatze hatte ihr so viel Zeit geschenkt, wie sie brauchte – Zeit, die sie ihr geben konnte, auch wenn es nicht in ihrer Macht lag, der unaufhaltsam ablaufenden Lebensuhr Einhalt zu gebieten. Gloria hatte fast eine halbe Stunde lang bei ihr gesessen und den Zauber der Katze in sich aufgesogen, und als sie sich schließlich erhob und zu Angela sagte, dass sie bereit sei zu gehen, wirkte es, als wäre Felix noch nicht ganz fertig mit ihr – mit dieser Frau, zu der sie eine so tiefe Verbindung verspürt hatte.

Denn die Bahnhofskatze folgte Gloria auf den Bahnsteig hinaus und behielt sie dabei die ganze Zeit im Blick, als wollte sie Gloria nicht aus den Augen lassen. Felix legte sich auf dem Bahnsteig hin, und Gloria beugte sich noch einmal über sie, um sie zu streicheln. Es fiel ihr schwer, denn das Bücken raubte ihr das bisschen Atem, der ihrer geschädigten Lunge noch verblieben war, aber sie hielt es so lange durch, wie sie nur konnte, ehe sie sich mit einem Keuchen wieder aufrichtete und tief durch die Kanüle in ihrer Nase einatmete.

Als Gloria sich schließlich setzte, fiel Angela auf, wie erschöpft sie aussah. Angie Hunte hatte sich ihnen inzwischen wieder angeschlossen und vorgeschlagen, dass Gloria auf dem bahnhofseigenen Rollstuhl Platz nehmen sollte, bevor sie zum zweiten Programmpunkt des Tages aufbrachen: einem Rundgang durch den Bahnhof inklusive aller Verstecke und Lieblingsorte von Felix, die in dem Buch über sie erwähnt worden waren. Gloria war der Gedanke, einen Rollstuhl zu nutzen, eigentlich zuwider, aber die beiden Angelas brachten sie mit ihrer Freundlichkeit dazu, sich darauf einzulassen.

Sie führten sie auf dem ganzen Bahnhof herum, und die Tour endete bei Billys Bank und damit vor dem Garten, in dem Felix als junge Katze so viele glückliche Stunden verlebt hatte. Im sanften Licht des Sommerabends war es ein wahrhaft friedlicher Ort.

»Wie fühlen Sie sich, Gloria?«, fragte Angie.

Gloria lächelte. »Ich fühle mich absolut königlich«, sagte sie dankbar. »Sie beide waren so überaus reizend zu mir. Ich habe all dies absolut nicht erwartet. Ich kann mich nicht erinnern, dass ich in meinem Leben schon einmal so zuvorkommend behandelt worden bin. Ich weiß überhaupt nicht, wie ich Ihnen dafür danken soll, dass Sie mir so einen unvergesslichen Tag bereitet haben.«

Angie tätschelte ihr die Hand. »Es war uns ein Vergnügen«, sagte sie. »Wir sind froh, dass wir Ihnen helfen konnten.«

Es war inzwischen viele Stunden her, dass Gloria daheim im fernen Tiverton zu ihrer Reise aufgebrochen war. Der Akku ihres Sauerstoffgeräts musste in absehbarer Zeit aufgeladen werden, und nach all der Aufregung war sie sehr müde. Ein Teil von ihr wäre am liebsten für immer auf dem Bahnhof geblieben, doch ihr war klar, dass es nun Zeit war, die Heimreise anzutreten. Sie war hierhergekommen … hatte gesehen … und ihre Ängste besiegt. Ihr blieb nur noch eine Sache zu tun.

Ihr Abschied von Felix auf Bahnsteig 1 war ebenso bitter wie süß. Süß, weil sie die Katze endlich getroffen hatte und damit ihr Traum in Erfüllung gegangen war. Bitter, weil sie im Grunde ihres Herzens wusste, dass sie sie wahrscheinlich nie wiedersehen würde. Es fiel ihr sehr schwer, sich von ihr zu trennen. Dann aber streichelte Gloria sie noch ein letztes Mal liebevoll und flüsterte ihr Abschiedsworte zu.

Während sie auf den Zug wartete, der sie zurück nach York bringen würde – sie würde wieder in der ersten Klasse reisen, und die beiden Angelas würden sie erneut begleiten –, hatte sie noch eine letzte Botschaft für ihre Gastgeberinnen.

»Es war ein so schönes Erlebnis«, sagte sie zu den beiden Frauen. »Es war genauso, wie ich es haben wollte – und noch viel schöner. Und wenn die Zeit kommt«, fuhr sie fort und bemühte sich, die Ruhe zu bewahren, die Felix ihr eingeflößt hatte, »werde ich versuchen, mich an diese Augenblicke zu erinnern. Das ist es, woran ich denken möchte, wenn es zu Ende geht.«

Ein Traum wird wahr

Angela Dunn fand, dass Besuche wie der von Gloria am deutlichsten zeigten, was so großartig an Felix war. Während manche Leute vor allem auf die erstaunliche Anzahl ihrer Facebook-Fans oder gar nur auf ihre »Markenmacht« achteten, waren es für Angela die beinahe schon übernatürlich tiefen persönlichen Verbindungen, die Felix knüpfte, die die Katze zu etwas ganz Besonderem machten. Felix hatte eine lebensverändernde Wirkung auf Menschen. Manchen Menschen rettete sie sogar das Leben. Für Angela war es das, was sie ausmachte. Und daher war es ihr ein Vergnügen, wenn sie dazu beitragen konnte, dass die Träume mancher Leute in Erfüllung gingen. Sie war somit nicht nur eine Hofdame, sondern hatte auch etwas von einer guten Fee an sich.

Und am 1. August 2018 schwang sie wieder einmal ihren Zauberstab …

Sie arbeitete an diesem Tag am Fahrkartenschalter, stellte Fahrscheine aus und war den Kunden mit Auskünften behilflich. Es war erneut ein brütend heißer Tag, weshalb Angela zu ihrer marineblau-violetten TPE-Dienstkleidung eine kurzärmlige weiße Bluse trug und immer mal wieder ein wenig mit ihrem violetten Halstuch wedelte, um sich ein bisschen abzukühlen.

Als sie den Blick hob, sah sie eine blonde Frau, die sich mit ihrer kleinen Tochter dem Schalter näherte. Die Kleine war ungefähr fünf Jahre alt, trug türkisfarbene Shorts und ein hellrosa T-Shirt und lächelte ebenso nervös wie hoffnungsvoll. Als die beiden an den Schalter kamen, schob das Mädchen mit einem Finger die große Brille mit pinkfarbenem Gestell ihr Näschen hoch. Angela lächelte ihr zu, und dabei fiel ihr auf, dass die Kleine auf dem rechten Auge ein hautfarbenes Pflaster trug, auf dem eine kleine Zeichnung zu sehen war. Sie fragte die beiden, womit sie ihnen helfen könne.

»Ist Felix heute da?«, fragte die Mutter zurück, und es klang ein wenig ermattet, als wüsste sie bereits, dass die Antwort negativ ausfallen würde. Sie wirkte dabei auf Angela ungewöhnlich emotional, auch wenn das nicht allzu offensichtlich war; es war eher so, dass eine untergründige Traurigkeit spürbar wurde, die Mutter und Tochter gleichermaßen betraf.

»Einen kleinen Moment Geduld bitte«, erwiderte Angela munter, wie stets gern bereit, fast jeden Kundenwunsch zu erfüllen. »Ich gehe mal nachschauen, ob sie gerade verfügbar ist.«

Helen sah ihr nach, wie sie davonging, und verspürte dabei keinerlei Hoffnung, dass der Wunsch ihrer kleinen Tochter, Felix zu sehen, an diesem Tag in Erfüllung gehen würde. Eva und sie kamen jetzt seit anderthalb Jahren immer mal wieder auf den Bahnhof in der Hoffnung, Felix zu treffen, ohne dass es ihnen je gelungen wäre, auch nur einen Blick auf sie zu erhaschen. Da sie die einzige Bahnhofskatze dort war, hatte Felix so viel um die Ohren, dass ihr nicht genug Zeit blieb, all ihren Fans für ein Treffen zur Verfügung zu stehen. Das Einzige, was Helen und Eva nach all ihren Bemühungen vorzuweisen hatten, war die gerahmte Postkarte, die immer noch neben dem Foto ihres verstorbenen Großvaters auf Evas Fensterbank stand. Jeden Morgen sagte sie: »Guten Morgen, Felix! Guten Morgen, Opa!« Und bevor sie abends einschlief, sagte sie ihnen beiden Gute Nacht. Aber es war immer noch nicht dazu gekommen, dass sie der Bahnhofskatze auch einmal persönlich Hallo gesagt hätte.

Helen sah zu ihrer Tochter hinab, die neben ihr vor dem Fahrkartenschalter stand, und ihr wurde schwer ums Herz, als ihr Blick auf das Pflaster fiel, das nun ihr gesundes Auge verdeckte. Das war ein neuer Behandlungsansatz, den die Ärzte ihr erst am Tag zuvor verordnet hatten, und sie beide mussten sich erst noch daran gewöhnen.

Der Termin im Krankenhaus war ausgesprochen ernüchternd verlaufen. Die Ärzte hatten ihnen mitgeteilt, dass die Augenklappe aus Stoff, die Eva eine Zeit lang tagtäglich getragen hatte, keine Wirkung zeigte. Sie hatten gehofft, dass sich ihr schlechtes Auge, weil Eva gezwungen war, es als einziges zu nutzen, allmählich korrigieren und aus seiner Einwärtsdrehung herausfinden würde. Doch leider hatte nichts von dem, was sie bisher versucht hatten, die erhoffte Besserung gebracht. Bei diesem Termin hatten die Ärzte Helen nun anvertraut, dass sie die Wahrscheinlichkeit als sehr hoch einschätzten, dass Eva über kurz oder lang auf diesem Auge erblinden würde.

Helen war von dieser finsteren Prognose wie vor den Kopf geschlagen. Sie hatte sich so große Mühe gegeben, Eva zu helfen – hatte sie zum Zeichnen ermuntert, damit sie ihr schlechtes Auge auch wirklich nutzte, und hatte den Anweisungen der Fachärzte ganz genau Folge geleistet –, und konnte einfach nicht nachvollziehen, dass all ihre Bemühungen nun zum Scheitern verurteilt schienen.

Die Ärzte hatten gesagt, sie wollten noch eine allerletzte Möglichkeit ausprobieren, um Evas Sehvermögen zu retten: ein permanentes Pflaster, das täglich gewechselt wurde und das sie den ganzen Tag lang über ihrem gesunden Auge tragen sollte.

Eva, die normalerweise ein sehr quirliges Kind war, gefiel diese Idee überhaupt nicht. Ihr schlechtes Sehvermögen war für sie etwas Normales, weshalb die Brisanz ihrer Langzeit-Prognose nicht so ganz zu ihr durchdrang. Sie verstand nur, dass ihr gesundes Auge den ganzen Tag lang abgedeckt werden sollte, und sie wusste, dass andere Leute keine Pflaster über den Augen trugen. Deshalb war sie im Sprechzimmer des Arztes sehr niedergeschlagen gewesen. Es brach Helen das Herz, sie so zu sehen.

Die Ärzte zeigten Eva die Pflaster, unter denen sie wählen konnte. Es gab sie mit aufgedruckten Motiven für Kinder, mit bunten Autos, Vögeln oder Traktoren.

»Oder du könntest es mal mit denen hier probieren«, sagte einer der Ärzte und zeigte ihr ein Sortiment neutraler Pflaster, die für Eva winzige hautfarbene Leinwände darstellten.

Das kleine Mädchen, das liebend gern zeichnete und malte, sah sofort, welche Möglichkeiten ihr diese Pflaster eröffneten. »Oh, wow«, sagte sie, und ihre Stimmung hellte sich umgehend auf. »Auf die kann ich ja was draufmalen!« Dann kam sie auf eine tolle Idee. »Ich könnte Felix draufmalen!«

Und als Eva und Helen an diesem Morgen mit dem neuen Behandlungsansatz begannen, tat Eva genau das. Sie setzte sich an den Küchentisch, zog einen blauen Kugelschreiber aus ihrer Federmappe und zeichnete sehr sorgfältig die Bahnhofskatze auf das Augenpflaster. Ihr Lieblingskörperteil von Felix war deren langer, flauschiger Schwanz, mit dem sie sich daher besonders große Mühe gab.

Im Anschluss half Helen ihr, das Pflaster vor ihrem gesunden Auge anzubringen, und drückte vorsichtig die Klebestellen auf die zarte Haut ihrer Tochter. Als sich Helen zurücklehnte und Eva anschaute, blickte ihr anstelle des schönen blauen Auges ihrer Tochter eine schwungvolle Zeichnung der Katze Felix entgegen. Sie bat Eva, ihre Sachen zusammenzupacken, und dann machten sich die beiden auf den Weg in die Stadt.

Helen hatte diesen Ausflug als Belohnung für Eva geplant, um sie, die immer noch niedergeschlagen wirkte, ein wenig aufzumuntern. Sie war so ein braves Mädchen, dass sie trotz ihres Widerwillens das Pflaster trug. Die beiden waren einen Milchshake trinken gegangen und hatten anschließend – wie sie es jedes Mal taten, wenn sie in der Stadt waren – auf dem Bahnhof vorbeigeschaut, um zu sehen, ob die Katze da war.

Helen ging davon aus, dass sie auch diesmal enttäuscht würden, und machte sich Sorgen, wie Eva darauf reagieren würde. Eva wiederum war überzeugt, dass Felix bestimmt gerade tief schlief. Wie sich herausstellte, lagen sie beide falsch.

Angela Dunn kam zurück an den Fahrkartenschalter geeilt, nachdem sie in der Umkleide nach Felix geschaut und von der Queen höchstpersönlich einen positiven Bescheid erhalten hatte. Sie hatte gespürt, dass dieser Besuch sowohl für Eva als auch für Helen sehr wichtig war, und als sie nun wiederkam, sah sie es auch, denn die beiden schauten ihr mit so inniger Hoffnung entgegen, dass es ihr beinahe wehtat.

»Wir versuchen es schon seit Monaten und haben sie immer noch nicht gesehen«, vertraute Helen ihr an, die niederschmetternde Enttäuschung vorwegnehmend.

Die aber blieb aus.

»Heute, liebe Eva«, verkündete Angela Dunn mit einem Sinn für Dramatik, der durchaus dem der Bahnhofskatze ebenbürtig war, »wirst du Felix treffen!«

Helen konnte nicht anders, sie brach in Tränen aus. Dass Felix ausgerechnet an diesem Tag da war!

»Ihr beide geht jetzt bitte auf den Bahnsteig 1«, sagte Angela wieder in normalem Ton. »Wartet dort vor der Tür zum Bürobereich. Ich gehe Felix holen und treffe euch da.«

Helen passierte mit Eva schnell die Zugangssperren, und dann gingen sie zu dem ehemaligen Auskunftsschalter. Sie konnten beide nicht glauben, dass dies nun wirklich geschah, nachdem sie so lange schon um eine Audienz bei Felix ersucht hatten. Jeden Tag hatte Eva mit ihrer Felix-Postkarte geplaudert, und jeden Tag hatte sie auf ihrer Facebook-Seite nachgesehen. Die Vorstellung, die Bahnhofskatze jetzt in all ihrer Flauschigkeit leibhaftig zu treffen, war absolut überwältigend.

Dann standen Eva und Helen nervös und aufgekratzt auf dem Bahnsteig und freuten sich auf den Moment, den sie seit Monaten herbeigesehnt hatten. Als Angela Dunn die Tür zum Bürotrakt öffnete und mit Felix auf den Armen herauskam, strahlte Eva übers ganze Gesicht. Schlechtes Auge hin oder her: Sie erkannte sofort, wer da zu ihr kam, um Hallo zu sagen, und freute sich riesig.

»Felix!«, rief sie und klang dabei so vollkommen glücklich, dass Angela und Helen vor Freude lachen mussten. Eva strahlte derart, dass schwer zu erkennen war, wo das Lächeln endete und das kleine Mädchen begann. Angela hatte noch nie ein so glückliches Kind gesehen.

Vorsichtig setzte sie Felix auf dem Teppichboden des Vorraums ab, und die Bahnhofskatze blickte hoch, um zu sehen, wer sie besuchen kam. Da sie Kinder als unberechenbar empfand, war sie bei ihnen manchmal scheu, aber an diesem Tag war sie die Entspanntheit in Person. Sie gestattete Eva sogar, sie zu streicheln.

Eva plapperte bald emsig mit ihr und hockte sich neben Felix auf den Boden. Sie schüttete ihr das Herz aus, wie beste Freundinnen es nun mal tun.

»Und darum muss ich jetzt diese Pflaster tragen«, vertraute sie der Bahnhofskatze an. »Aber weißt du was, Felix? Das macht mir gar nichts aus. Wirklich nicht. Und ich sag dir auch, warum: weil ich jeden Morgen *dich* da drauf malen werde. Es macht mir nichts aus, die Pflaster zu tragen, wenn du auf meinem Auge bist.«

Angela Dunn, die das mit anhörte, war zu Tränen gerührt.

»Du lenkst mich von diesen ganzen Augensachen ab«, sagte Eva zu Felix. »Du machst mich sehr glücklich.« Und dann streichelte das kleine Mädchen mit der großen Brille mit pinkem Gestell vorsichtig die Bahnhofskatze und fuhr ihr mit den kleinen Fingern durch das flauschige Fell. Sie hätte gern noch mehr gesagt, aber letztlich sagte sie einfach nur: »Danke, Felix.«

Helen, die ihr zuschaute, wollte sich auch unbedingt bedanken. Dass sie ihr Kind, das gestern und auch noch wenige Stunden zuvor so traurig gewesen war, plötzlich so strahlend und munter sah, war für sie der schönste Moment seit langer, langer Zeit.

Sie bückte sich und streichelte ebenfalls die Bahnhofskatze. »Du hast sie wieder zum Lächeln gebracht«, flüsterte sie Felix zu. »Vielen, vielen Dank, Felix. Ich kann dir gar nicht genug danken.«

Felix nahm die schmeichelnden Worte als angemessen entgegen. Und sie zeigte sich den beiden gegenüber von ihrer besten Seite. Es war, als würde ihr über die Jahre gesammelter Erfahrungsschatz – dass sie gelernt hatte, toleranter zu sein, und auch selbst erwachsen geworden war – in diesem Moment Früchte tragen, indem sie den Wunschtraum eines kleinen Mädchens Wirklichkeit werden ließ. Sie harrte geduldig aus, während Helen ihre Tochter dabei knipste, wie sie ihre beste Freundin traf – wobei das Lächeln des Kindes übrigens so strahlend war, dass Helen keinen Blitz brauchte.

»Sie ahnen gar nicht, was für ein perfekter Zeitpunkt das heute ist«, sagte Helen zu Angela, während sie ihr Smartphone wieder einsteckte, und informierte sie dann über die Sache mit Evas Auge und den Pflastern und Evas Wunsch, Felix darauf zu zeichnen – eine Idee, die ihr gekommen war, damit ihre Freundin immer bei ihr sein würde und ihr über die Schwierigkeiten hinweghalf. Angela war sehr froh, dass sie den beiden hatte helfen können, die Bahnhofskatze zu treffen.

»Stell dir mal vor, Eva«, sagte Helen dann, »jetzt, wo du Felix persönlich getroffen hast, kannst du ganz genau das zeichnen, was du gesehen hast!«

Als ob sie zugehört hätte, schien Felix mit einem Mal entschlossen, Eva die ganze Bandbreite ihrer Emotionen vorzuführen, damit sie für die vielen Tagespflaster, die sie nun dekorieren würde, auf jeden Fall genug Ausgangsmaterial hatte. Im Laufe ihres Treffens hatte sich Felix bisher mustergültig »geduldig« präsentiert, hatte sich entschlossen »königlich«

gezeigt und hatte auch in der Rolle der »wunderschönen Katze, die entspannt auf dem Fußboden herumliegt« brilliert. Jetzt aber, da Eva sie ein letztes Mal streicheln wollte, nahm die theatralische Diva auch noch »wild« in ihr Repertoire auf und verkündete recht abrupt, indem sie den Kopf zur Seite warf, dass die Audienz bei Queen Felix nunmehr vorbei sei!

Eva aber störte das nicht; sie hatte zu Hause auch eine Katze, Sooty, die manchmal ganz schön kratzbürstig sein konnte, weshalb Felix' plötzliche Reizbarkeit sie nicht im Geringsten aus der Fassung brachte. Eher im Gegenteil: Sie liebte sie dafür umso mehr.

Auch wenn das kleine Mädchen es wahrscheinlich noch nicht ahnte, so würde Eva in den kommenden Wochen und Monaten auch eine ordentliche Portion Kampfgeist gut gebrauchen können. Und vielleicht würde Felix sie ja auch in dieser Hinsicht inspirieren.

Ein unerwarteter Neuzugang

Felix saß, zu Recht von einer gewissen Zufriedenheit erfüllt, in der Bahnhofshalle. Sie befand sich absolut auf der Höhe, sowohl beruflich als auch als Quelle der Inspiration für andere. Ja, okay, sie war immer noch ein wenig langsamer als früher, und, ja, okay, sie fing auch nicht mehr ganz so viele Mäuse, aber alles in allem betrachtet, hatte ihre Stellung als Bahnhofskatze von Huddersfield sie nie mit größerem Stolz erfüllt.

Sie streifte in jenem Sommer mit einem gewissen Besitzerstolz auf dem Bahnhof umher. Huddersfield hatte nie schöner ausgesehen. Wenn Felix auf die Freitreppe hinausschritt, um den Blick über den St George's Square streifen zu lassen, lauschte sie mit gespitzten Ohren dem melodischen Kichern der kleinen Mädchen, die zwischen den Wasserfontänen der modernen Springbrunnenanlage hin und her liefen. Jedes

Mal, wenn ein kalter Wasserstrahl sie erwischte, hallte ihr vergnügtes Lachen über den Platz.

Alle schienen in diesem Sommer guter Laune zu sein, egal, ob sie zum Pferderennen oder zu einem Musikfestival fuhren. Ende August hörte Felix eines Tages ein seltsames Rumpeln, das durch die Bahnhofshalle hallte: eine Gruppe von vier Jungs bugsierte ein schwer beladenes Skateboard durch die Zugangssperren. Sie hatten ein Surfbrett obendrauf geschnallt, das schwer mit Bier beladen war, und waren zum Leeds Festival unterwegs. Auch andere Besucher dieses Open-Airs waren leicht zu erkennen – an den Blumen im Haar und den roten Gummistiefeln. Sie kauften sich im Bahnhofskiosk ein Eis – Raspberry Ripple oder White Choc –, das sie schnell vertilgen mussten, ehe es ihnen geschmolzen an den Fingern hinunterrann. Vielleicht war es all das, was Felix dazu anregte, sich mal wieder von ihrer spaßigen Seite zu zeigen und zu versuchen, an ihre Jugend anzuknüpfen.

Als sie eines Tages über das große Sideboard im Büro hinter den Fahrkartenschaltern schlenderte, stieß sie dort sehr zu ihrer Freude auf einen jener Bespaßungsklassiker, mit dem kleine Kinder überall auf der Welt stundenlang beschäftigt werden können: einen Pappkarton. Felix hatte auch früher schon mit Kartons spielt, aber dieser hier war anders: Er war nicht viel größer als ihre beiden Vorderpfoten.

Felix schnupperte daran herum. Der Karton hatte eine für sie bestimmte Lieferung enthalten, und vielleicht empfand sie ihn deshalb als ihr Eigentum, als sie ihn nun gründlich untersuchte. Anschließend beschloss sie offenbar, dass sie ihr Besitzrecht auch geltend machen sollte – denn nun versuchte sie hineinzusteigen.

Sara und Angela, die beide an diesem Tag an den Fahrkartenschaltern Dienst hatten, sahen ihr fassungslos dabei zu. Felix, eine große, ausgewachsene Katze, die (bedauerlicherweise) immer noch übergewichtig war, versuchte sich in einen kleinen Pappkarton hineinzuzwängen.

»Das ist doch wohl nicht ihr Ernst …«, sagte Angela ungläubig. »Felix, Schätzchen, mach mal die Augen auf!« Die Katze war mindestens viermal so groß wie der Karton!

Doch Felix war offensichtlich fest dazu entschlossen. Zunächst setzte sie ihre Vorderpfoten hinein – womit der Karton im Grunde schon voll war. Dann versuchte sie, auch ihre Hinterpfoten hineinzubekommen – ohne Erfolg. Sie hob die linke Hinterpfote an und versuchte sie in die kleine Lücke zu zwängen, die im Karton noch übrig war, aber sie passte einfach nicht hinein. Felix ließ sich davon aber nicht beirren und fing mit jener Entschlossenheit, die Eva so an ihr bewundert hatte, noch einmal von vorne an.

Felix ignorierte all die deutlichen Anzeichen, dass sie einfach viel zu groß für den Karton war, und hob immer wieder die Hinterbeine an. Und irgendwann gelang es ihr tatsächlich, diversen Gesetzen der Physik zum Trotz, alle vier Pfoten hineinzuzwängen. Für die Katze selbst war nun aber natürlich kein Platz mehr. Felix sah aus wie ein großer, weit ausladender Baum, dessen Wurzeln in einem winzigen Topf steckten. Als Angela Dunn ein Foto von ihr machte, streckte Felix ihr in kindlicher Manier frech die kleine rosa Zunge heraus, wie um zu sagen: »Ha! Hab ich's dir doch gesagt! Ich hab's immer noch drauf, Angela!«

Falls Felix aber tatsächlich glaubte, immer noch das Katzenbaby auf diesem Bahnhof zu sein, stand ihr nun bald ein unsanftes Erwachen bevor.

Am frühen Abend des 1. September 2018 absolvierte Felix einen Patrouillengang auf Bahnsteig 1. Voller Vorfreude auf ihr (kalorienarmes und seniorentaugliches) Abendessen stolzierte sie anschließend in den Bürotrakt hinein und begab sich in die Küche, um dort wie üblich ein wenig herumzustehen und zu miauen, bis jemand kommen würde, um sie zu füttern.

Als sie den Korridor entlangging, hörte sie ihre geliebte Angie Hunte im Gruppenleiterbüro mit Jacqui reden. Ihre Stimmen klangen ein wenig aufgeregt, aber Felix dachte sich nichts dabei. Die Bahnhofskatze ging zweifelsohne davon aus, dass die beiden Frauen nur deshalb aufgeregt waren, weil sie gleich die Ehre haben würden, sie zu füttern. Mit ihrem gewohnten Gespür für den richtigen Auftritt erschien sie an der offen stehenden Tür des Büros. »Ta-da! Hier bin ich, meine Damen!«, verkündete sie mit einem Schnippen ihres langen, flauschigen Schwanzes.

Doch Angie und Jacqui beachteten sie überhaupt nicht. Und nur Sekunden später sah Felix auch, warum.

Die Bahnhofskatze riss den Kopf nach rechts herum. Und dann machte sie zum ersten Mal nach sehr langer Zeit wieder einen Buckel. »Was geht hier vor, verdammt noch mal?«, besagte diese plötzliche Wölbung ihres Rückgrats, während sie zu verarbeiten versuchte, was sie da sah.

Denn auf dem Korridor – *ihrem* Korridor – taperte ein kleines schwarzes Kätzchen umher. Es war noch so jung, dass es kaum laufen konnte, und war daher, als es nun diese neue Fortbewegungsart ausprobierte, ein bisschen wackelig auf den Beinen.

Felix blinzelte, als traute sie ihren Augen nicht recht. Aber sie fauchte nicht. Stattdessen machte sie, nachdem nur ein oder zwei Sekunden vergangen waren, einfach kehrt und ging wieder hinaus, als wäre sie versehentlich in ein Paralleluniversum hineingestolpert und müsste nun wieder zu ihrem

Ausgangspunkt zurück, um die Sache noch einmal von vorn anzugehen.

Keine fünf Minuten später kam sie ein zweites Mal herein, vermutlich von ihrem knurrenden Magen angetrieben. Sie ging sehr langsam und sehr ruhig den Korridor hinab, als kehrte sie an den Schauplatz eines Albtraums zurück, von dem sie ganz sicher annahm, dass er bei Tageslicht seinen Schrecken eingebüßt haben würde. Doch zu Felix' Bestürzung schien das verstörende Paralleluniversum, in das sie hineingeraten war, zur Dauereinrichtung geworden zu sein.

Das kleine schwarze Kätzchen war immer noch da. Es befand sich inzwischen im Gruppenleiterbüro, wo es umherstromerte und eifrig schnuppernd all die (zumindest ihm) neuen, unbekannten Gerüche aufsog. Es war ein schlaksiges kleines Tierchen mit athletischem Leib, sehr langen Beinen und einem Schwanz, den es in Form eines Häkchens trug. Seine Ohren wirkten etwas überdimensioniert. Als Angie Hunte in mitfühlendem Ton und schönem Yorkshire-Akzent »Felix …!« rief, erbebten die Ohren auf seinem kurzhaarigen Kopf.

Felix schaute nur ganz kurz zu ihrer Mutti hoch, ehe sich ihre grünen Augen wieder voller Entsetzen auf das Kätzchen richteten, das in *ihrem* Gruppenleiterbüro umhertapste. Doch selbst aus diesem kurzen Blick las Angie unmissverständlich die Frage: »*Was hast du getan?!*«

»Felix …!«, rief Angie noch einmal.

Doch die Katze sah wiederum nur flüchtig zu ihr hoch und konzentrierte sich vielmehr auf den Neuankömmling.

Felix weigerte sich, auf Angies Ruf hin den Raum zu betreten. Erneut begann sie einen Buckel zu machen, während sie zusah, wie der Eindringling dort umherlief. Sie war immer noch damit beschäftigt, den Schock zu verarbeiten, im Herzen ihres Königreichs eine andere Katze zu erblicken. Dann – ungewöhnlich für Felix – stieß sie ein kurzes Fauchen aus, eher ein Ausdruck des Widerwillens als eine Warnung; es wirkte beinahe wie ein Seufzer. Es klang nicht direkt böse, aber sehr zurückhaltend. Felix verstand nicht, was los war.

Angie ging zu ihr hinüber. »Felix«, sagte sie, während diese immer noch das Kätzchen anstarrte. »Bitte sei nicht so. Er ist doch noch so klein.«

Felix hob nur ganz kurz den Kopf, um Angie in die Augen zu sehen. Sie wollte nichts hören. Sie wollte nichts wissen. Sie musste den Hochstapler im Blick behalten, der sich auf dem Bahnhof breitmachte …

Doch wie Angie ihr jetzt erklärte, war er überhaupt kein Hochstapler.

»Das ist dein neuer Lehrling«, sagte Angie mit sanfter Stimme. »Du musst ihn jetzt ausbilden, Felix. Du musst dich um ihn kümmern. Du musst all dein Wissen an ihn weitergeben.«

Sieben Jahre, nachdem sie ihren Dienst auf dem Bahnhof angetreten hatte, hatte Felix eine weitere Sprosse der Karriereleiter erklommen. Die Leitende Schädlingsbekämpferin war nun auch zur Ausbilderin ernannt worden.

Willkommen in Huddersfield

Felix hatte zwar bis dahin nichts von ihren neuen Aufgaben geahnt, bei Angie Hunte aber war all das schon lange in Planung gewesen. Der zündende Funke war von Jacqui gekommen, die im Juni ein neues kleines Kätzchen bekommen hatte, und im Laufe des langen heißen Sommers hatten sich die Diskussionen zwischen Angie und ihr zu einem regelrechten Steppenbrand ausgewachsen. Im Gruppenleiterbüro hatten sie die Idee immer wieder im Flüsterton hin und her gespielt, als wären sie selber Kätzchen und die Idee eine mit Katzenminze gefüllte Gummimaus an einer Schnur.

»Ach, wär's nicht schön, ein kleines Bahnhofskätzchen zu haben?«, seufzten sie sehnsüchtig. Es war eigentlich eher ein Hirngespinst als sonst etwas – ein Gedankenspiel unter Freundinnen. »Wir sollten uns unbedingt einen kleinen Kater zulegen«, fantasierten sie. »Er könnte der Junior-Schädlingsbekämpfer sein!«

Angie und Jacqui scherzten jedes Mal bei der Schichtübergabe darüber. Es wurde bald zu ihrem Lieblingsgesprächsthema, und während die Wochen ins Land gingen, nahm der Scherz zusehends ernsthaftere Züge an.

Auslöser dafür waren auch Felix' Erlebnisse in diesem Sommer. Als sie einige Monate zuvor so krank und lethargisch gewesen war, hatte sich Angie große Sorgen um sie gemacht. So ungern sie es sich auch eingestand: Felix wurde nicht jünger – und da ihre Berühmtheit immer noch zunahm, war ein wenig Zeit mit ihr gefragter denn je. Angie fand, wenn Felix tagsüber zehn Stunden am Stück schlafen wollte, sollte ihr das auch gestattet sein, ohne dass sie dabei gestört wurde. Andererseits wusste sie aber auch, wie viel eine Begegnung mit der Bahnhofskatze von Huddersfield den Leuten bedeutete und wie innig viele der Besucher die Katze liebten. Ein Lehrling, der Felix ein wenig entlasten würde, könnte ihr daher ausgesprochen guttun.

Angie war sich auch bewusst, was für ein enormes Wissen über die Eisenbahn Felix in ihrem klugen Köpfchen angesammelt hatte. Sie hatte im Laufe der vergangenen sieben Jahre so viel gelernt: sich von den anfangs so beängstigenden Geräuschen der Züge nicht mehr einschüchtern zu lassen, gefahrlos die Gleise zu überqueren und all den lästigen Schädlingen nachzustellen. Wäre es nicht großartig, wenn sie all diese Kenntnisse weitergeben könnte? Und wäre es nicht besser, wenn sie damit eher heute als morgen anfing, bevor sie womöglich eines Tages so festgefahren in ihren Gewohnheiten war, dass sie ihr Wissen nicht mehr mit einer jüngeren Katze teilen konnte?

Es ging definitiv nicht darum, Felix in den Ruhestand zu schicken – darauf beharrte Angie. Sie war schließlich erst sieben Jahre alt. Es ging eher darum, dass Angie Felix beistehen wollte, während die Katze nun allmählich langsamer wurde, damit sie ihre goldenen Jahre auch noch genießen konnte – wann auch immer sie dazu bereit sein würde. Sie hatte das sehr oft schon bei der Eisenbahn mit angesehen, wenn ein kenntnisreicher Veteran einen jüngeren Kollegen unter die Fittiche nahm, bis der so weit war, in dessen Fußstapfen zu treten. Vielleicht war Felix, die ja bereits in die Eisenbahngeschichte eingegangen war, bereit, ihren menschlichen Kollegen auch hierbei zu folgen. Dass ein neues Kätzchen hoffentlich auch ein Freund für Felix sein könnte, der ihr ein wenig Gesellschaft leistete, wäre ein zusätzlicher Gewinn.

Angie und Jacqui begannen sich nun ernsthafter mit dem Gedanken zu befassen, ein neues Kätzchen für den Bahnhof Huddersfield zu beschaffen. Manchmal ließ sich Jacqui von ihrer Begeisterung hinreißen und sagte dann zu Angie: »Lass es uns doch einfach tun. Was wird die Chefetage denn schon machen? Uns dazu verdonnern, es wieder zurückzugeben?« Angie aber war, als Matriarchin des Bahnhofs, fest entschlossen, dass alles – wie schon bei Felix' Berufseinstieg sieben Jahre zuvor – ganz korrekt ablaufen sollte.

Und so begab es sich, dass Angie eines heißen Sommertages – ungefähr um die Zeit, als Eva endlich ihr Treffen mit Felix hatte – den Bahnhofschef Andy Croughan darauf ansprach. Sie passte ihn auf dem Korridor im Bürotrakt ab und fragte ihn ohne Umschweife, ob sie eine zweite Katze bekommen könnten. Vor Felix' Ankunft auf dem Bahnhof hatte es damals eine lange Kampagne gegeben, bei der es um die Erlaubnis gegangen war, einer kleinen Katze ein neues Zuhause bieten zu dürfen, ein Kampf, geprägt von Kriegslisten und klugen Ideen. Diesmal aber kam Angie direkt zur Sache und brachte ihren Vorschlag unumwunden an. Anschließend fragte sie: »Wie stehen unsere Chancen?«

Bei Felix war der damalige Bahnhofschef nicht allzu begeistert von der Idee gewesen. Aber die Zeiten hatten sich geändert. Und Andy Croughan hatte damals ja eine entscheidende Rolle dabei gespielt, Felix auf den Bahnhof zu holen – unter anderem indem er gestattete, dass sie als Schädlingsbekämpferin »eingestellt« wurde, während er eine Zeit lang kommissarischer Dienststellenleiter war –, und daher hatte er, als Angie ihm die Idee vortrug, keinerlei Bedenken, das Ganze noch einmal durchzuziehen. Er und auch andere hatten unabhängig davon auch schon ähnliche Überlegungen angestellt.

Als er Angie beipflichtete, dass die Anschaffung einer kleinen Katze eine gute Idee wäre, dachte er, um ehrlich zu sein, allerdings eher an einen Zeitpunkt von ungefähr zehn Jahren in der Zukunft … Er war davon ausgegangen, dass es noch zu früh sei, Nachfolgepläne zu entwerfen – stimmte aber begeistert zu, dass sie auf alle Fälle ein kleines Kätzchen auf den Bahnhof holen sollten. Somit gab er Angie das Okay, das sie haben wollte, ohne dass sie darüber gesprochen hatten, wann genau dieser Plan verwirklicht werden sollte.

Doch das war alles, was Angie brauchte. Sie gab sich alle Mühe, sich ihre freudige Erregung vor ihrem Vorgesetzten nicht anmerken zu lassen, doch als sie dann wieder allein in ihrem Büro war, fing sie vor Begeisterung an, mit dem ganzen Körper zu zappeln, und tanzte förmlich vor Freude auf der Stelle.

Einige Stunden später kam Jacqui zur Schichtübergabe.

»Jacqui«, sagte Angie in todernstem Tonfall, sobald sie allein im Büro waren, »ich muss dir was sagen.«

Jacqui legte vor Besorgnis unwillkürlich die Stirn in Falten. Dann aber setzte Angie ihr unverkennbares strahlendes Lächeln auf. »Andy hat Ja gesagt!«, verkündete sie.

Jacqui wusste sofort, worum es ging, und ihr klappte die Kinnlade herunter. »Du machst Witze«, sagte sie. Sie hätte nie gedacht, dass es so einfach sein würde.

Angie schüttelte nachdrücklich den Kopf: Nein, sie machte keine Witze. Und die nächsten Worte flüsterte sie, da ihr Plan immer noch topsecret war, aber ihre Freude war dennoch geradezu mit Händen zu greifen. »Wir kriegen ein kleines Kätzchen! Wir kriegen ein kleines Kätzchen, Jacqui!«

Die beiden Gruppenleiterinnen hüpften vor Freude auf der Stelle, gaben sich aber große Mühe, keinen Lärm zu machen. Der Plan, dass Huddersfield eine zweite Katze bekommen sollte, hatte einen so enormen Nachrichtenwert, dass sie die Sache unbedingt unter Verschluss halten mussten. Die Operation *Kätzchen* war nun angelaufen, und die beiden Geheimagentinnen, die damit betraut waren, waren fest entschlossen, sie zu einem erfolgreichen Abschluss zu bringen.

Und sie traten sofort in Aktion. Jacqui hatte ihren hübschen kleinen Kater Romeo aus einem örtlichen Tierheim, und da auch Angie Gefallen an der Vorstellung fand, einem geretteten Kätzchen ein Zuhause zu bieten, wurde Jacqui kurz darauf wieder bei dem Heim vorstellig.

Dort hatten sie durchaus Kätzchen zu vergeben – sagten ihr aber, dass sie sich mit dem Gedanken, eins davon solle auf einem Bahnhof leben, nicht anfreunden könnten. Angie und Jacqui hatten Verständnis für diese Haltung – für das Heim stand das Wohlergehen des Tiers natürlich an erster Stelle –, fanden aber, dass es angesichts der Tatsache, wie gut es Felix an ihrem Wohnort ergangen war, keinerlei empirische Belege für irgendwelche Befürchtungen gebe. Daher versuchten sie es anschließend bei einem anderen Tierheim – bekamen dort aber das Gleiche zu hören.

»Wir müssen uns an Privatleute wenden«, meinte Jacqui. Und in der letzten Augustwoche 2018 tat sie genau das. »Kleine Katzen zu verkaufen in meiner Nähe«, gab sie in eine Suchmaschine ein – und erhielt eine Flut von Ergebnissen.

Angie und Jacqui hatten schon bei ihren geflüsterten Geheimgesprächen einige Kriterien festgelegt, nach denen sie das neueste Mitglied der Huddersfielder Bahnhofsbelegschaft auswählen würden. Obwohl es allen Verboten der geschlechtlichen Diskriminierung am Arbeitsplatz krass zuwiderlief, waren sie sich einig, dass es sich um ein Männchen handeln sollte. Der Grund dafür war, dass männliche Katzen viel eher dazu bereit waren, andere Katzen in ihrer Umgebung zu akzeptieren; das war nicht nur eine allgemein anerkannte Regel, sondern entsprach auch Jacquis eigener Erfahrung, die ja bei sich zu Hause mehrere Katzen hielt. Felix war natürlich – trotz der anfänglichen Verwirrung bei diesem Thema – ein Weibchen, und ihnen war klar, dass es keine gute Idee wäre, zwei Katzendamen unter einen Hut bringen zu wollen, da dabei schnell ein Zickenkrieg herauskommen würde – ein *Catfight*, wie es im Englischen heißt. Schweizer Forschungen hatten außerdem ergeben, dass gemischtgeschlechtliche Katzenduos eher dazu neigten, sich gegenseitig zu akzeptieren.

Angie und Jacqui waren auch der festen Überzeugung, dass es sich bei diesem Junior-Schädlingsbekämpfer nicht um eine ausgewachsene Katze, sondern um ein Katzenkind handeln sollte. Dabei ging es ihnen zunächst mal um die Sicherheit des kleinen Katers – der, wenn er nach und nach in das geschäftige Treiben auf dem Bahnhof hineinwuchs, von klein auf lernen würde, wie er den Gefahren der Eisenbahn aus dem Wege gehen konnte –, aber auch darum, dass laut der besagten Schweizer Studie erwachsene Katzen eher ein jüngeres Tier als Neuzugang in ihrer Umgebung akzeptierten als ein gleichaltes oder älteres. Angie und Jacqui wollten alles in ihrer Macht Stehende tun, um den beiden Katzen, während sie einander kennenlernten, die Umstellung zu erleichtern und den Schock abzumildern, den Felix sicherlich dabei empfinden würde, dass sie ihr Zuhause von nun an mit einer anderen Katze teilen sollte.

Angie hatte nicht die leiseste Ahnung, wie Felix auf den Einstieg eines samtpfotigen Teamkollegen reagieren würde. Wie ihre »romantischen« Beziehungen zu dem schwarzen Streuner und dem gepflegten weißen Kater gezeigt hatten, war sie dem Umgang mit anderen Katzen nicht prinzipiell abgeneigt. Angie ging davon aus, dass sie anfangs nicht allzu froh darüber sein würde, denn Felix war auf dem Bahnhof ja schließlich die Herrin im Haus, und kein Monarch teilt gern seine Macht. Sie hoffte aber, dass sich letztlich Felix' mütterliche Instinkte durchsetzen würden, die sie auch bei anderer Gelegenheit schon an den Tag gelegt hatte. In ihren Tagträumen malte sie sich aus, wie Felix ihren neuen Lehrling auf dem Bahnhof herumführte und ihm alles beibrachte, was eine Bahnhofskatze wissen muss. Wäre es nicht wunderbar, sie gemeinsam auf Schicht zu sehen, wie sie Seite an Seite über die Bahnsteige patrouillierten? Ein neues Kätzchen ließ sich vielleicht sogar dazu bewegen, eine Signalweste zu tragen, genau wie die, die Felix vor langer Zeit schon abgeworfen hatte! Angie hoffte, dass sie ein Kätzchen finden würden, das unkompliziert und selbstbewusst, freundlich und lustig war und zu einer eigenständigen Persönlichkeit heranwachsen würde.

Als Jacqui die ihr angezeigten Suchergebnisse überflog, sah sie, dass keine zehn Kilometer entfernt ein junges männliches Kätzchen zum Verkauf angeboten wurde.

Sie schickte Angie per Textnachricht die Einzelheiten. »Was meinst du?«, fragte sie.

Angie schrieb nur drei Worte zurück. »Hol ihn dir.«

Und so kam es, dass Jacqui am Freitag, den 31. August 2018, die Einfahrt einer noch recht neuen Doppelhaushälfte hinaufging und an der Tür klingelte. Dort wohnte eine aus Polen stammende Familie mit zwei blonden Töchtern, acht und fünf Jahre alt. Während Jacqui mit ihren Eltern über die acht Wochen alten Kätzchen plauderte, die sie zum Verkauf anboten, gingen die Mädchen sie holen, um sie ihr zu zeigen.

Es waren zwei: ein gelbbraunes Weibchen und ihr kohlrabenschwarzer Bruder. Sie waren beide supersüß, aber Jacqui ließ sich das Weibchen nicht mal in die Hände geben. Vom ersten Moment an hatte sie nur Augen für den kleinen Kater. Sie wusste sofort, dass sie ihn unbedingt mit zu sich nach Hause nehmen wollte.

Seine kakigrünen Augen guckten neugierig zu der Frau hinüber, die ihm ihre Hände entgegenstreckte, die fast so groß waren wie er, und ihn dann zum Kuscheln in die Arme schloss. Während sie sein kurzhaariges Fell streichelte, das so ganz anders war als Felix' langhaariger Flausch, blieb er ganz ruhig und sträubte sich kein einziges Mal. Stattdessen betrachtete er Jacqui freundlich und aufmerksam und hörte mit seinen spitzen, sehr großen Ohren zu, wie sie ihm Hallo sagte und dann immer wieder erzählte, wie wunderschön er doch sei. Er schaute ihr nicht über die Schulter, während sie ihn hielt, und ließ sich überhaupt nicht ablenken; er schien sich ganz auf sie konzentrieren zu wollen.

Jacqui schmuste gut zwanzig Minuten lang mit ihm und streichelte ihn vom Kopf bis zur Schwanzspitze. Der Schwanz fühlte sich drahtig und knorrig an und hatte etwas von einem Trommelschlegel, und Jacqui hatte nicht den leisesten Zweifel, dass sie diesen kleinen Drummer in die Huddersfielder Band aufnehmen wollte.

Sie meldete sich per Facetime bei Angie, während sie dort mit dem kleinen Kater stand. Und Angie ging es wie ihr: Sie wusste sofort, dass er der Richtige war und augenblicklich auf dem Bahnhof anfangen sollte.

»Wir nehmen ihn«, sagte Jacqui zu der Familie.

Die kleinen Mädchen ließen ihn nur schweren Herzens ziehen. Sie guckten tief betrübt, als ihnen klar wurde, dass sie sich nun von ihrem kleinen Kater verabschieden mussten. Schon in seinen ersten acht Wochen auf dem Planeten hatte er offenkundig einen ziemlichen Eindruck hinterlassen. Die jüngere Tochter schmiegte sich mit tieftrauriger Miene trostsuchend an ihren Vater.

Doch der kleine schwarze Kater war nicht dazu bestimmt, eine Haus- und Schmusekatze zu werden. Auf ihn warteten größere Dinge. Jacqui entfaltete die schwarz-gelbe Katzentragetasche aus Stoff, die sie für alle Fälle mitgebracht hatte, und setzte den Kater ohne größere Umstände hinein. Angesichts seines Alters war er wahrscheinlich noch nie irgendwohin befördert worden, aber es schien ihm überhaupt nichts auszumachen. Wie Jacqui bald feststellen würde, ließ sich dieser kleine Superheld von so ziemlich nichts aus der Fassung bringen.

Dann nahm sie ihn mit zu sich nach Hause, wo er vor seinem ersten Tag auf der Arbeit übernachten sollte. Da sie ihm nicht zu viele neue Eindrücke zumuten wollte, schloss sie ihn in ihrem großen Schlafzimmer ein, das einen schönen Holzboden hatte und wo es, falls ihm danach war, viel Platz zum Herumlaufen gab. Er ließ allerdings sofort eine Vorliebe dafür erkennen, sich auf der weichen, kirschroten Tagesdecke auszustrecken, die sie über ihr Bett gebreitet hatte.

Jacquis vier Katzen interessierten sich brennend für den neuen Untermieter. Als er angekommen war, waren sie alle gerade in eigener Mission unterwegs gewesen, und so bekamen es ihre schnuppernden Samtnäschen daher erst mit, nachdem sie von ihren jeweiligen Abenteuern zurückgekehrt waren.

Für Romeo, Jacquis jüngste Katze, die zu dem Zeitpunkt etwa viereinhalb Monate alt war, wurde der kleine schwarze Kater sofort zu einem Spielkameraden. Die beiden wurden im Handumdrehen die dicksten Freunde – spielten miteinander, schliefen zusammen und putzten sich sogar gegenseitig. Sie waren einfach zuckersüß.

Pickle war Jacquis einjähriger Kater. Er war eine Schönheit, hatte an den Beinen eine ganz ähnliche Fellfärbung wie Felix und war zunächst skeptisch. »Äh, was ist denn hier los?«, schien sein fragender Blick zu besagen. Bald aber zeigte er sich mit der jüngeren Katze absolut einverstanden. Ginger Deanie, mit seinen neun Jahren der Alterspräsident der Rasselbande, verdrehte geradezu die Augen, als er den Neuankömmling erblickte. »*Noch* einer?! Echt jetzt?«

Der einzige Problemfall war Smudgie, eine dreijährige Calicokatze, die behindert war (sie hatte vier Beine, aber nur drei Pfoten). Auch sie ähnelte Felix in gewisser Weise, aber nur, was ihr Temperament anging, denn auch Smudgie war eine Diva. Und daher hasste sie, wie kaum anders zu erwarten, den kleinen Kater auf Anhieb und fauchte ihn an, sobald er in ihre Nähe kam.

Den kleinen Kater aber kümmerte das überhaupt nicht. Während er mit seinem neuen Kumpel Romeo auf dem Fußboden herumtollte, ignorierte er das Rumgefauche der Katzendame, in deren Zuhause er übernachtete, komplett.

Jacqui fühlte sich ermutigt, als sie das beobachtete. Sie fürchtete, der kleine Kater würde lernen müssen, mit einem temperamentvollen Weibchen zusammenzuleben … Denn wenn die Diva Smudgie schon nicht gerade begeistert von ihm war, wie um alles in der Welt würde dann erst die Diva Felix auf ihn reagieren?

Jacqui hielt Angie mit Fotos und Videos von dem kleinen Kater auf dem Laufenden. Angie hatte großen Spaß daran, die Schnappschüsse, die auf ihrem Smartphone eintrafen, zu betrachten, besonders die, auf denen Jacquis Katzen ihren neuen Freund begrüßten, wobei der kleine Kater und die jeweilige Katze meist Nase an Nase standen. Als ihr Handy das nächste Mal piepte, schaute Angie wieder gespannt aufs Display – aber diesmal hatte Jacqui kein Bild geschickt. Stattdessen schrieb sie: »Wir brauchen bald einen Namen für ihn.«

Angie hatte noch gar nicht über Namen nachgedacht. Hätte Jacqui einen vorgeschlagen, hätte sie wahrscheinlich sofort zugestimmt. Und wenn Jacqui in diesem Moment nicht darauf zu sprechen gekommen wäre, hätten sie vielleicht wieder das Gleiche getan wie damals bei Felix und sämtliche Eisenbahner aufgefordert, einen Namen für die neue Katze vorzuschlagen. Doch als Angie diese Nachricht las, fiel ihr im gleichen Moment die ideale Lösung ein.

»Jacqui«, tippte sie, »sollen wir ihn Bolt nennen?«

Sie dachte dabei, wie so oft, an ihren verstorbenen Kollegen Billy Bolt, der allseits beliebt gewesen war. Obwohl der kleine Kater viele Eigenschaften hatte, von denen bei Billy keine Rede sein konnte – er war süß, freundlich und schwarz –, war die Vorstellung, wieder einen Bolt auf dem Bahnhof zu haben und wieder diesen Namen ausrufen zu können, einfach zu verlockend. Es wäre ihre Art, ihn zu ehren. Angie wusste nicht so recht, was Billy davon gehalten hätte, aber angesichts seiner leicht widerwilligen Katzenliebe war es vielleicht eine passende Art und Weise, sein Erbe weiterzuführen.

Es war auch noch aus einem anderen Grund ein passender Name: Die geheime Mission der beiden Agentinnen stand kurz davor, enthüllt zu werden, und die Nachricht von dem Lehrling würde beim Rest der Welt sicherlich einschlagen wie ein Blitz aus heiterem Himmel – *a bolt out of the blue*.

Der Abschluss ihrer Mission erfolgte am nächsten Nachmittag. Angie traf als Erste am Bahnhof ein und wartete auf dem Parkplatz auf Jacqui und Bolt. Es war ein sonniger Septembertag, und das Wetter passte bestens zu ihrer ausgelassenen Stimmung. Als sie Jacquis gelben Kleinwagen um die Ecke biegen sah, quietschte Angela kurz vor Begeisterung. Sie konnte es kaum erwarten, endlich ihrem neuen Baby zu begegnen. Aber sie hielt sich zurück. Als Jacqui eingeparkt hatte und die Katzentragetasche aus dem Wagen nahm, eilte Angie nicht hinüber, um hineinzuspähen. Es hatte jetzt absoluten Vorrang, den kleinen Kater erst einmal sicher ins Büro zu bringen. Und daher schaute sie ihn bewusst gar nicht an, obwohl die Tragetasche ein wenig hin und her schaukelte, und konzentrierte sich vielmehr darauf, ihren Schützling durch die Zugangssperren zu bekommen.

Weder Angie noch Jacqui hatten an diesem Tag Dienst, weshalb sie anderen TPElern sofort auffielen, als sie die Bahnhofshalle betraten. An den Zugangssperren war an diesem Nachmittag ein junger Kollege namens Joe postiert; er war sehr groß, hatte rotes Haar und war als aufmerksam bekannt. Als Angie und Jacqui an ihm vorbeirauschten, bemerkte er nicht nur sie, sondern auch die Tragetasche, die Jacqui vorsichtig durch die Sperren bugsierte und in der sich eindeutig irgendein kleines Tier befand. Er warf ihnen beiden einen verwirrten Blick zu, den sie gezwungenermaßen ignorierten. Der richtige Zeitpunkt für die Offenlegung der Mission war eindeutig noch nicht gekommen, und schon gar nicht sollte das in der belebten Bahnhofshalle stattfinden, in der sich gerade viele Leute mit ihren Wochenendeinkäufen durch die Sperren drängten. Geduckt eilten Angie und Jacqui schnurstracks weiter, ohne mit jemandem ein Wort zu wechseln, und bogen, auf dem Bahnsteig 1 angelangt, nach links ab, um von dort direkt in den Bürotrakt zu gelangen. Die Fahrgäste rings um sie her ahnten nicht, dass in diesem Moment ein neues Kapitel in der Geschichte des Bahnhofs Huddersfield geschrieben wurde.

Felix war nicht zur Stelle, als sie den Korridor des Bürotrakts betraten. Angie wusste nicht, wo sie sich gerade befand, war aber froh, dass Bolt Zeit haben würde, sich ein wenig an seine neue Umgebung zu gewöhnen, ohne dass ihm gleich von Anfang an seine neue Vorgesetzte im Nacken saß. Das hatte niemand am ersten Tag am neuen Arbeitsplatz verdient.

Im Gruppenleiterbüro war niemand, Gott sei Dank. Angie und Jacqui gingen mit Bolt hinein und schlossen die Tür hinter sich. Dann stellte Jacqui die Tragetasche behutsam auf dem Schreibtisch ab.

Angie wusste, dass sie nun jeden Moment einen ganz besonderen kleinen Jungen kennenlernen würde. Ihr pochte das Herz. Nach all den Planungen und Vorbereitungen und streng geheimen Diskussionen war er endlich da: ihr kleiner Lehrling. Sie konnte nicht glauben, dass es nun wirklich so weit war, dass sie es tatsächlich getan hatten. Sie hielt sich die Hände vor den Mund, traute sich nicht, etwas zu sagen.

Jacqui öffnete vorsichtig die Tasche. Nachdem sie sich schon in den vergangenen vierundzwanzig Stunden um Bolt gekümmert hatte, wollte sie, dass dies nun Angies großer Augenblick war. Daher trat sie liebenswürdigerweise zurück und ließ ihrer Kollegin den Vortritt.

Ach du meine Güte, was für ein süßer kleiner Fratz! Als Angie in die Tasche spähte, erblickte sie zuerst seine Ohren. Sie wirkten größer als er selbst. »Oh!«, rief sie entzückt.

Dann hob sie ihn in den hohlen Händen heraus. Er war wirklich ein Goldstück und der Moment unendlich kostbar. Aus der Nähe sah sie, dass er trotz des ersten Eindrucks doch nicht gänzlich schwarz war. Er hatte einige kaum sichtbare weiße Härchen unterm Kinn, und auf dem Bauch, etwas links der Mitte, hatte er eine schmale weiße Strähne. Wenn er sich streckte, sah es aus wie ein Horizont oder wie ein Raumschiff, das mit Warpgeschwindigkeit flog. Mit seinen langen, schlaksigen Gliedmaßen war er eins der schönsten Geschöpfe, die sie je gesehen hatte (das andere war natürlich Felix).

Obwohl Angie für ihn die gleiche Liebe empfand, erinnerte er sie überhaupt nicht an die Bahnhofskatze Nummer eins. Die beiden sahen einfach zu verschieden aus. Felix war als kleines Kätzchen eine richtige Flauschkugel gewesen. Bolt hingegen war kurzhaarig und buchstäblich ganz Ohr.

Bereits Hals über Kopf in ihn vernarrt, legte Angie ihn sich zärtlich an die Brust. Bolt schmiegte behaglich seinen Kopf an ihre Schulter und schloss schläfrig die Augen. Kurz bevor er einschlief, hörte er eine liebliche Stimme mit Yorkshire-Akzent ihm etwas zuflüstern.

»Das ist jetzt dein Zuhause, Bolt«, sagte Angie. »Willkommen in Huddersfield.«

Der neue Lehrling

Dieses traute Trio war es, bei dem Felix kurz darauf hereinplatzte. Bolt, aus seinem Nickerchen erwacht, begann sein neues Zuhause zu erkunden und stiefelte selbstbewusst auf den Korridor hinaus – auch wenn seine langen Beine seinem Forscherdrang noch nicht ganz gewachsen waren und er daher ein wenig hin und her wackelte.

Angie und Jacqui schwebten immer noch derart im siebten Himmel, dass sie Felix' Kommen gar nicht bemerkt hatten – sodass die Katze für sie völlig unerwartet auf dem Korridor auftauchte. Sie hätten, wäre ihnen noch die Zeit und die Gelegenheit dazu geblieben, die beiden Katzen wahrscheinlich auf andere Art und Weise miteinander bekannt gemacht, aber das hatten sie nun plötzlich nicht mehr in der Hand. Felix blieb nur wenige Sekunden und war offenkundig nicht bereit, sich mit dem Neuankömmling auseinanderzusetzen, doch als sie fünf Minuten später wiederkam und ihn anfauchte, wandte sich Angie in sanftem Ton an sie.

»Das ist dein neuer Lehrling«, sagte sie zu ihr. »Du musst ihn jetzt ausbilden, Felix. Du musst dich um ihn kümmern. Du musst all dein Wissen an ihn weitergeben.«

Angie hatte wieder ihre Vision vor Augen, in der die beiden Katzen kameradschaftlich die Bahnsteige entlangtrabten, und wartete mit angehaltenem Atem darauf, was die Leitende Schädlingsbekämpferin nun tun würde. Würde Felix sich der Situation gewachsen zeigen und vielleicht gar sofort in die Rolle der Ausbilderin schlüpfen?

Von wegen. Sie fauchte leise zwischen den Zähnen hindurch, machte dann abrupt kehrt und zog beleidigt von dannen.

Angie hielt sie nicht auf. Ihr war klar, dass sie Zeit brauchen würde – möglicherweise viel Zeit. Wie jedes Einzelkind, das einen kleinen Bruder oder eine kleine Schwester bekommt, musste sie sich auf die neue Situation erst einstellen. Doch Angie war zuversichtlich, dass sie letztlich aus dem Schmollwinkel zurückkehren würde.

In der Zwischenzeit musste Bolt der restlichen Belegschaft vorgestellt werden. Die erste Person, die Angie in die geheime Ankunft ihrer zweiten Katze einweihte, war Angela Dunn. Angie schlenderte allein ins Büro hinter den Fahrkartenschaltern und tippte ihr auf die Schulter.

»Angela, hättest du kurz mal Zeit für mich?«, fragte sie.

»Klar«, antwortete ihre Kollegin.

»Komm mal bitte mit, es dauert nur einen Moment«, fuhr Angie fort. »Und schließ bitte deinen Schalter.«

Eher gespannt als besorgt, kam Angela der Bitte nach.

Als sie dann das Gruppenleiterbüro betrat, blieb ihr die Spucke weg. Auf Jacquis Schoß saß ein kleines schwarzes Kätzchen.

»Darf ich vorstellen? Das ist Bolt«, verkündete Angie.

Angela ging schnurstracks zu ihm hinüber. Es war schon lange her, dass Angie ihr gegenüber beiläufig die Idee erwähnt hatte, dass sich der Bahnhof ein kleines Kätzchen zulegen sollte; und dass Andy die Sache abgenickt hatte, hatte sie nie erfahren. Dennoch verstand Angela sofort, dass dies ihr neuester Mitarbeiter war. Und sie stand hundertprozentig dahinter. Angela wusste vielleicht besser als jeder andere, was für ein viel beschäftigtes altes Mädchen Felix gegenwärtig war, und daher war ihrer Meinung nach alles, was ihr gelegentlich eine Pause verschaffen könnte, eine feine Sache.

Sie nahm das Kätzchen in die Hände und legte es sich wie ein Baby an die Brust. Bolt schmiegte sich einfach nur an sie und schlief sofort wieder ein, und Angela spürte, wie ihr vor Glück die Wangen glühten.

Nachdem Angela nun eingeweiht war, wurde es Zeit, die Katze gänzlich aus dem Sack zu lassen. Die wunderbare Nachricht verbreitete sich wie ein Lauffeuer auf dem Bahnhof, und bald waren alle ganz vernarrt in den kleinen Kater. Einer nach dem anderen kamen die Mitglieder des Teams ins Gruppenleiterbüro, um ihn kennenzulernen. Es wurde sehr viel Aufhebens um ihn gemacht, während alle aus dem Team ihren neuen Kollegen nun einmal kurz für sich allein haben wollten. Ihnen allen wurde erläutert, dass Bolt eines Tages Felix unterstützen und ihr damit ein wenig Ruhe und Frieden verschaffen würde.

Insbesondere erinnerte sich Angie Hunte daran, wie Joe vom Zugangssperrenteam in seiner Pause hereinkam – der Kollege, der so argwöhnisch geguckt hatte, als sie mit der mysteriösen Tragetasche auf dem Bahnhof aufgetaucht waren. Jetzt wusste er, was dahintersteckte.

»Joe«, sagte sie, »ich möchte dir Bolt vorstellen.«

Wie bei den anderen achtete Angie auch bei ihm ganz genau darauf, wie er reagierte, als sie den Namen preisgab. Sie wollte sehen, was die Mitglieder der Belegschaft davon hielten. Würden auch sie es passend und angemessen finden, dass sie den kleinen Kater nach ihrem verstorbenen Kollegen Billy benannt hatte? Wären sie dafür – oder dagegen?

Joe war schon lange genug auf dem Bahnhof tätig, um Billy noch gekannt zu haben, und er verstand sofort den Zusammenhang. Als er hörte, welchen Namen das Kätzchen bekommen hatte, blickte er einen Moment lang gen Himmel und dachte offensichtlich an Billy Bolt. Als er Angie wieder ansah, lächelte er. »Was für ein toller Name«, sagte er. »Ihr hättet euch keinen besseren aussuchen können.«

So sahen es offenbar alle. Jacqui, die erst nach Billys Tod auf dem Bahnhof angefangen hatte, bekam nun allerhand Anekdoten über den Bahnveteranen zu hören. Das Kätzchen brachte die Kolleginnen und Kollegen dazu, wieder mal ihre Lieblings-Storys über ihn hervorzukramen, und daher war Billy in den Gedanken des Huddersfield-Teams nun wieder allgegenwärtig, während sein kleiner Namensvetter auf dem Teppichboden herumtollte.

Angesichts dessen, was seinerzeit mit Felix geschehen war, mangelte es auch nicht an neckischen Bemerkungen über den Neuankömmling. »Sind wir denn überhaupt sicher, dass er ein Junge ist?«, fragten etliche Teammitglieder im Scherz.

Doch die damalige Verwirrung war ja nur entstanden, weil Felix so langes, flauschiges Fell hatte. Bei Bolt gab es diese Schwierigkeit nicht. »Ja!«, riefen Angie und Jacqui. »Er ist definitiv ein Er!«

Auch Bahnhofschef Andy Croughan wurde pflichtgemäß über die Ankunft des Kätzchens in Kenntnis gesetzt, und zwar per Textnachricht. Das war natürlich eine schöne Überraschung für ihn! Letztlich aber freute er sich genauso wie die anderen – und ganz besonders über den Namen.

Eine weitere Person, die informiert werden musste, war Mark Allan, Felix' Facebook-Manager. Er war gerade in Morecambe mit dem Fahrrad unterwegs, als er eine Nachricht von Angela Dunn bekam: »Ich muss dir was Wichtiges mitteilen.« Besorgt fuhr er von der Straße ab und rief sie an, das Schlimmste befürchtend. Man stelle sich seine Erleichterung vor, als er erfuhr, dass das Team ein neues Kätzchen eingestellt hatte! Angela schickte ihm ein Foto, und er erkannte auf Anhieb, dass Bolt ein überaus beliebter kleiner Kater werden würde.

Die Bahnhofsbelegschaft war so begeistert von ihrem Neuzugang, dass sie aller Welt davon erzählen wollte. Noch am selben Tag gaben sie die Personalneuigkeit im Internet bekannt und veröffentlichten dabei ein Foto von Bolt, wie er auf Angela Dunns Schoß saß, während Jacqui und Angie wie stolze Eltern über die Schultern ihrer Kollegin schauten. Die Nachricht auf Felix' Facebook-Seite lautete: »Ich möchte alle meine Facebook-Freunde in ein kleines Geheimnis einweihen … Ich habe jetzt einen Lehrling. Darf ich vorstellen? Das ist Bolt, unser frischgebackener Junior-Schädlingsbekämpfer.«

Die Gemeinde flippte völlig aus.

Was die Leitende Schädlingsbekämpferin anging, so war sie, seit sie ihrem neuen Kollegen begegnet war, nicht mehr gesehen worden. Während sich alle um Bolt scharten und sich wie die Irren über den Neuzugang freuten, war Felix auf leisen Sohlen davongeschlichen. Angela Dunn war es schließlich, die sie suchen ging.

»Felix!«, rief sie mit sanfter Stimme. Sie schaute in der Damenumkleide nach, ob sich Felix auf ihre Heizkörperliege zurückgezogen hatte. Doch ihre geliebte Lammfell-»Hängematte« war leer. Dann sah sie noch einmal in der Küche nach, falls Felix für ihr Abendessen zurückgekehrt sein sollte, doch im nahe gelegenen Gruppenleiterbüro herrschte um Bolt immer noch ein solches Bohei, dass die Leitende Schädlingsbekämpferin vermutlich einen großen Bogen darum machte, Hunger hin oder her. Angela schaute in den Eingangskörben im ehemaligen Ansagerbüro nach, in den Regalen im Büro hinter den Fahrkartenschaltern und sogar bei den Schaffnertaschen im vormaligen Fundbüro, konnte die flauschige schwarz-weiße Katze aber nirgends entdecken.

Besorgt öffnete Angela die Tür, die auf den Bahnsteig 1 hinausführte. Die Katze saß auch nicht auf dem Pult des ehemaligen Auskunftsschalters, doch als Angela auf den Bahnsteig hinaustrat, erblickte sie Felix fast sofort. Dabei befand sie sich weder auf einer der Bänke noch bei den Fahrradständern, sondern an einem Ort, den sie schon sehr lange nicht mehr aufgesucht hatte. Felix war drüben auf Bahnsteig 4 und saß dort unter der Gedenkbank zu Ehren von Billy Bolt.

Als Angela sie sah, wie sie unter den verwitterten Holzleisten Zuflucht suchte, kamen ihr die Tränen. Angie hatte ihr erzählt, dass Felix entsetzt auf Bolts Ankunft reagiert hatte, und Angela war klar, dass sie gehörige Angst bekommen haben musste. Und wohin hatte sich die Katze zurückgezogen, als sie sich so verunsichert fühlte? An den Ort, an dem sie einst sehr glücklich gewesen war, und zu dem Mann, der immer für sie da gewesen war. Sie ruhte unter der Bank auf einem Bett aus grünem Moos, das dort gewachsen war, und suchte bei einem Bahnhofsgeist Trost und Halt. Als Angela nach ihr rief, schaute Felix zu ihr hinüber, regte sich aber nicht. Sie war bei ihrem Billy, und er würde ihr beistehen.

Eine selbstbewusste Katze

In der ersten Woche nach Bolts Ankunft blieb Felix auf Distanz. Sie kam zum Fressen und Schlafen herein, ging dem neuen kleinen Kater ansonsten aber geflissentlich aus dem Weg.

Der verbrachte die meiste Zeit im Gruppenleiterbüro, wo er ein flauschiges braunes Katzenbett hatte, das ungefähr zehnmal so groß war wie er. Felix guckte immer noch jedes Mal, wenn sie ihn sah, zweimal hin, als könne sie nicht glauben, dass sich dieses Paralleluniversum als so dauerhaft erwies. Sie ging an der offen stehenden Bürotür vorbei, warf mit einer Drehung des Kopfs einen Blick hinein und setzte dann ihren Weg fort, und es sah fast aus, als würde sie vor Abscheu den Kopf schütteln, während sie zugleich abschätzig mit dem flauschigen Schwanz schnippte.

Angie Hunte war sehr geduldig mit ihr. Manche ihrer Kollegen meinten: »Ach, wie schade, Felix mag Bolt nicht«, sie aber wusste, dass dem nicht so war.

»Man muss bedenken, dass da jemand in ihrem Reich aufgetaucht ist. Alles, was sie jemals hier kannte, hat ihr allein gehört. Sie denkt: ›Wir haben es hier mit einem kleinen Eindringling zu tun.‹ Natürlich ist sie da gereizt. Natürlich geht ihr die ganze Situation gegen den Strich. Aber es ist nicht so, dass sie Bolt nicht mögen würde. Wir müssen ihr einfach nur Zeit lassen, damit sie sich an all das gewöhnen kann.«

Gemäß fachkundigem Rat zum Thema Integration von Katzen gab Angie bekannt, dass jede der beiden von nun an ihren eigenen, abgeschlossenen Privatbereich bekommen sollte. Bolt würde im Gruppenleiterbüro wohnen und Felix wie bisher in der Damenumkleide. Es war Bolt nicht gestattet, dort auch nur eine Pfote über die Schwelle zu setzen, sodass sich die Leitende Schädlingsbekämpferin, wenn sie ihre Ruhe haben wollte, stets an einen sicheren und ungestörten Ort zurückziehen konnte.

Tatsächlich konnte Felix auch weiterhin nach Belieben über den allergrößten Teil des Bahnhofs verfügen, zumindest vorerst, solange Bolt noch so jung war, dass er den Bürotrakt nicht verlassen durfte. Das diente auch seinem eigenen Schutz, denn seit der Bekanntmachung seines Eintritts in den Job hatte ihn seine augenblickliche Berühmtheit zu einer gefragten Persönlichkeit gemacht. Innerhalb von fünf Tagen nach seiner Ankunft auf dem Bahnhof hatte sein erstes Facebook-Foto siebentausend Reaktionen ausgelöst und war hundertfach kommentiert und geteilt worden. Unterdessen eilten etliche Katzenfans persönlich zum Bahnhof und baten um eine Audienz beim Huddersfielder Katzenkronprinzen.

Aber Bolt war ja gerade mal neun Wochen alt. (Niemand wusste genau, wann sein Geburtstag war; die naheliegendste

Vermutung deutete auf den 6. Juli hin.) Er war also viel zu jung, um irgendwelche Fremden zu treffen. Und er hatte auch noch keinen einzigen Tag seiner Ausbildung absolviert! Das Team musste dafür sorgen, dass er sich ganz in Ruhe einleben konnte, und das hieß: keine Besucher. Per Mitteilung wurde höflich darum gebeten, von der Bitte Abstand zu nehmen, ihn sehen zu dürfen, und die Belegschaft wurde angewiesen, keine privaten Fotos zu teilen, die in den sozialen Medien einen Sturm entfachen könnten. TPE versprach, bei Gelegenheit das eine oder andere »offizielle Porträt« von Bolt auf Felix' Facebook-Seite zu veröffentlichen, ansonsten aber würde man es sehr langsam angehen lassen, was seinen Kontakt mit der Öffentlichkeit betraf. Das Team beschloss, Bolt mindestens bis zum Jahreswechsel weitgehend unter Verschluss zu halten, damit er Gelegenheit bekam, sich an seine neue Umgebung zu gewöhnen.

Doch wie es aussah, schien sich Bolt auch jetzt schon zu Hause zu fühlen. Angie hatte noch nie eine so selbstbewusste Katze erlebt. Es schien, als könnte den kleinen Kater nichts aus der Fassung bringen, und er kam mit allem prima klar. Er liebte die Büroumgebung und nutzte die dortigen Gegenstände begeistert für seine Spiele. Eine Laptoptasche wurde zur Rodelpiste, die er hinunterrutschen konnte, und ein Klemmbrett wurde zum Schlitten. Ein zusammengeknüllter Fahrschein diente ihm sofort als behelfsmäßiger Fußball, und ein Aktenstapel wurde in ein (bald zu Boden stürzendes) Trampolin verwandelt.

Ein Lieblingsstreich von ihm bestand darin, Angie Hunte zu überraschen. Zu Dienstbeginn legte sie meist ihre kleine Handtasche auf dem Schreibtisch ab, um sich dann erst mal anderen Dingen zu widmen. Man stelle sich ihren verblüfften

Blick vor, als sie später etwas aus ihrer Handtasche holen wollte … und darin den kleinen schwarzen Bahnhofskater vorfand. Bolts kakigrüne Augen funkelten vor schelmischer Belustigung. Bald kletterte er regelmäßig hinein: Er schlüpfte in die Tasche und machte sich darin so klein, dass nicht mal mehr seine Ohrenspitzen herausragten. Er passte perfekt hinein – in die Tasche, in den Bahnhof, in das Team.

Und es dauerte nicht lange, und seine Persönlichkeit trat noch deutlicher zutage: Bolt war, wie sich herausstellte, verspielt und frech, dynamisch und spaßig. Und er gab immer hundert Prozent – womit er das genaue Gegenteil der lässig-entspannten Katze war, zu der Felix sich entwickelt hatte. Angie erwartete, dass sich das zu einem weiteren Unterschied zwischen den beiden auswachsen würde: Während Felix immer auf dem Bahnsteig gesessen und darauf gewartet hatte, dass ihr Publikum zu ihr kam, nahm Angie an, dass Bolt, sobald die Zeit dafür reif war, von sich aus losgehen und sich ein Publikum suchen würde.

Die Unterschiede zwischen den beiden Katzen wurden klarer, während sie sich auch weiterhin auf den Korridoren hinter den Kulissen des Bahnhofs über den Weg liefen. In den ersten Wochen war der Größenunterschied zwischen ihnen frappierend. Bolt, der zusammengerollt noch fast in eine Handfläche passte, wirkte, sobald die große, flauschige Felix in Sicht kam, wie David, der auf Goliath traf.

Bolt schien sich der Situation bewusst zu sein. Wenn Felix ihn böse anstarrte und anfauchte, schrumpfte er zum Gegenteil seines üblichen selbstbewussten Ichs zusammen. Jacqui deutete seine kauernde Haltung jedoch nicht als Ausdruck von Furcht, sondern als Anzeichen dafür, dass er den Status quo zur Kenntnis nahm: Felix war viel zu groß, als dass er es gegenwärtig mit ihr aufnehmen konnte, aber im Laufe der Zeit würde er ihr irgendwann gewachsen sein. Er schien tatsächlich keine Angst zu kennen, ja, erwies sich als geradezu gerissen.

Eines Nachmittags im September kam Felix den Korridor hinunter, in all ihren Bewegungen die untröstliche Übellaunigkeit verströmend, die gegenwärtig ihre Grundstimmung war. Angie, Jacqui und die anderen hatten kurz zuvor begonnen, dem kleinen Kater die Bürotür zu öffnen, damit er auch auf dem Korridor herumlaufen konnte. Bolt verlor keine Zeit und ging sich sofort die langen, schlaksigen Beine vertreten. Er wurde mit jedem Tag selbstsicherer und geschickter und wackelte auch nicht mehr beim Gehen. Als er jedoch an diesem Septembernachmittag auf den Korridor hinausging und dort Queen Felix erblickte, wurde ihm, als sie ihn mit ihren leuchtend grünen Augen böse anstarrte, höchstwahrscheinlich etwas mulmig zumute. Alles an ihr troff förmlich vor Verachtung.

Während Angie Hunte die beiden beobachtete, tat Bolt etwas wahrlich Bemerkenswertes. Es war, als durchschaute er die Situation und wüsste instinktiv, dass es eine gute Idee wäre, sich bei seiner schwierigen Chefin ein wenig beliebt zu machen.

Queen Felix warf majestätisch den Kopf herum, während sie ihn weiter anfunkelte. Mit jeder Bewegung machte sie ihr Recht geltend, dort zu sein und über den Bahnhof zu herrschen. Sieben Jahre lang hatte sie ihn uneingeschränkt und unangefochten regiert. Wenn dieser kleine Emporkömmling irgendeine Art von Putsch plante, war Queen Felix, das ließen ihre feurigen Augen ihn wissen, fest entschlossen, diesen schon im Keim zu ersticken. Ihr Blick war eine frühzeitige

Warnung, dass der kleine Kater nicht wagen sollte, auch nur den Versuch zu unternehmen, ihre Herrschaft infrage zu stellen.

Doch nichts lag dem kleinen Bolt ferner als irgendwelche Putschpläne – eine Tatsache, von der sein kleiner schwarzer Körper nun Zeugnis ablegte. Denn als Reaktion auf Felix' bitterbösen Blick ließ Bolt nun ganz langsam vor ihr das Haupt auf die Vorderpfoten sinken.

Der Kronprinz verneigte sich vor der Regentin.

Und die kostete diese Geste der Unterwerfung bis zur Neige aus, als wäre es das allerköstlichste Getränk, in einem goldenen Kelch kredenzt.

Vielleicht war dieses Kätzchen doch nicht ganz so dumm, wie sie dachte.

Die Fetzen fliegen

Was für ein Halsband sollen wir ihm besorgen, Angie?«, fragte Jacqui, während sie sich im Internet alle möglichen Angebote ansah. Bolt war noch zu jung, um ein Halsband zu tragen, aber sie plante schon mal für die Zukunft.

Angie klatschte vergnügt in die Hände. »Ein glitzerndes!«, rief sie. »Mit Pailletten! Und mit Strass!« Angie hatte ein Faible für glitzernde Dinge; das entsprach ihrer funkelnden Persönlichkeit.

»Auf keinen Fall«, erwiderte Jacqui kurz angebunden. Strass war nun wirklich nicht ihr Ding.

»Nur ein kleines bisschen Glanz?«, bat Angie tief geknickt.

»Nichts da«, beharrte Jacqui.

»Bitte …!«

Letztlich gab Jacqui klein bei. Und so bestellten sie für Bolt, den Junior-Schädlingsbekämpfer, ein pechschwarzes Strass-

Halsband und eine ausgesprochen schmucke Namensplakette. Sie war rund, auf der Vorderseite gelb emailliert und mit einem silbernen Blitz versehen, und auf der Rückseite waren Bolts Personalien eingraviert. Wenn die Zeit gekommen war, dass er nach draußen ging, würde er damit todschick aussehen.

Bald darauf bestellten sie ihm auch einige eher dienstliche Dinge – beispielsweise sein offizielles TPE-Namensschild. Mittig stand darauf in fetten Lettern »BOLT« und darunter, als Nachweis seiner beruflichen Position, »SCHÄDLINGSBEKÄMPFER IN AUSBILDUNG«.

Bolt war nicht der einzige Lehrling bei TPE – aber sicherlich der berühmteste. TPE, das sei erwähnt, betrieb in Kooperation mit dem Manchester College ein sehr erfolgreiches Berufsausbildungsprogramm, das jungen Leuten die Möglichkeit eröffnete, zwei Jahre lang berufspraktische Erfahrungen zu sammeln und sich zu qualifizieren. Dabei bot TPE unter anderem in den folgenden Bereichen Ausbildungsplätze an: Kundendienst, kaufmännische Tätigkeiten, Systemplanung, Industriemechanik – und neuerdings eben auch Schädlingsbekämpfung.

Angie konnte es kaum erwarten, dass Bolts Namensschild endlich geliefert wurde. In der Zwischenzeit hoffte sie, dass die beiden Katzen bald ihre Zusammenarbeit aufnehmen könnten. Doch während Bolt immer selbstbewusster wurde, wurden seine zeremoniellen Verneigungen immer seltener – und dann begannen die Fetzen zu fliegen.

Bolt war, offen gesagt, ein kleiner Irrer. Er steckte so voller Energie, dass er immer spielen wollte, und zwar mit allem und jedem. Und dazu gehörte auch Felix. Bolt sah in ihr das Potenzial, die perfekte Spielgefährtin für ihn zu sein. Sein früherer Umgang mit anderen Katzen – wie beispielsweise seinem Kumpel Romeo bei Jacqui zu Hause – war ein einziges Halligalli gewesen, und nachdem er sich nun ein wenig auf dem Bahnhof eingelebt hatte, wollte er daran anknüpfen. Idealerweise mit einem Ringkampf quer über den Korridor. Er musste bloß noch Queen Felix dazu bringen, dass sie mitmachte …

Bolt begann, Felix zum Spielen einzuladen – manchmal, nachdem er sich vor ihr verneigt hatte, als wäre das eine formelle Einleitung des Spiels, so wie Sumoringer sich vor dem Kampf zeremoniell vor ihrem Gegner verneigen. Nach diesem Vorgeplänkel hüpfte Bolt verspielt umher. Dreist huschte er wie ein Boxer auf Felix zu und wich dann im letzten Moment wieder aus.

Felix guckte ihn an, als wäre er komplett wahnsinnig geworden. Bolt tänzelte indessen unbeschwert um sie herum. Sie war nicht mehr wütend auf ihn, sie war verwirrt. Ihre Miene wirkte sehr aufmerksam, als versuchte sie, schlau aus ihm zu werden. »Was um alles in der Welt tust du da, du dummes Kätzchen?«, fragten ihre grünen Augen, aber er antwortete nicht. Schließlich wandte sie sich ab und schien angesichts seiner Mätzchen beinahe die Augen zu verdrehen.

Das war der Moment, in dem Bolt zuschlug. Er hatte keine Angst. Er stürzte sich wie ein wild gewordener Wrestler auf die ausgewachsene Katze. Oder er schlich sich von hinten an und sprang ihr auf den Rücken. Dann wieder machte er einen Purzelbaum über sie hinweg. Oder er versuchte sie mit ausgestreckter Pfote zu berühren oder nötigte ihr ein Tête-à-Tête ab, indem er plötzlich, nachdem er sich zwischen ihren Beinen zusammengerollt hatte, zwischen ihren Vorderpfoten emporsprang.

Felix wich entsetzt vor ihm zurück. Wenn er ihr ins Gesicht sprang, drehte sie kunstvoll den Hals beiseite, als wäre er ein Liebhaber, der ihr einen unerwünschten und unverdienten Schmatzer aufdrücken wollte und vor dessen Knoblauchfahne sie zurückschreckte. Sie ließ sich das alles aber viel länger gefallen, als irgendjemand erwartet hätte, und quittierte die meisten seiner Aktionen nur mit einem verächtlichen Achselzucken. Man hatte deutlich den Eindruck, dass sie sich nicht auf sein Niveau hinabbegeben wollte; und sie wandte seinetwegen nicht mehr Energie auf als unbedingt nötig.

Irgendwann hatte sie von Bolts unermüdlichen Kampfversuchen dann aber doch die Nase voll. Sie musste ihm zeigen, wer die Chefin im Ring war. Und so holte sie mit einer weißen Pfote aus und verpasste ihm einen Schlag auf den Hinterkopf.

Es war nur eine sanfte Kopfnuss, gerade energisch genug, um ihn an die Hackordnung zu erinnern. Bolt ließ kurz von ihr ab – war gleich darauf aber wieder zur Stelle. »Dummer Junge«, tadelte Angie ihn, denn Felix konnte noch so oft körperlich »Nein!« zu ihm sagen – er lernte es einfach nicht. Immer wieder bekam er Schläge auf den Hinterkopf, denn er ließ einfach nicht locker.

Ob sie es wusste oder nicht: Felix behandelte ihn genauso, wie ihre Mutter Lexi sie damals als kleines Kätzchen behandelt hatte, wenn sie mit ihren vier Geschwistern bei ihren übermütigen Spielen außer Rand und Band geraten war. Genau wie Felix hatte Lexi eine Zeit lang bereitwillig als lebendes Gymnastikgerät ihrer Kinder fungiert, ehe sie dann irgendwann wieder Disziplin herzustellen versuchte, indem sie Backpfeifen austeilte oder die Kleinen im Nacken packte. Vielleicht war Angie Huntes Hoffnung, dass sich Felix von ihrer mütterlichen Seite zeigen würde, doch nicht so weit hergeholt.

Während die Wochen vergingen, behielt Felix ihre kopfnussbasierte Disziplinierungsmethode bei in der schwachen Hoffnung, sie würde eines Tages Früchte tragen. Dabei gemahnte sie Angela Dunn an eine schwer genervte große Schwester, die ihren unausstehlichen kleinen Bruder immer wieder mit ein paar Ohrfeigen zur Räson bringen musste. Während Felix ihrem Lehrling zusah, warf sie oft herrisch das Haupt herum und strahlte mit jeder Faser ihres Leibes Überlegenheit aus – beispielsweise, wenn Bolt mit dem Kopf voran gegen eine Tür schlitterte, zu sehr in sein Spiel vertieft, um auf Entfernungen zu achten.

Doch während Felix noch Zeit brauchte, um Bolts Talente anzuerkennen, war der Neuling für den Rest des Bahnhofs ein echter Hit. Andy Croughan posierte stolz für ein Foto mit seinem neuesten Mitarbeiter, auf dem es fast aussah, als würden Bolt und er einander formell die Hände schütteln, während Andy ihn auf dem Bahnhof begrüßte.

Für Jacqui war es geradezu eine Offenbarung, ihren Kolleginnen und Kollegen beim Umgang mit dem Kätzchen zuzusehen. Ihre augenblickliche Zuneigung zu ihrem kleinen Schützling brachte eine sanftere Seite an ihnen zum Vorschein, von der Jacqui gar nichts geahnt hatte. Ein barscher Yorkshire-Bursche in gelber Signalkluft schmolz bei dieser Gelegenheit förmlich dahin, und Jacqui war verblüfft, als er mit der kleinen Katze schäkerte, als wäre sie ein Baby.

Bolt wurde auch offiziell sämtlichen Gruppenleitern vorgestellt, inklusive Geoff. Wie vielleicht nicht anders zu erwarten, erhielt er von Letzterem keine sonderlich gute Bewertung, da ihn das dynamische Tierchen schier zur Weißglut trieb. Bolt hatte es, als sein Auslauf noch auf das Gruppenleiterbüro beschränkt und dessen Tür immer geschlossen war, während

Geoffs Dienstzeit oft geschafft, auf den Korridor hinauszugelangen. Für Geoff war es ein Rätsel, wie der Kleine das hinkriegte, und er musste immer wieder dem Kätzchen nachjagen und es zurückholen – ein Spiel, das Bolt großen Spaß bereitete! Wie sich dann herausstellte, hatte sich der kleine Racker hinter einem ausgedienten Türstopper versteckt, und sobald Geoff die Tür öffnete, schoss Bolt aus seinem Versteck hervor und ergriff die Flucht. Er war so schnell und so klein, dass Geoff ihn überhaupt nicht bemerkte. Bolt stellte mit seinen Ausbrecherkünsten selbst Felix in den Schatten!

Nach der Ankunft des Kätzchens hatte Geoff nun auch ein paar Worte für Felix übrig. Während ihre TPE-Kolleginnen und -Kollegen sich um Bolt tummelten und Felix das ganze Getue um den kleinen Kater mit verächtlichem Blick aus der Ferne betrachtete, rief Geoff ihr zu: »Ich hab's dir ja gesagt, Felix: Du hättest dich an mich halten sollen. Jetzt schau sie dir alle an. Ich bin der Einzige, der sich noch für dich interessiert, Felix.«

Das stimmte natürlich nicht. Viele Leute machten sich Gedanken um Felix und nahmen sich ihre heikle Lage zu Herzen. An erster Stelle wäre da Jean Randall zu nennen, für deren Rückkehr nach über einjähriger krankheitsbedingter Abwesenheit es aus Sicht der Bahnhofskatze keinen günstigeren Zeitpunkt hätte geben können.

Felix war sehr, sehr froh, dass Jean wieder zur Arbeit kam – zumal sie ihre Arme nun wieder deutlich besser bewegen konnte. Jean kehrte stufenweise in den Dienst zurück, da sie noch nicht ganz wieder die nötige Kraft besaß, um Vollzeit zu arbeiten; sie scherzte gern, dass sie mittwochs wegen guter Führung Freigang bekäme ... Felix' Ansicht nach war sie allerdings definitiv kräftig genug, um ihrer wichtigsten Dienstpflicht nachzukommen: mit Felix zu schmusen. Die Bahnhofskatze streckte sich auf ihrer Heizkörperliege aus, und Jean verwöhnte sie, indem sie ihr mit den Fingerspitzen das Fell striegelte und den Bauch kraulte. Wenn es für Jean Zeit wurde zu gehen, schaute Felix ihr bis zur Tür hinterher, als fürchtete sie, Jean könnte, wenn sie sie aus den Augen ließ, wieder monatelang verschwinden. Im Laufe des Herbstes achtete Jean darauf, viel Zeit mit Felix zu verbringen, damit die Katze die Gewissheit bekam, dass sie nicht vergessen worden war.

Doch das wäre natürlich nie geschehen. Angie Hunte nannte Felix immer noch liebevoll ihr »kleines Mädchen«, und Angela Dunn war auch weiterhin ihre treu sorgende Hofdame. Beide streichelten Felix regelmäßig, schmusten mit ihr und kümmerten sich aufopferungsvoll um sie. Liebe ist ja schließlich keine begrenzte Ressource. Die beiden Angelas und das ganze Team liebten Felix immer noch – liebten jetzt aber auch Bolt.

Und während das Team immer mehr Zeit mit Bolt verbrachte, schaffte er es auch, sich immer mehr in ihre Herzen zu schmuggeln. So legte er sich etwa wie eine Pelzstola um Angelas Nacken oder hockte sich wie ein Papagei auf Angies Schulter.

»Bolt, wie soll ich denn da meine Arbeit schaffen?«, fragte Angie ihn und genoss doch jede Minute davon.

Bolts Antwort … bestand darin, sich an der Arbeit zu beteiligen! Er entwickelte ein Faible dafür, bei Bürotätigkeiten zu »helfen«, insbesondere bei der Abrechnung. Doch leider hatte das jüngste Teammitglied leichte langfingerige Anwandlungen. Wenn die Gruppenleiter nachts ihren Kassenabschluss machten, stellten sie nach dem Zählen des Bargelds immer wieder mal fest, dass etwas fehlte – mal ein Fünfpfundschein, mal sogar ein Zwanziger. Wie sich herausstellte, hatte der

Lehrling die Geldscheine gemopst und war damit weggelaufen, um mit ihnen zu spielen!

Der kleine Dieb weitete sein Tätigkeitsfeld bald auch auf den Mundraub aus. Dabei blieb er immerhin in dem Sinne ehrlich, dass er nie um sein Abendessen bettelte, nachdem er bereits gefüttert worden war (ganz im Gegensatz zu seiner Chefin, die immer noch gelegentlich versuchte, denjenigen, der ihr keine zehn Minuten zuvor ihr Futter hingestellt hatte, davon zu überzeugen, dass nichts dergleichen geschehen sei). Andererseits aber war Bolt als Dieb so geschickt, dass er es auch gar nicht nötig hatte, ein solches Schmierentheater aufzuführen. Das Team stellte immer wieder fest, dass Dinge aus dem Büro verschwanden. Eines Nachts stahl er aus Jacquis Tasche ein Päckchen Nüsse, und ein andermal klaute er ein komplettes Hähnchengericht, das Angie sich mitgebracht hatte. Bald trafen sie Vorkehrungen, um ihn daran zu hindern, da sie nicht wollten, dass Bolt irgendwann die gleichen Gewichtsprobleme bekam wie Felix.

Dem wurde allerdings schon dadurch vorgebeugt, dass Bolts Futter viel strenger kontrolliert wurde, als es bei Felix je der Fall gewesen war. Als Felix damals auf den Bahnhof gekommen war, hatten sich alle darum gerissen, sie mit Leckereien einzudecken, Bolt aber war eindeutig Angies und Jacquis kleiner Junge und wurde ausschließlich von den beiden Gruppenleiterinnen gefüttert. Als kleines Kätzchen hatte er einige Magen-Darm-Probleme durchgemacht, die mit Medikamenten behandelt werden mussten, und allein schon deshalb achtete Jacqui strikt darauf, dass er ausschließlich für ihn bekömmliches Katzenfutter bekam und keinerlei Extras.

Die schien Bolt aber auch gar nicht zu vermissen – und warum sollte er auch, wo er doch so einen wunderbaren Spielplatz zum Herumtoben hatte? Seine kleinen Extras waren die zusammengeknüllten Papiere, denen er stundenlang im Büro nachjagen konnte, oder die bunte Spielmaus mit dem Glöckchen am Schwanz, das immer so schön bimmelte, wenn er sie zur Strecke brachte. (Bolt hatte jede Menge Spielsachen – darunter auch etliche Geschenke von Fans der Leitenden Schädlingsbekämpferin.) Er verfügte über so viel Energie, dass er die zahllosen Objekte, die er als Beutetiere ansah, ununterbrochen traktierte, indem er sich auf sie stürzte, sie verprügelte oder sich mit ihnen herumwälzte.

Felix, die ihm aus der Ferne mit kühlem Blick dabei zuschaute, fand wahrscheinlich, dass seine Technik einiges zu wünschen übrig ließ. Sie hätte ihm sicherlich das eine oder andere beibringen können – hätte zwischen den beiden Katzen nicht Funkstille geherrscht. Zunächst einmal fehlte ihm jegliche Anmut. Wenn Bolt den Korridor hinunterrannte, verhedderte er sich dabei regelmäßig in seinen eigenen langen Gliedmaßen. Zweitens ließ er sich viel zu leicht ablenken und wechselte, sobald er etwas Neues hörte oder eine plötzliche Bewegung sah, abrupt das Beutetier. Wenn er dann zu seinem ursprünglichen Zielobjekt zurückkehrte, schien er dies für seine eigene Achtlosigkeit verantwortlich zu machen, als wäre er von ihm hereingelegt worden, und attackierte es dementsprechend mit abermaligem Elan. Und drittens mangelte es ihm zwar nicht an Schnelligkeit, aber ganz entschieden an Geschicklichkeit. Statt sich leise an seine Spielsachen heranzupirschen, preschte er, wenn er sie »angriff«, mit höchstem Tempo auf sie zu, und das Trappeln seiner Pfoten hätte draußen im wahren Leben jeden Schädling sofort in die Flucht geschlagen. Felix, die nach diesen armseligen Vorführungen mit verächtlicher Miene von dannen schritt, versuchte ihm mit ihrer entspannten Anmut vor Augen zu führen, wie sich eine erwachsene Katze benehmen sollte – doch da war Bolts Aufmerksamkeit schon wieder von etwas anderem abgelenkt.

Ebenso wie der Größenunterschied zwischen ihnen anfangs frappierend gewirkt hatte, fiel, als die kleine Katze im Laufe der Zeit immer aktiver wurde, zudem auf, wie unterschiedlich sich die beiden bewegten. Felix hatte eine wohlige Langsamkeit an sich, wirkte wie eine matronenhafte Dame, die leidenschaftslos durch die Welt schlenderte. Bolt hingegen schien nicht zu wissen, wer er eigentlich war: ein kleiner Tiger? Eine hin und her gleitende Schlange? Ein Hampelmann? Ein Frosch? Bei seinen Spielen ließ er buchstäblich nichts unversucht, und seine Kämpfe mit den Spielsachen wirkten oft wie schlecht inszenierte Bühnenschlägereien, bei denen er seine Gegner abwechselnd boxte und über den Haufen lief. Während die vernünftige Felix von der Seitenlinie aus zusah, schlitterte Bolt wie ein Irrer den Korridor auf und ab, ohne je irgendwelche Anzeichen von Müdigkeit zu zeigen.

Doch natürlich wurde auch er irgendwann mal müde. Dann haute er sich meist an Ort und Stelle hin, sei es in seinem behaglichen braunen Katzenbett, im Duschraum, auf einem gepolsterten Stuhl im Gruppenleiterbüro oder manchmal auch im Büro des Bahnhofschefs. (Andy war viel auf Reisen, da er sich auch noch um andere Bahnhöfe kümmern musste, und daher war es in seinem Büro oft ruhig und dunkel – ideale Bedingungen für ein Katzennickerchen.) Wenn Bolt mal schlief, dann schlief er tief und lud seine Akkus wieder auf. Das Team bemerkte belustigt, dass er sich mit dem gleichen Selbstbewusstsein, das er im wachen Zustand an den Tag legte, auch in seinem Bett ausstreckte und damit viel mehr Platz einnahm, als sein kleiner Körper eigentlich brauchte. Sobald er aufwachte, trat er wieder in Aktion und machte seiner Mitwelt von Neuem zu schaffen.

Oh, er war natürlich ein bezauberndes Kätzchen – aber er hielt Angie Hunte auch massiv von der Arbeit ab. Eines Sonntagnachmittags, gut einen Monat nach Bolts Ankunft auf dem Bahnhof, riss ihr schließlich der Geduldsfaden.

»Also gut, komm mal her«, sagte sie zu dem kleinen Kater. Sie schnappte sich ihre Handtasche – in die Bolt ausnahmsweise mal nicht hineingeklettert war, während sie nicht hinsah – und zog ihr iPad heraus, ein bei vielen Eltern sehr beliebtes Ablenkungsmanöver. Sie schaute kurz in die Liste ihrer Filme, drückte bei einem auf Start und stellte das Gerät so hin, dass Bolt gut auf den Bildschirm sehen konnte.

Dort liefen 101 schwarz-weiße Welpen mit viel Gebell und Gekläffe in einem Zimmer umher. »Schau dir das an«, forderte Angie ihn geduldig auf, »und lass mich in Ruhe arbeiten.«

Doch davon konnte natürlich keine Rede sein. Wie hätte sie arbeiten sollen – wo Bolt so absolut süß auf den Film reagierte? *101 Dalmatiner* gefiel ihm offenbar ausgezeichnet. Er spitzte sofort die großen Ohren und huschte näher heran, bis er sich direkt vor dem Bildschirm befand. Er berührte ihn sogar mit der Pfote!

Anscheinend berührte Bolt inzwischen *alles* mit seinen Pfoten – auch Felix. Vielleicht hatte er ja tatsächlich nur den rechten Augenblick abgewartet, als er bei ihrer ersten Begegnung vor ihr den Kopf eingezogen hatte. Er war zwar immer noch viel kleiner als sie, inzwischen aber dreist genug, um sie in seine Spiele einzubeziehen, und daher begann er nun, sie auf die Probe zu stellen und zu necken. Wenn Felix nachmittags auf dem Korridor lag und sich lässig mit ihrem langen, flauschigen Schwanz ein wenig Luft zufächelte, packte Bolt die Lust, ihr auf den Pelz zu rücken. In seinen Augen war dieser sich hin und her bewegende Schwanz das tollste Spielzeug überhaupt. Er war doch sicherlich dazu bestimmt, dass Bolt ihm nachjagen sollte, oder? Bolt sah zu, wie er auf und ab schnippte. Seinen eigenen Schwanz hatte er immer noch nicht so ganz zu beherrschen gelernt und sah Felix' auch deshalb vollkommen fasziniert zu. Er glaubte, sie wollte ihn damit necken. Und es dauerte nicht lang, und der aufgeregte kleine Kater fing an, ihren Schwanz jedes Mal, wenn er in seine Nähe kam, mit wohlplatzierten Pfotenhieben zu tätscheln und sie auch sonst anzustupsen und zu knuffen.

Die arme alte Felix! Das Kätzchen war ja letztlich in der Hoffnung angeschafft worden, dass er ihr eines Tages ein wenig Ruhe und Frieden verschaffen könnte. Etliche Monate später würde dieser Plan wahrscheinlich auch aufgehen, einstweilen aber wurde Felix in Bolts Spiele mit hineingezogen, ob es ihr gefiel oder nicht.

Mit ihren sieben Jahren hatte Felix aber schlicht und ergreifend nicht mehr so viel Energie wie er. Wenn es ihr zu viel wurde, verpasste sie ihm einen sanften Hieb mit ihrer weißen Pfote, meist aber bedachte sie ihn nur mit einem vernichtenden Blick. Oder sie sah mit lebensüberdrüssiger Miene zu ihren menschlichen Kollegen hoch, wie um zu klagen: »Warum lässt er mich nicht in Ruhe?« Manchmal fauchte sie auch – doch neuerdings blaffte Bolt dann gleich zurück. Er hatte eine süße kleine Stimme: ein hohes, mausehaftes Quieken. Bald hallten die Streitigkeiten der beiden Bahnhofskatzen kreuz und quer über den Korridor.

Als Angie und Jacqui das alles sahen, wussten sie, dass es an der Zeit war, andere Saiten aufzuziehen. Bolt war nun schon seit einem guten Monat auf dem Bahnhof. Er hatte sich eingelebt, hatte seine Impfungen absolviert und hatte offensichtlich genug Energie, um notfalls ein Raumschiff damit anzutreiben. Bis jetzt hatte er diese Energie darauf verwandt, den Bürotrakt zu erkunden – und Felix zu terrorisieren. Sie beschlossen, seine Kraft ab sofort in sinnvolle Bahnen zu lenken. Am 7. Oktober 2018 war der Zeitpunkt für Bolt gekommen, mit seiner Ausbildung zu beginnen.

Ausbildungsbeginn

So, mein Lieber«, sagte Jacqui zu Bolt. »Dann wollen wir mal.«

Bolt blinzelte mit seinen kakigrünen Augen zu ihr hoch. Er trug ein hellblaues Katzengeschirr mit weißen Tupfen, das er sich von Jacqui bereitwillig über die ebenholzfarbenen Schultern hatte streifen lassen. Mit seiner überschäumenden Neugier hatte er es ausführlich beschnuppert, während sie es ihm anlegte. Diese Katze kannte wirklich keine Angst und würde sich auch an der Trageschlaufe eines Ausweises von irgendwo abseilen lassen, böte sich nur die geringste Gelegenheit dazu. Als Jacqui den kleinen Kater hochhob, wirkte er reiselustig, entspannt und ruhig.

Doch wie Bolt gleich bemerken würde, trug Jacqui ihn nicht etwa den Korridor hinab, um seinen langen Beinen die Mühe zu ersparen. Nein, sie brachte ihn nach draußen – wo er seit seiner Ankunft auf dem Bahnhof am 1. September nicht mehr gewesen war.

Sie hatte bewusst eine Nachtschicht für seinen Ausbildungsbeginn gewählt und sich zudem für einen Zeitraum entschieden, in dem kein einziger Zug, nicht mal ein Güterzug, im Bahnhof verkehrte. Der Lärm, den die Züge bei der Durchfahrt durch den Bahnhof machten, konnte beängstigend sein, und Jacqui wollte nicht, dass Bolt sich gleich beim ersten Mal fürchterlich erschreckte.

Etwas früher in dieser Nacht war der schwere Messingriegel vor die Tür des Haupteingangs geschoben worden, und daher hielten sich nun nur noch Jacqui, Dale, Felix und Bolt auf dem Bahnhof auf. Felix war bereits früher nach draußen gegangen und befand sich irgendwo auf Erkundungstour. Entscheidend für Jacqui aber war, dass niemand sonst auf dem Bahnhof herumlief. Was auch immer als Nächstes geschah – Bolt konnte seine Ausbildung zumindest gänzlich ungestört beginnen.

Nachdem sie noch mal tief durchgeatmet hatte, öffnete Jacqui die Tür und trat mit Bolt auf den Bahnsteig 1 hinaus. Er zitterte ein wenig in der kühlen Oktoberluft, schien sich auf Jacquis Armen aber wohl und sicher zu fühlen. Als sie ihn jedoch auf dem Bahnsteig absetzte, änderte der kleine Kater sogleich seine Meinung.

»Sollen wir ein bisschen spazieren gehen, mein Schätzchen?«, fragte Jacqui, machte Kussgeräusche, um ihn zu ermuntern, und zog sanft an der Katzenleine.

Und Bolt ging tatsächlich los – allerdings schnurstracks zurück zur Tür!

Das alles musste sehr beängstigend auf ihn wirken. Selbst in der Stille der Nacht ist es auf dem Bahnhof Huddersfield niemals komplett ruhig. Von den Beleuchtungs- und Gleisanlagen geht ein beständiges elektrisches Sirren aus. Gelegentlich hallt von der Ringstraße Motorradlärm herüber, und in den frühen Morgenstunden machen jenseits von Bahnsteig 8 die Vögel manchmal viel zu früh schon einen ziemlichen Rabatz. In Bolts großen Ohren, die er in den vergangenen Wochen ausschließlich dazu verwendet hatte, den gedämpften Geräuschen im Gebäude zu lauschen, klang das alles sehr befremdlich. Er taperte ein wenig auf dem kalten Beton umher, der sich für ihn sichtlich unangenehm anfühlte. Wo war das warme Linoleum abgeblieben, auf dem er so gerne herumschlitterte? Dieser Boden hier war fürs Herumschlittern überhaupt nicht geeignet …

»Ist dir kalt an den Pfoten, mein Lieber?«, fragte Jacqui verständnisvoll. Es war ja schließlich Oktober in Yorkshire, und es wurde langsam kalt. Aber zu dieser Jahreszeit würde es hier draußen immer kühl sein – daran musste Bolt sich gewöhnen. Und das konnte er nur, indem er sich dieser Erfahrung aussetzte, so wie er es gerade tat.

Es gefiel ihm aber nicht – das sah man deutlich an der Art, wie er sich an die Tür schmiegte, die wieder nach drinnen führte. Der Arme, das alles musste schrecklich für ihn sein: all die fremdartigen Geräusche und Gerüche um ihn herum, und dann auch noch die unangenehm kalte Luft, die ihn umgab. Wo waren die Heizkörper und Ölradiatoren, die er aus dem Bürobereich gewohnt war? Wo war die Klimaanlage? Sein drahtiger Körper zitterte, und er hockte sich hin und widersetzte sich Jacquis Versuchen, ihn zum Gehen zu bewegen.

»Komm, Schätzchen«, bat sie ihn säuselnd. »Komm, mein kleiner Junge.«

Bolt atmete tief durch. Er war zwar immer noch ängstlich, stand aber tapfer auf – und schaffte es, ein paar kleine Schritte weit zu gehen, wobei er sich an der Tür entlang bewegte, durch die er so gern wieder zurück ins warme Innere geflitzt wäre. Hoffnungsfroh schnupperte er an der unteren Türkante entlang. Dann machte er, offenbar von den darunter hervordringenden Gerüchen dazu angeregt, plötzlich kehrt, verhedderte sich nebenbei auch noch in seiner Leine und ging die wenigen kurzen Schritte, zu denen er sich hatte aufraffen können, wieder zurück. Er wollte eindeutig dringend wieder hinein. Das tapfere, dreiste Kätzchen, das den Bürotrakt so schnell für sich erobert hatte, hatte eine Heidenangst.

Jacqui konnte ihn aber nicht schon wieder reinlassen. Er war seit nicht mal einer Minute draußen. Sie war felsenfest davon überzeugt, dass dieses Draußen eine Welt war, die Bolt lieben lernen konnte – er musste ihr nur eine Chance geben.

Sie beobachtete ihn besorgt. Wenn dem kleinen Kater doch nur jemand erklären könnte, dass alles gut werden würde, dachte sie. Wenn ihm doch nur jemand zeigen könnte, dass die Welt hier draußen gar nicht so schlimm war – ja, dass sie ihm durchaus gefallen könnte. Wenn er doch nur einen Mentor oder eine Mentorin hätte, der oder die ihm den Weg weisen könnte …

Und genau in diesem Moment, so rechtzeitig, als wäre es abgesprochen, schlenderte eine flauschige schwarz-weiße Katze auf dem Bahnsteig herbei.

»Schau mal!«, sagte Jacqui zu Bolt. »Felix ist auch da!«

Sie war gekommen, um mal zu schauen, wie ihr Lehrling so klarkam.

Felix stolzierte mit all dem Selbstbewusstsein einher, das sie sich in ihren sieben Jahren als Bahnhofskatze angeeignet hatte. Auch sie hatte, als sie noch neu hier war, Ausbildungssituationen erlebt wie Bolt gerade, und das Team hatte ihr geholfen,

ren, wobei er mit dem Schwanz schnippte und frohgemut mit dem Näschen in Bodennähe Erkundungen anstellte. Manchmal war er so eifrig bei der Sache, dass Angie ihn sanft an der Leine zurückhalten musste, damit er nicht zu weit vorauslief. Und so wurde seine Welt im Laufe der Wochen immer größer. Nachdem er sich auf Bahnsteig 1 sicher fühlte, führte Angie ihn auch den Bahnsteig 2 zur Hälfte hinunter. Dann kam der Tag, an dem Bolt zum ersten Mal die Bahnhofshalle betrat.

Er schien sich dort auf Anhieb viel wohler zu fühlen, vielleicht, weil er sich hier nicht wie auf den Bahnsteigen halb im Freien, sondern in der ihm vertrauten Umgebung eines Gebäudes befand. Besonders gut gefielen ihm die Zugangssperren – was Gutes verhieß für seine zukünftigen Schichten als Mitglied im Team der Fahrscheinkontrolleure. Sollte Bolt allerdings seine Zuneigung zu den Sperren weiterhin auf die gleiche Weise zum Ausdruck bringen wie bei diesem ersten Besuch – indem er innerhalb der Sperren wie angewurzelt stehen blieb –, würde er damit in der Hauptverkehrszeit ein ziemliches Chaos stiften …

Er schien sich dort in den Sperren jedenfalls sehr wohlzufühlen. Die roten Teppiche, die Felix gern aufsuchte, waren nichts für ihn; er begnügte sich vielmehr mit dem grauen Kunststoffboden. Er ließ sich darauf nieder und nahm sich sogar die Zeit, sich ein wenig zu putzen, wobei seine kleine rosafarbene Zunge mit energischen Strichen über sein kurzes schwarzes Fell fuhr. Er war noch zu jung, um zur Katzenfriseurin zu gehen, aber wenn es dann eines Tages so weit war, würde auch er wahrscheinlich den Ausflug zu Louise und ihrem aufregend riechenden Bauernhof unternehmen. Nach Felix' erstem, recht lebhaft verlaufenen Besuch dort hatte die Leitende Schädlingsbekämpferin begonnen, ihre Zeit bei Louise zu genießen. Die Friseurin sagte im Scherz, sie habe sie gar nicht wiedererkannt. Bereits bei ihrem zweiten Termin dort zeigte sich der Tiger gezähmt. Wenn Louise ihr flauschiges Fell durchkämmte, schloss sie nun die Augen, als würde sie nur sanft gestreichelt; und ihr Murren, das nur erklang, wenn Louise es mit einer besonders hartnäckigen Verfilzung zu tun bekam, bildete lediglich eine leise musikalische Untermalung. Zum Abschluss eines Termins kuschelten sie sogar ein wenig miteinander.

In der Bahnhofshalle spitzte Bolt indes die Ohren und schlenderte von den Zugangssperren auf den cremefarben marmorierten Steinboden der Halle hinaus. Sein Schwanz, mit dem er immer geschickter umzugehen wusste, wedelte hin und her, als freute er sich. Anders als bei Felix wirkte der Schwanz bei Bolt, auch wegen seines stromlinienförmigen Fells, eher wie eine Peitsche. Er brachte seine ganze Energie damit zum Ausdruck und zeigte Angie, dass er diese Bahnhofskatzensache wirklich gar nicht mal schlecht fand.

Da Bolt den Patrouillen nun allmählich gewachsen war, wurde es Zeit für die zweite Stufe seiner Ausbildung, die darin bestand, ihn den Geräuschen der Züge auszusetzen. Bei diesem Ausbildungsabschnitt übernahm Angie Hunte die Verantwortung. Sie entschied sich, ihn schonend und langsam an die Sache heranzuführen. Um vier Uhr früh würde ein einzelner Nachtzug planmäßig an Bahnsteig 4 halten. Kurz zuvor ging Angie mit Bolt auf den Bahnsteig 1 hinaus. Sie hoffte, dass es eine gute Methode war, Bolt mit den Geräuschen der Züge bekannt zu machen, denn der Zug hielt nicht direkt an ihrem Bahnsteig und würde auch relativ langsam einfahren. So konnte Bolt zuhören, ohne dem Zug direkt ausgesetzt zu sein.

Bolt trabte frohgemut den Bahnsteig entlang, als ein erstes leises Grollen der Gleise ertönte. Er blieb abrupt stehen und hob den Kopf, und seine großen Ohren zuckten. Als das Geräusch immer lauter wurde, begann Bolt zu zittern. Angie zog an seiner Leine, und er lief zu ihr. Sofort nahm sie ihn auf die Arme und drückte ihn sich an die Brust, versuchte ihn mit dem vertrauteren Klang ihres Herzschlags zu beruhigen. So gingen sie zusammen den Bahnsteig auf und ab, während das Geräusch immer lauter wurde.

»Es ist alles in Ordnung, Schätzchen«, sagte Angie in beruhigendem Ton. »Dir geschieht nichts. Ich passe auf dich auf, Bolt. Bei mir bist du in Sicherheit.«

Doch als der Zug schließlich mit dem monströsen Dröhnen seiner Lok in den Bahnhof einfuhr, blinzelte Bolt trotz dieser tröstlichen Worte zu ihr hoch. Er war sichtlich schockiert, erschrocken und verängstigt.

»Das ist ein Zug, Bolt«, erklärte Angie dem Azubi über den Lärm hinweg. »Diese Geräusche wirst du bald jeden Tag hören. Du musst dich nur daran gewöhnen.«

Nun bremste der Zug laut kreischend, und dieses neue Geräusch ließ Bolt nochmals erzittern. Danach verstummte die furchterregende Riesenmaschine endlich. Die wenigen Fahrgäste, die um diese Uhrzeit unterwegs waren, stiegen ein, nicht ahnend, dass am Gleis gegenüber gerade eine Bahnhofskatze ausgebildet wurde.

Bevor der Zug wieder abfuhr, brachte Angie den kleinen Kater hinein. Er zitterte immer noch, und sie wollte ihm nicht zu viel auf einmal zumuten. Für alles andere blieb noch Zeit genug. Der kleine Lehrling sollte sich in aller Ruhe an das Bahnhofsleben gewöhnen können.

Trotz des verständlichen Unbehagens, das er anfangs zeigte, fand Angie, dass Bolt alles in allem viel selbstbewusster war als Felix im gleichen Alter. Wenn ihm jetzt während der

Nachtschicht jemand die Tür nach draußen aufhielt, ging er bereitwillig hindurch und ließ sich, auch wenn sich die Tür hinter ihm wieder schloss, auf dem grauen Teppichboden in dem kleinen Vorraum nieder. Weiter wagte er sich alleine noch nicht vor, aber er saß gern mit zuckendem Näschen dort und akklimatisierte sich ganz langsam an die große weite Welt. Angie konnte sich nicht erinnern, dass Felix das in so jungen Jahren getan hätte. Insgesamt war Angie recht zuversichtlich, dass sich Bolt im Laufe der Zeit und seiner Ausbildung zu einer ebenso gewandten und sicherheitsbewussten Bahnhofskatze entwickeln würde wie sein großes Vorbild.

Was Felix anging, so hatte sie im Herbst 2018 weitere Erfolge zu verbuchen. Die Monopoly-Sonderausgabe mit dem nach ihr benannten Platz kam heraus und verkaufte sich glänzend, und am 28. November erntete Felix bei den Railstaff Awards eine lobende Erwähnung in der Charity-Kategorie. Sie sammelte auch weiterhin Tausende von Pfund für wohltätige Zwecke – mit ihrem Kalender für 2019, einem zweiten Buch über sie und ihrer eigenen Weihnachtskartenserie. Doch ihre größte Leistung bestand vielleicht darin, dass sie endlich Frieden schloss mit dem kleinen Kater, der in ihre Welt eingedrungen war – diese aber auch nach und nach zu bereichern begann.

Angela Dunn hatte die beiden beim Betreten des Korridors im Bürotrakt nun schon mehrfach gerade mal dreißig Zentimeter voneinander entfernt liegend vorgefunden. Jacqui, die diese neue Nähe ebenfalls beobachtete, bemerkte zudem, dass Felix, wenn sie dort lag, ihren weißen Bauch mit dem schwarzen Fellfleck direkt unterm Herzen entblößte. Jacqui zufolge bewies diese Haltung, dass sich Felix inzwischen mit dem Kätzchen uneingeschränkt wohlfühlte. Trotz ihrer anfänglichen Zurückhaltung und Abneigung hatte sie sich an den Kleinen gewöhnt.

Und obwohl Bolt natürlich hin und wieder der Versuchung nicht widerstehen konnte, sich heldenhaft auf die schlafende Schädlingsbekämpferin zu stürzen, zeigte sich Felix dem gegenüber erstaunlich gnädig. Die beiden Katzen verstanden sich inzwischen richtig gut. Und wenn Felix dann doch mal die Geduld verlor und mit ihrer weißen Pfote einen freundschaftlichen Klaps austeilte, war es erklärtermaßen alles nur ein Spiel – und zwar eins, das der älteren Bahnhofskatze – wenn auch wider Willen – Spaß zu machen schien. (Auch wenn das womöglich daran lag, dass es ihr die Gelegenheit verschaffte, Bolt daran zu erinnern, wo der Hammer hing.)

Für Sara, die immer noch am Fahrkartenschalter arbeitete, war es wirklich herzerwärmend, wie Felix den kleinen Kater endlich unter ihre Fittiche nahm. Sara hatte sich sehr gefreut, Bolts Ankunft miterleben zu können. Da ihre kleine Tochter Ende Dezember zur Welt kommen sollte, hatte Sara, während sie das Kätzchen beobachtete, dabei mehr und mehr über ihre eigene bevorstehende Mutterschaft nachgedacht. Dan und sie hatten inzwischen eine gemeinsame Wohnung bezogen. Sie konnten Maisies Geburt kaum erwarten und freuten sich riesig auf ihre neue kleine Familie. Da war es für Sara, wenn sie demnächst in den Mutterschutz ging, sehr schön zu wissen, dass sich auch auf dem Bahnhof gewissermaßen eine neue Familie ergeben hatte. Und während sich eine Bindung zwischen Maisie und ihr aufbauen würde, würde sich zwischen Bolt und Felix etwas Ähnliches tun.

Wie Sara jedoch bald feststellen würde, wachsen Kinder schnell heran. Als der Herbst sich dem Ende zuneigte, mussten Angie und Jacqui, wenn sie nach ein paar freien Tagen wieder zur Arbeit kamen, oft zweimal hingucken. Was war mit ihrem kleinen Kätzchen geschehen? Wer war dieser Jungkater, der dort mit seiner schlanken Gestalt und geradezu militärisch korrekten Haltung auf einem TPE-Klemmbrett saß? Bolt wurde buchstäblich mit jedem Tag größer und reifer. Jacqui sah es ihm am Gesicht an: Er guckte inzwischen eher wie eine erwachsene Katze als wie ein kleines Kätzchen, wenn auch seine Ohren immer noch ein wenig zu groß für ihn waren. Aus seinem hellblauen Katzengeschirr mit den weißen Tupfen war er längst herausgewachsen, und daher schaffte Jacqui ein neonorangefarbenes für ihn an. Es zeichnete sich leuchtend hell vor seinem schwarzen Fell ab, wenn er nachts auf Patrouille ging.

Er legte sich auch ein neues Hobby zu – dank einer Anregung von Felix. Nach jenem ersten Außeneinsatz hatte sie sich nicht mehr allzu oft in seine Ausbildung eingemischt, aber Bolt schaute sich dennoch die eine oder andere Sache bei seiner Chefin ab. Eines Abends schlenderte Felix ins Gruppenleiterbüro (wo Bolt immer noch seinen Schlafplatz hatte, Felix inzwischen aber wieder kommen und gehen durfte, wie es ihr beliebte). Wie seit vielen Jahren gewohnt, ging sie zum Papierkorb, über dessen Ränder eine Mülltüte aus Plastik herabhing. Sie fing an, daran zu lecken, und dann zerfetzte sie die Tüte – eine von Felix' liebsten Unarten. Sie schien unbedingt hinter die transparente Mülltüte vordringen zu wollen, als wäre sie ein Schleier vor ihrem Gesicht oder als befände sie sich hinter einem Duschvorhang, und dazu kratzte sie daran, rieb ihr Kinn daran und verbiss sich darin. Sie liebte das; es hatte fast etwas von einem Fetisch.

Als der Rand der Mülltüte in Fetzen herabhing, ging Felix wieder ihrer Wege – was der kleine schwarze Kater als Aufforderung verstand, sich auch mal daran zu versuchen. Bolt ging zu der Mülltüte hinüber, hob die Pfoten und kratzte, kratzte, kratzte auf das ohnehin schon zerfetzte Plastik ein. Aus seiner überschwänglichen Reaktion zu schließen, war dies ein Laster – oder, wenn man so will, ein Freizeitvergnügen –, das die beiden Bahnhofskatzen von nun an teilen würden.

Das Team erblickte darin ein vielversprechendes Zeichen. Würde Bolt Felix auch in anderen Dingen nacheifern? Angie Hunte sah mit großer Spannung zukünftigen gemeinsamen Ausbildungsstunden der beiden entgegen, bei denen Felix zusammen mit Bolt auf Patrouille ging und Bolt irgendwann sein Katzengeschirr nicht mehr benötigen würde. Dass Felix dabei war, bedeutete, dass Bolt etwas ganz anderes erleben würde als Felix damals. Sie hatte sich das meiste selbst beibringen müssen und hatte ganz allein in ihre Rolle hineingefunden, wohingegen Bolt eine Chefin hatte. Würde er ihrem Vorbild folgen, wie er es beim Zerfetzen des Müllbeutels getan hatte? Würde sie ihn, wenn auch unwissentlich, mit allem Möglichen vertraut machen, während ein kleiner schwarzer Schatten jedem ihrer Schritte folgte und damit nach und nach in ihre Fußstapfen trat? Oder könnten sie, wenn der Frieden zwischen ihnen hielt, womöglich sogar gemeinsam auf Erkundungstour gehen, wobei Felix ihm großzügig all ihre Lieblingsverstecke zeigte? Ganz zu schweigen davon, was geschehen könnte, wenn es zum Thema Schädlingsbekämpfung kam …

Doch all das war Zukunftsmusik. Vor ihnen lag noch ein weiter Weg, aber Angie Hunte war zuversichtlich. Sie hatte so das Gefühl, dass Felix' mütterliche Instinkte geweckt werden könnten, wenn Bolt demnächst erste eigene Eisenbahnabenteuer erlebte. Und wenn das geschah, da war sich Angie sicher, würde Felix niemanden mehr an Bolt heranlassen und immer für ihn da sein.

In Wahrheit wusste natürlich niemand, was die Zukunft für die beiden Bahnhofskatzen bereithielt. Jacqui hoffte, dass Bolt, wenn Felix sich – worauf ihre immer länger werdenden Tagesnickerchen hindeuteten – allmählich aus dem Rampenlicht zurückzog, an ihrer Stelle in den Vordergrund treten, auf den Bahnsteigen Leute begrüßen und allgemein als freundliches Gesicht des Bahnhofs fungieren würde. Jacqui fand, dass sie für die Rolle, die Bolt einnehmen sollte, schon allein vom Temperament her keine bessere Katze hätten finden können. Er hatte jetzt bereits die Herzen der Menschen im Sturm erobert – allein dadurch, dass hin und wieder Fotos von ihm auf Felix' Facebook-Seite auftauchten. Wenn die Leute ihn dann erst mal persönlich kennenlernten, das wusste Jacqui, würden sie restlos begeistert von ihm sein.

Was Felix anging, so steckte zwar noch eine Menge Lebensenergie in der inzwischen älteren Katze, und doch hatten einige im Team schon darüber zu sinnieren begonnen, wie ihre goldenen Jahre wohl verlaufen würden. Wenn Felix eines Tages endgültig das Näschen voll haben würde, hatte sie sich einen friedlichen Ruhestand verdient. Nachdem Jean Randall mit eigenen Augen gesehen hatte, wie sehr Felix das Dasein als Hauskatze genoss, fragte sie sich, ob so vielleicht Felix' Zukunft aussah, nachdem sie ein zweistelliges Alter erreicht hatte – damit sie das alles hinter sich lassen und noch einige geruhsame Jahre auf einem gemütlichen Sofa verbringen konnte. Zugleich wusste Jean aber auch, dass der Bahnhof Felix' Zuhause war; sie hatte gern ihren Urlaub in Privathäusern verbracht, aber ihre Welt war immer die Eisenbahn gewesen.

Und daher würde Felix zumindest vorerst bei der Eisenbahn bleiben und auch weiterhin die Herzen von Menschen in aller Welt berühren. Wenn man auf die vergangenen Jahre zurückblickte, war es unglaublich, wie vielen Leuten sie geholfen hatte – und nicht nur Menschen wie Gloria und Eva, die in für sie schwierigen Zeiten ihre ganz besondere Unterstützung in Anspruch nahmen. Zahllose Leute hatten eine Audienz bei der Bahnhofskatze gehabt, die vielleicht nicht unbedingt von hohem Nachrichtenwert gewesen war, für sie aber unvergesslich bleiben würde. Da war beispielsweise die achtzigjährige Dame, die von ihrer Tochter zu ihrem Geburtstag mit einem Besuch bei Felix überrascht wurde. Die grauhaarige Seniorin saß in ihrem Rollstuhl und kuschelte ausführlich mit der auf ihrem Schoß sitzenden Katze. Die Frau schien alles um sich her zu vergessen, während ihre Finger sanft über das weltberühmte flauschige Fell strichen.

»Vielen, vielen Dank dafür«, sagte sie anschließend mit freudestrahlenden Augen. »Das ist das schönste Geburtstagsgeschenk, das ich je bekommen habe.«

Als das Jahr zu Ende ging, erhielt auch Angie Hunte das schönste Geschenk, das sie je bekommen hatte. Es geschah an einem winterlichen Nachmittag, als sie auf der Suche nach Bolt den Bürobereich durchstreifte. Seit er überall freien Zugang hatte – außer in der Damenumkleide, die auch weiterhin Felix' Reich war (und in der er, als Kater, ja ohnehin nichts zu suchen hatte) –, hatte er sich angewöhnt, immer mal wieder zu verschwinden und ein Versteckspiel zu veranstalten, bei dem das Team meist erst ahnte, dass sie Mitspieler dabei waren, wenn sie sich umguckten und ihn mal wieder nicht finden konnten.

»Bolt!«, rief Angie, während sie an seinen Lieblingsorten nachschaute. Doch weder hockte er hinter dem ausgedienten Türstopper, noch schlummerte er im Duschraum. »Ach, Bolt!«

Angies Suche führte sie den langen Korridor hinab, bis sie schließlich vor Andy Croughans Büro ankam. Dort stand die Tür einen Spaltbreit offen, aber es brannte kein Licht, denn Andy war irgendwo unterwegs. In seiner Abwesenheit hatte ein kleiner Kater die Gelegenheit dazu genutzt, sich auf einem der bequem gepolsterten Stühle vor dem Schreibtisch des Bahnhofschefs zusammenzurollen, um dort ein kleines Nickerchen zu halten. Angie lächelte, als sie ihn durch die Glasscheibe der Bürotür erblickte.

Um besser sehen zu können, schob sie die Tür ein Stückchen weiter auf. »Ach du meine Güte«, flüsterte sie, als sie nun vollständig in den Raum hineinschauen konnte.

Von dem Anblick, der sich ihr dort bot, hatte sie lange geträumt. Denn nicht nur der kleine Kater hatte sich auf einem der Stühle zusammengerollt. Gegenüber von Bolt, auf ihrem eigenen Stuhl, lag Felix, die Bahnhofskatze. Die beiden Schädlingsbekämpfer waren nur Zentimeter voneinander entfernt, und ihre Gesichter waren einander zugewandt. Felix' Schwanz fuhr entspannt auf und ab, als hätten die beiden es sich im Sonnenschein auf Liegestühlen bequem gemacht, wobei Felix sich und ihrem Gegenüber mit einem großen, flauschigen Palmwedel ein wenig kühle Luft zufächelte.

Ausnahmsweise beobachtete Bolt einmal nicht diesen langsam auf und ab fahrenden Schwanz, sondern sah Felix tief in die smaragdgrünen Augen. Die Szene hatte etwas Ruhiges und Kameradschaftliches an sich, während die beiden Katzen sich den Raum teilten, den sie sich erobert hatten. Sie schauten einander fast liebevoll in die Augen. Es gab kein Gestoße und kein Gebalge, sondern nur eine schöne Stille, während sie dort Seite an Seite lagen und sich entspannten.

Die beiden Schädlingsbekämpfer von Huddersfield – die leitende Fachkraft und ihr Lehrling – hatten ihre gemeinsame Probezeit nun letztlich mit Bravour bestanden. Als Angie die beiden so sah, konnte sie sich die eine schon nicht mehr ohne die andere vorstellen.

Vorsichtig, um die Katzen nicht zu stören, zog sie ihr Handy aus der Tasche und knipste schnell ein Foto. Es war lustig, fand sie, dass sie sich ausgerechnet das Büro des Bahnhofschefs ausgesucht hatten, um ihre Partnerschaft zu zelebrieren. Dass sich die beiden Katzen nun letztendlich verbündet hatten, ließ sich fast als eine Art Coup interpretieren.

Und so fügte sie, als sie Andy Croughan das Foto schickte, eine kurze Bildunterschrift hinzu. Als er die Nachricht öffnete und das Foto der Katzen in seinem Büro erblickte – der beiden Miezen, die nun, als Paar, noch mächtiger waren –, las er Angies Worte daher mit einem amüsierten Lächeln.

Sie hatte geschrieben: »Und du dachtest, du wärst hier der Chef!«

Dabei wussten ja längst alle, dass auf diesem Bahnhof in Wirklichkeit Bolt und Felix das Sagen hatten.

Dank

Wie schon das erste Buch über Felix hätte ich auch dieses zweite niemals ohne die fantastische Unterstützung der Belegschaft des Bahnhofs Huddersfield schreiben können. Ganz besonders danke ich Angela Dunn, die viel Freizeit opferte, um Felix und mich zum Tierarzt und zur Katzenfriseurin zu begleiten, und die mit allergrößter Geduld meine nimmer endende Flut von Fragen über Einzelheiten aus Felix' Leben beantwortete. Auch Angie Hunte, eine geborene Geschichtenerzählerin, hat einen unschätzbaren Beitrag zu diesem Buch geleistet. Meine Damen, es war mir wie immer ein großes Vergnügen!

Ein herzliches Dankeschön gebührt auch all denen auf dem Bahnhof und bei TPE, die ich interviewen durfte, darunter Sara, Dan, Amanda, Chrissie, David, Jacqui, Reece, Liz, Geoff, Paul Ralphsohn, Carl Haigh, Geraldine Smith, Chris Bamford, Jack Kempf, Andrew McClements, Jean Randall, Dale Woodward, Dave Chin und nicht zu vergessen Bahnhofschef Andy Croughan. Mein Dank gilt auch Felix' Tierarzt und ihrer Friseurin Louise, die freundlicherweise gestatteten, dass ich Felix zu den Terminen bei ihnen begleiten durfte.

Mit Felix' zunehmender Berühmtheit hat sich auch der Kreis der Menschen erweitert, die Geschichten über sie zu erzählen haben. Vielen Dank an Adam Taylor, Peter, David, Alwen und die *Friends of Huddersfield Station*; an Jez Walsh und Bob Morse von *Men's Shed*; an Amanda und Sarah von der Huddersfielder Waterstones-Filiale; sowie an Christine Spicer, Rob Martin, Susie Beever, Julie Swift, John Cran, Pam Burgess, Gloria Lewis und Helen und Eva Lear, die mir alle großzügigerweise Interviews über ihre Erlebnisse mit Felix gewährten.

Für dieses zweite Buch über Felix haben sich viele Privatleute mit ihren eigenen Geschichten über Felix zu Wort gemeldet. Zu nennen sind hier unter anderem: Stuart Gelder, Elaine Carter, Daniel Goodrich, Gisela Kratochwil, Kathryn Haynes, Jennifer Adele Berry, Emma Gee, Rosemary Dayborn, Janis Phillips, Margaret Willerton, Alyson Meadowcroft, Tracey Kennedy, Barbara Blackie, Stephen Hack, Janet Goldsmith, Jan Norman, Judy Stock und John Rooney. Es war mir ein großes Vergnügen, von Ihnen allen zu hören, welche Auswirkungen Felix auf Ihr Leben hatte und welche Abenteuer Sie mit ihr erlebt haben. Vielen Dank an alle, die Geschichten eingeschickt haben, auch wenn wir in diesem Buch nicht den nötigen Raum hatten, um sie alle aufzunehmen oder zu erwähnen.

Ein ganz besonderer Dank gilt Mark Allan, der mir freundlicherweise Facebook-Beiträge, -Fotos und -Statistiken zur Verfügung stellte und mir ebenfalls ein ausführliches Interview gab.

Bedanken möchte ich mich auch bei Fi Crosby, Amy McWalters, Zennor Compton, Jennie Roman und dem gesamten Team bei Penguin, das mich bei diesem zweiten Buch über Felix' Abenteuer fabelhaft unterstützt hat.

Was die Hintergrundrecherchen angeht, gilt mein Dank der *Royal Society for the Prevention of Cruelty to Animals* (RSPCA) in Manchester und Salford, dem *Huddersfield Examiner*, der britischen Bahnpolizei, Vets4Pets.com, Cats.org.uk, Consciouscat.net, VCAHospitals.com, PetBucket.com, CureToday.com, Cuteness.com, der Website der *BBC News* und Felix' Facebook-

Seite. Herangezogen habe ich auch die Werke *Huddersfield Through Time* von Paul Chrystal (Amberley Publishing 2016) und *Huddersfield: Home Town Memories* von Melvyn Briggs und John Watson (Derby Books 2011).

Ohne die beständige Unterstützung und Ermutigung durch meinen Ehemann Duncan Moore hätte ich dieses Buch niemals schreiben können, und ich werde ihm dafür ewig dankbar sein.

Abschließend ein herzliches Dankeschön an Felix, die Bahnhofskatze von Huddersfield, und an den kleinen Bolt, ihren frischgebackenen Lehrling – dessen Ankunft fast schon in der Endphase der Arbeit an diesem Buch eine nicht unbeträchtliche, aber sehr schöne literarische Herausforderung darstellte.

Bildnachweis

Bilder 1, 3, 4, 5, 13, 14: Alan Hind; 2, 6, 12, 20: Angie Hunte; 7: Amy McWalters & Rob Martin; 8, 9: Amy McWalters & Rachel Oates; 10: Sara Jones; 11, 19 Rachel Oates; 15: Helen Lear; 16, 17: Angela Dunn; 18: Amy McWalters

Felix zaubert den Menschen ein Lächeln ins Gesicht

KATE MOORE

Felix

Die Bahnhofskatze

Als Felix in den Bahnhof von Huddersfield im englischen Yorkshire einzieht, ahnt niemand, was das kleine Kätzchen schon bald für die Angestellten und Pendler bedeuten wird. Felix wird als Mäusejägerin eingestellt, erweist sich zunächst aber nicht als besonders talentiert. Vielmehr entwickelt die Katze ein bemerkenswertes Gespür für menschliche Schicksale: Wer von Felix gebraucht wird, erhält ihre ganze Aufmerksamkeit. Auch als sich bei den Bahnbediensteten tragische Ereignisse zutragen, können sich alle auf Felix verlassen. Und dank eines Pendlers wird sie eines Tages weltberühmt …

»Eine globale Sensation« *The Telegraph*

KNAUR